审美情结与审美建构研究

罗爱军　张慧欣　编著

东北大学出版社
·沈　阳·

图书在版编目（CIP）数据

审美情结与审美建构研究/罗爱军，张慧欣编著.—沈阳：东北大学出版社，2014.6（2025.4重印）
ISBN 978-7-5517-0648-3

Ⅰ.①审…　Ⅱ.①罗…　②张…　Ⅲ.①审美—研究　Ⅳ.①B83-0

中国版本图书馆CIP数据核字（2014）第143379号

出 版 者：东北大学出版社
地址：沈阳市和平区文化路3号巷11号
邮编：110004
电话：024—83680267（社务室）　83687331（市场部）
传真：024—83680265（办公室）　83680178（出版部）
网址：http：//www.neupress.com
E-mail：neuph@neupress.com
印 刷 者：三河市天润建兴印刷有限公司
发 行 者：东北大学出版社
幅面尺寸：170mm×240mm
印　　张：21
字　　数：320千字
出版时间：2014年8月第1版
印刷时间：2025年4月第3次印刷
组稿编辑：刘振军
责任编辑：文　辰
责任校对：刘乃义
封面设计：刘江旸
责任出版：唐敏志

ISBN 978-7-5517-0648-3　　　　定　　价：59.00元

前　言

作为高等学校的人文社会科学学科教师，多年来感慨于学术界对美学的研究和普及始终犹如阳春白雪鲜为普通大众所认知；也感慨于当代大学生渴望美、追求美，却又对美混沌无知、难辨美丑；更感慨于当今社会中一些人缺乏美学常识和美学修养，对于美的事物情感淡薄，不知道爱美、惜美、审美，甚至对美之被遗弃熟视无睹……于是倍感自己有责任、有义务承担起引领人们步入美的境界、把握美的尺度、养成美的气质、陶冶美的情操之重任。于是在没有现成经验可借鉴亦很难找到适宜教材的情况下，选择了寻美、授美、究美之路……

如今，大学美育已成了在校大学生的“追星”课程。回望多年的教学之路，梳理一下研究成果，为“审美”著书立说便成了我们越来越难以释怀的情结……呈现在读者面前的这本书，就是我们心愿的圆满、努力的结晶。

一说起美学，很多人的感觉是很高雅，同时也很玄妙，常常只能意会却难以言传。如果硬要用语言表述，则往往“心有余而力不足”，连苏格拉底面对“美是什么”时也感叹：“美是难的!”的确如此，美就如一个精灵，你很难把它牢牢地捏在手中，有时仿佛抓住了它，可一眨眼它又从你指缝里溜走了。但美又确确实实就在我们身边：日出东方，我们心潮如涌；细雨如丝，我们思绪万千；读到一首好诗，听到一段优美的音乐，都使我们感到震撼……有人用“灵魂洗澡”来比喻这种震撼力，实在非常恰当。遗憾的是很多人置身于美中，却“不识庐山真面目”。法国著名雕塑家罗丹有句名言：“美是到处都有的，对于我们的眼睛，不是缺少美，而是缺少发现。”看来，我们正是“缺少一双发现美的眼睛”。

这是一本讨论审美情感和审美体验的习作。我们试图从理论阐释入手，引领读者接触美学大师和审美理论，撷身边的点点滴滴随大家走马一游“美的天堂”，不求真正找到美的终极真理，只求人人找回那双发现美的眼睛。

本书在汲取学界大师营养的基础上，力图突出个人的理解和创新。书中所著“审美创造”一章，源自作者对审美在创造性思维训练、创造力培养中的作用的思考和感悟，吸收了创造学研究中的成果，是有别于其他著述之处。

书名之所以取为《审美情结与审美建构》，其用意是以人类与生俱来的爱美、向往美的情愫来阐释审美。因为作者始终坚信：美是情，审美就是怀着美好的情愫来看待或评价事物。中国的传统美学就是突出一个情字，在剖析美的事物和美感体验时，往往从情出发，抒之以情，以情作结，所以审美是一种情结。很难想象一个毫无感情的人会欣赏到美、体验到美。审美建构则是作者对写作此书目的的概括——尝试归纳一种适合普通大众、特别是大学生的审美体系和审美结构。

本书结构上分上、下两篇。在分量上，两篇是均衡的，上篇析“理”，下篇践“行”；上篇重雅，下篇侧俗。上篇有别于其他版本的美学著述，从创新视觉呈现给读者一个全新的审美结构，简明扼要地介绍审美理论的基础知识，旨在提高读者对美的欣赏水平和发现美、创造美的能力；下篇则分门别类介绍了对艺术美、自然美、社会美的欣赏方法和要点，力求简要具体，注重启发性和实践性。理论与实践、高雅与通俗相得益彰，构成审美的完整体系。

席勒在《美育书简》中天才地预见未来的世界是“美的王国”。他认为，“只有美才能使全世界幸福。”“在审美的国度中，一切事物——甚至使用的工具——都是自由的公民，同最高贵者具有同等的权利。”① 如果真有这样一个王国，如果这个王国里真有一个上帝——自然之神，创造了宇宙万物和自然之美，并借人类的智慧和双手，创造了人类的社会之美，本书就是献给他的礼物。

① 席勒．美育书简［M］．北京：中国文联出版公司，1984：146－147．

下篇 审美建构

上篇

审美情结

美是人们的生活理想，又是人们的力量源泉。人们总是自觉或不自觉地在湖光山色中流连，在楼榭亭台中寻怡，在轻歌曼舞中陶醉，在诗词曲赋中自得……

审美的根本宗旨在于引领人们进入“天堂”——追寻人生的诗意境界，达到人格的和谐完满；但是它的内在结构却是一座“炼狱”——这里洞穴幽深，道路崎岖，甚至气氛枯燥。

尽管如此，我们还是有必要鼓起勇气跨入这座“炼狱”。从我们自身具有的爱美的本能开始，经理论的分析而提高认识，再回归到在生活中自觉追求美，这是审美过程中否定之否定的一个必要环节。本书之所以要打破以往美学著述中的惯常体系，以“审美情结”开篇，旨在引领大家去体验审美的意蕴，而不仅仅是书斋式地默诵“美是和谐”“美是对称和比例”。我们不但要使大家了解什么是美，更要让大家鉴赏美，并尽量使这段道路崎岖的洞穴探幽之旅充满乐趣和自信！因为我们坚信：人们对美的追求由自发变为自觉，这是一项非常艰难的任务，但却又是极具诱惑力的事情，只要人类不丧失爱美的天性，不抛弃对美的追求。

第一章　审美凝视

第一节　聚焦“中国美学热”

美学作为一门西学，19 世纪末 20 世纪初在西学东渐的潮流中为中国人了解与接受。相对于其他古老的学科来说，中国美学研究的百年历史实在是短暂，它与我们几千年的中国思想发展的历史相比，可谓简单。但我们又不得不面对这样一个事实：短暂的发展与研究却结出了太多奇异的果实。

一、中国的三次“美学热”

1. “以美育代宗教”的美学热

这段历史可以追溯到 20 世纪初。在这次“美学热”中，王国维（1877—1927）是始作俑者，起了重要的开创性作用。1898 年，王国维开始接触康德（1724—1804）、叔本华（Arthur Sehopenhauer，1788—1860）等西方哲学家的思想。其中最能引起王国维兴趣的是他们的美学思想。王国维不仅将他们的美学思想介绍到中国，而且用他们的思想方法和理论视野，对中国传统艺术作了崭新的研究，他的《〈红楼梦〉评论》就是这方面的代表作。

继王国维之后，中国学术界出现了一位被人们誉为“学界泰斗”“人世楷模”的大教育家，他就是蔡元培（1868—1940）。蔡元培从小接受中国传统教育，25 岁中进士，被点为翰林院庶吉士。27 岁经散馆考试，授职翰林院编修。1907 年，39 岁的蔡元培赴德留学，也是在与西方思想的首次接触中，他对美学产生了极大兴趣，开始研究、介绍德国古典美学，特别是康德的美学思想。1912 年，蔡元培担任临时政府的教育总长，在他的倡议下，美育首次被确立为国家教育方针。1917 年，蔡元培担任北京大学校长，在北大首次开设并主讲美学课程，提出了影响广泛的“以美育代宗教”的口号。由于蔡元培在学术界具有德高望重的地位，经他的积极提倡和大力支持，在20世纪二三十年代的中国出现了一次空前的“美学热”：美学和美育成了当时文化界、教育界、知识界、文艺界的热门话题；社会名流如梁启超、陈独秀、胡适、李大钊、周作人、鲁迅等人，纷纷加入美学讨论的行列；出现了一批专门研究美学的专家，如吕澂、范寿康、陈望道、黄忏华、邓以蛰、朱光潜、宗白华、冯文潜、马采、蔡仪等人；出版了大量美学专著译著，如1923—1927年就出版了三本《美学概论》；高等学校普遍开设美学课程；社会上纷纷创办音乐、美术、戏曲等艺术专门学校；各种各样的研究会如雨后春笋，经常举办讲习班，请专家名人讲演；报刊竞相发表美学文章，自由展开学术讨论。

2. “百家争鸣”的美学热

这次“美学热”发生在20世纪五六十年代，即以批判朱光潜美学为导火线引起的一场美学大讨论。1956年在“百花齐放，百家争鸣”方针的号召下，《文艺报》发动了一次针对朱光潜美学思想的批判和讨论。在朱光潜的自我批判文章《我的文艺思想的反动性》于1956年6月号的《文艺报》上公开发表后，贺麟的《朱光潜文艺思想的哲学根源》、黄药眠的《论食利者的美学——朱光潜美学思想批判》、蔡仪的《朱光潜美学思想的本来面目》、敏泽的《朱光潜反动美学思想的源与流》等批判文章，很快在《人民日报》《文艺报》《哲学研究》等报刊上发表。然而随着批判的深入，批判者之间发生了严重的分歧。如黄药眠在《文艺报》发表文章批判朱光潜，蔡仪即在《人民日报》发表《评“论食利者的美学”》批判黄药眠；李泽厚又在《人民日报》发表《美的客观性和社会性》批判蔡仪和朱光潜；朱光潜也展开了反批判，他在《人民日报》发表《美学怎样才能既是唯物的又是辩证的》，对蔡仪、李泽厚等人的思想展开批判。《人民日报》在短短的两个多月时间里，连续发表观点迥异的循环批判文章，使美学问题一时成为全国人民关注的热点。随后学术界、文艺界的人士纷纷写文章参加讨论，这就是我们常说的20世纪五六十年代的美学大讨论。据统计，这场讨论持续时间长达九年，参加讨论者近百人，发表论文三百多篇，是新中国成立以来学术界出现的一次罕见的“百家争鸣”。

在这次讨论中，逐渐形成了四派观点，即人们常说的中国当代美学的四大流派：以蔡仪为代表的客观派，以吕荧、高尔太为代表的主观派，以朱光潜为代表的主客观统一派，以李泽厚为代表的客观社会派。

3. “主义汇聚”的美学热

开始于20世纪70年代末80年代初的这次“美学热”的最大的特点是，形形色色的西方美学思潮涌入中国，短短的几年时间浓缩了近两个世纪的西方现当代美学史。我们现在所熟知的各种主义、各种学说，如现象学、存在主义、分析哲学、结构主义、精神分析、解释学、人本主义、新马克思主义，等等，最初都是以美学的名义被介绍到中国的。学术界出版了大量的美学著作，特别是翻译著作。这次“美学热”的另一个特点是，它是思想界从“文革”的禁锢中苏醒的表现。思想界通过美学这个窗口反思被扭曲、被异化的人性，颂扬人性的解放——从理性的解放，到感性的解放。这期间，美学著作成了社会上最畅销的学术著作，美学课程成了大学里最受欢迎的课程，美学专业成了文科类研究生报考的热门专业。

很多人对中国接二连三地出现“美学热”感到不可思议。因为自从20世纪初引进美学以来，我们并没有给美学的发展提供良好的环境。从“救亡”到“夺取政权”，从“文化大革命”到“以经济建设为中心”，这些重大事件全都与美学没有直接关系，或者说美学始终处在一个比较边缘的位置。然而正是因为美学所处的边缘位置，使它获得了相对的自由，从而能够承担起批判的重任，并成为展示全部人文学科批判精神的一个重要的窗口。

二、美学的“天然使命”

美学的天然使命指什么？就是指美学承载的批判精神。论述这个问题，首先要涉及对人文精神的关注和理解。

对究竟什么是人文精神的问题，目前学术界尚未形成一致的意见。但有一个十分有趣的现象我们必须注意，那就是无论古今中外，人文精神总是以“复古”的面目出现。中国有“古文运动”，西方有“文艺复兴”。“人文”二字，似乎与“复古”“守旧”等词汇有着千丝万缕的联系，意味着坚守某种过去的时尚，而与现时代流行的文化时尚相抵牾。从与现时代的文化时尚相抵牾的角度来看，人文精神有一个基本特点，那就是对现实保持清醒的批判精神。人文注定要对眼前的现实进行反思，注定处于主流文化的边缘甚或对立面，永远没有满足和妥协的时候。不管眼前的主流文化是宗教还是科学，是政治还是经济，人文精神都可以将它们作为批判的对象。欧洲中世纪的文艺复兴，自觉地站在作为主流文化的宗教的对立面，揭起了崇尚理性反对愚昧的旗帜；而当代的人文，却将矛头指向曾经作为人文精神的理性，成为当今反技术理性运动中的主力军。曾几何时，自由民主还是人文主义者向往的彼岸；而当今的人文主义者，已经着手对自由资本主义展开批判。人文就是这样一种精神，一旦某种文化形式居于统治地位并开始禁锢人的生命本性的时候，它就会觉醒和反抗。

人文精神对现时代主流文化的批判往往采用“复古”的形式。这里的“复古”有两重含义：一种是回归历史，回到某一个过去的时段；一种是还原本性，返回生命的原初经验。在很多情况下，前者是形式，后者才是真正的目的。所谓人文意识，即是人的本性之觉醒，即是由僵化的文化形式返回生存的本来面目之冲动。在复“古”的形式背后隐藏着求“本”返“真”的要求。

20 世纪的中国美学集中体现了这种批判精神。因此，可以说，在中国承载这种批判精神是美学的天然使命。

1. 对封建意识的批判

这在王国维、梁启超、蔡元培、鲁迅等人那里表现得尤为突出。以蔡元培为例，他提倡的“以美育代宗教”的口号，实际上是以新的代替旧的，以近代资产阶级的思想意识代替封建地主阶级的思想意识。蔡元培认为，所谓“美育”，既不是知识教育，也不是道德教育，而是情感教育。按照蔡元培的观点，我们甚至还不能说美育是教育，因为今天的“教育”一词，往往带有某种自上而下的训导和冷冰冰的灌输意味，而美育强调的是感化、陶养，是欣赏者的主动参与。蔡元培列举了“以美育代宗教”的三点理由：① 美育是自由的，而宗教是强制的；② 美育是进步的，而宗教是保守的；③ 美育是普及的，而宗教是有界的①。蔡元培主张“以美育代宗教”不仅有学理上的考虑，即从情感教育的角度来说，宗教不是专门用来进行情感教育的，因此，它远远不如美育那么纯粹和有效；更重要的是，蔡元培考虑到了当时的时代因素：“以美育代宗教”的主张，最初是在 1919 年提出来的，那是中国历史上新旧势力斗争达到白热化的年代。在迎接新中国的不同道路中，蔡元培选择了通过教育提高国民素质，通过教育进行精神批判与改造的途径。在蔡元培看来，当时新旧思想的典型代表是美学和宗教。无论是从西洋现成引进的基督教还是改造国粹而成的孔教，都是对新的自由思想的束缚，是对新兴的民主、科学的反动。而美学（特别是蔡元培接受的康德美学）在根本上主张审美活动是无利害、无目的、无概念的，这样的审美活动是人类生活中最无拘无束的活动，是自由生活的典型。因此，蔡元培主张“以美育代宗教”来进行思想启蒙，其实质是以自由代替专制，以科学代替愚昧，这与整个“五四”精神基本上是一致的。

2. 对生命精神的批判性反思

近代中国一方面要改革旧有的封建意识，另一方面又要同外来侵略势力作斗争。在抵抗外来侵略一次又一次失利之后，一些思想家开始反思中华民族的生命力问题，开始着力揭示中华民族固有的但长期被掩盖的生命精神。宗白华便是这些思想家中的重要一员。同大多数现代思想家一样，宗白华也受到柏格森生命哲学的影响，主张以充满生命活力的“少年中国”代替“旧老的中国”，提倡一种“奋斗的生活与创造的生活”②。这时宗白华十分推崇西方的生命精神。留学德国以后，宗白华在更深的层面上发现了中国文化的特殊魅力，加上亲眼目睹西方发达国家所发动的灾难性的侵略战争，这时他的批判矛头也对准了西方生命精神。在《中国文化的美丽精神往哪里去?》一文中，宗白华的批判是两方面的。一方面说：“中华民族很早发现了宇宙旋律及生命节奏的秘密，以和平的音乐的心境爱护现实，美化现实，因而轻视了科学工艺征服自然的权力。这

① 蔡元培．蔡元培美学文选［M］．北京：北京大学出版社，1983：180.

② 宗白华．宗白华全集：第 1 卷［M］．合肥：安徽教育出版社，1994：92－105.

使得我们不能解救贫弱的地位，在生存竞争剧烈的时代，受人侵略，受人欺侮，文化的美丽精神也不能长保了，灵魂里粗野了，卑鄙了，怯弱了，我们也现实得不近情理了。我们丧尽了生活里旋律的美（盲动而无序）、音乐的境界（人与人之间充满了猜忌、斗争）。一个最尊重乐教、最了解音乐价值的民族没有了音乐。这就是说没有了国魂，没有了构成生命意义、文化意义的高等价值。中国精神应该往哪里去？”另一方面又说：“近代西洋人把握科学权力的秘密（最近如原子能的秘密），征服了自然，征服了科学落后的民族，但不肯体会人类全体共同生活的旋律美，不肯‘参天地，赞化育’，提携全世界的生命，演奏壮丽的交响乐，感谢造化宣示给我们的创化秘密，而以撕杀之声暴露人性的丑恶，西洋精神又要往哪里去？哪里去？这都是引起我们惆怅、深思的问题。”① 有了对西洋精神的批判性反思之后，宗白华对生命本体的理解有了新的变化。他一方面强调中国文化中固有的却长期被忽视的生命精神，把宇宙的生命本体理解为强烈的“动”和“力”；另一方面又不因此舍弃中国文化特有的圆融、静谧与和谐。由此宗白华得到了对生命精神的独特的理解，即宇宙生命是一种最强烈的旋动，最幽深的玄冥，既不是西方文化中的向外扩张的生命冲动，也不是一般理解的中国文化中的消极退让。它是一种向内或向纵深处的拓展。这种生命力不是表现为对外部世界的征服，而是表现为对内在意蕴的昭示，表现为造就“一沙一世界，一花一天国”的境界。而表现这种生命精神的最恰当的方式不是战争，是舞。在谈到“舞”的时候，宗白华说：“尤其是‘舞’，这最高度的韵律、节奏、秩序、理性，同时是最高度的生命、旋动、力、热情，它不仅是一切艺术表现的究竟状态，且是宇宙创化过程的象征。艺术家在这时失落自己于造化的核心，沉冥入神，从深不可测的玄冥的体验中升化而出，行神如空，行气如虹。在这时只有‘舞’，这最紧密的律法和最热烈的旋动，能使这深不可测的玄冥境界具象化、肉身化。”② 由此，宗白华为艺术和美找到了最后的基础，这个基础就是作为宇宙本体的生命律动。宗白华赋予

---

① 宗白华．宗白华全集：第2卷［M］．合肥：安徽教育出版社，1994：405－406.

② 宗白华．宗白华全集：第2卷［M］．合肥：安徽教育出版社，1994：43－69.

了艺术和美最亲近这种宇宙本体的地位。按照宗白华的这种理论，整个宇宙人生，从其本来面目上来说，应该是艺术化的、诗化的。在那些残酷、冷峻的岁月里，宗白华正是以这种诗化人生来对苦难的现实进行无声的抵御和批判。

3. 对“主观恐惧症”的批判和对学术严肃性的维护

无产阶级和资产阶级的美学斗争一直持续到新中国成立以后。从20世纪50年代中期到60年代初期，中国出现了一场空前的美学大讨论。在这场大讨论中，如果那些自称为无产阶级美学家的人认为这场讨论仍然是无产阶级同资产阶级之间的斗争的话，那么，那些被批判为资产阶级美学家的人，则多数是为了维护学术的严肃性。所谓资产阶级美学家的辩护，绝不是为了复辟资产阶级美学，进而复辟资本主义，而是为了维护学术公理，维护起码的学术常识。

这场大讨论是从批判朱光潜的资产阶级美学思想开始的。朱光潜首先作了诚恳的自我批判。但随着批判的深入，朱光潜发现那些批判者对美学基本知识的理解有偏差，更不是真正的马克思主义者。于是他便开始自我辩护，进行反批判。朱光潜将那些没有美学常识的论敌称之为“主观恐惧症”患者。在朱光潜看来，主观的、精神的、意识的因素对审美活动的影响是最起码的美学常识，要坚持这种常识就必须克服“主观恐惧症”。这在当时谈主观而色变的历史情形下，朱光潜所承受的政治压力是可想而知的。然而，正是因为有了朱光潜的坚持，我们的美学才不至于离题太远。

4. 对主体性丧失的批判

20世纪70年代末至80年代，中国又出现了一次持续时间更长、影响范围更大的“美学热”。这次“美学热”带来了整个文化的全面复兴。中国思想界在经历了漫长的十年寒夜之后，终于苏醒了。而苏醒后的第一个话题便是美学。当然，文艺是早于美学之前苏醒的。“伤痕文学”舔着尚在滴血的伤口，让那些被各种运动折腾得完全麻木的人们，再一次意识到了人性的存在，意识到了个体生命的存在。但作家们只是下意识地再现他们的生活经历，只是本能地感到被伤害的心灵需要倾诉，需要抚慰，他们没有也不可能对个体生命的价值作出深入、系统的反思。“美学热”的出现，正是因为人们不满足于简单地再现那段痛苦经历，更重要的是需要反思，需要用深入的思考来建立新的生活秩序，当时哲学的反应似乎有些迟钝。其中的原因，也许是哲学受到的创伤太重，以至于失去了苏醒的力量；也有可能是传统哲学离文艺太远，没有及时注意到文艺中所表现的新的思想动向。

这次“美学热”中的焦点人物是李泽厚。李泽厚在20世纪50年代末60年代初的美学大讨论中，以对朱光潜的有力批判而著称。但时隔20年之后，他的思想有了很大的变化，尽管他本人常常否认这种变化。这种变化可以简要地概括为：由对人性、主体性的批判，转向对人性、主体性的颂扬。这种颂扬实际上是针对“文革”十年严重扭曲人性所导致的主体性丧失的有力批判。李泽厚从马克思早期著作中找到了理论依据，从而可以放心地讲他的“人类学本体论的实践哲学”或“主体性的实践哲学”。李泽厚对他讨论的主体性作了一些规定。他说：“如果就人与自然、与对象世界的动态区别而言，人性就是主体性，就是说，相对于整个对象世界，人类给自己建立了一套既感性具体拥有现实物质基础（自然）又超生物族类、具有普遍必然性质（社会）的主体力量结构（能量和信息）。”① 李泽厚的主体性思想主要源于康德，强调在认识世界和改造世界过程中主体的立法作用。李泽厚在主体性后面加上实践，表明他同康德的区别。其实这种区别并不是对主体性的理解有了质的变化，而是对主体性的来源问题有了不同的理解。在康德那里，主体性是先天的；李泽厚的主体性是发生的，即把康德哲学中所有设定的先天形式，纳入到马克思主义的实践熔炉中，让它们在那里锻炼成形。其实，这种来源上的区分并不重要，重要的是肯定了主体性、人性自由自觉的基本特征。李泽厚常常用主体性的来源问题遮盖主体性的本质问题，这在当时的政治背景下是一种策略；而真正引起人们兴趣的，是他所揭示和宣扬的主体性所具有的自由自觉的本质。

在这次美学热潮中，架在人们精神上的枷锁被彻底摧毁了，“文革”中一些禁语，如主体性、人性、人道主义等，都可以进行公开的讨论。美学的批判作用，在解放思想的过程中起了举足轻重的作用。

---

① 李泽厚．李泽厚哲学美学文选［M］．长沙：湖南人民出版社，1985：150.

5. **对精神荒芜的批判**

20世纪90年代，中国经济进入了高速增长的时期。在“以经济建设为中心”口号的激励下，中国经济取得了前所未有的大发展，人民的物质生活条件得到了极大的改善。然而在物质文明取得突飞猛进的发展的同时，人们生活又面临着另一种危机和隐患，正如叶朗所说：“物质的、技术的、功利的追求在社会生活中占据了压倒一切的统治的地位，而精神的活动和精神的追求则被忽视，被冷漠，被挤压，被驱赶。这样发展下去，人就有可能成为马尔库塞所说的单面人，成为没有精神生活和情感生活的单纯的技术性的动物或功利性的动物。因此，从物质的、技术的、功利的统治下拯救精神，就成了时代的要求、时代的呼声。”① 在新的历史形势下，美学又扮演了批判拜物主义、拯救精神的角色。最近一段时间，叶朗在这方面作了很多的思考和批判。叶朗指出，由于片面地追求物质文明，人类生活中出现了许多问题。其中有三个问题十分突出：一个是人的物质生活和精神生活的失衡，一个是人的内心生活的失衡，一个是人与自然的关系的失衡。叶朗进一步指出，中国传统美学，特别是儒家美学，对解决这三个问题可以提供有益的启示。儒家把人的精神生活置于物质生活之上，强调人应该有一种精神境界的追求，并且把以“仁”为内涵的审美境界当作人生的最高境界，这些对我们今天从物质的、技术的、功利的统治下拯救精神，恢复物质生活与精神生活的平衡，都提供了重要的启示。儒家肯定“闲心”“闲情”对于人生的价值，强调人应该保持一种宽快、和谐、悦乐的精神状态，这些有助于我们恢复内心生活的平衡。儒家“天人合一”的哲学和美学，强调人与自然应该建立和谐的关系，有助于我们恢复人与自然的关系的平衡②。针对我国经济建设过程中所出现的精神荒芜现象，叶朗认为应该十分重视社会文化环境的建设，重视社会的人文导向和人文教养，这是关系到现代化建设成败的大问题，是关系到我们民族的前途和命运的大问题③。

---

① 叶朗．胸中竹：走向现代之中国美学［M］．合肥：安徽教育出版社，1998：310.

② 叶朗．胸中竹：走向现代之中国美学［M］．合肥：安徽教育出版社，1998：30.

③ 叶朗．胸中竹：走向现代之中国美学［M］．合肥：安徽教育出版社，1998：362.

6. 马克思主义美学的批判精神

随着中国无产阶级自觉地运用马克思主义作为革命的理论武器，马克思主义也渗透到了美学领域。马克思主义美学的批判精神，集中表现在对资产阶级文艺思想的批判上。它强调文艺是现实生活的真实反映，而不是作家的天才创造和心灵体现；强调文艺是有阶级性的，无产阶级文艺应该反映无产阶级的现实生活和精神要求，自觉地为无产阶级革命事业服务。由于文艺是无产阶级革命事业的一部分，加上无产阶级领导人对文艺的社会作用有深刻的认识，且十分重视对资产阶级文艺思想的批判，因此，文艺思想的斗争，事实上是无产阶级和资产阶级在思想意识领域中最激烈的交锋。在同资产阶级文艺思想的斗争中，马克思主义美学逐渐成长起来，出现了一批以马克思主义为理论指导的美学专著，如蔡仪的《新美学》《新艺术论》。蔡仪根据马克思的唯物主义思想，认为美是客观的，审美是对客观存在的美的认识，艺术是对现实生活的反映；并以此为标准，将其他不同的美学观点统统批判为资产阶级美学思想。马克思主义美学对资产阶级美学思想的批判，完全服务于无产阶级革命事业的需要，因而不仅仅是美学思想上的斗争，也是整个无产阶级世界观、人生观对资产阶级世界观、人生观批判中的一部分。

从上面列举的六种情况来看，说美学集中体现了人文学科的批判精神，一点也不为过。在20世纪中国思想史的每个重要阶段，美学都自觉地站在主流文化时尚的对立面，成为僵化的文化时尚的有力批判者。

梳理和反思百年中国美学，可能使我们获得多方面的启示，却难以就学理上得出确凿的结论。然而，有一个结论恐怕是必然要得出的，这就是：中国需要美学。

第二节　解读“中国的美学需求”

“以美育代宗教”在今日看来不切实际，而在当时却是一个具有强烈的现实批判精神的口号。问题也许不在于对宗教的欺骗性、褊狭性、陈腐性的揭露，而在于对美育的“普遍性”与“超脱性”的张扬。我们有理由将王国维、梁启超、蔡元培等称为中国美学的奠基人，因为他们不仅告诉了我们什么是美学，而且告诉了我们美学在中国有它生存的土壤，中国需要美学！

一、庆幸的“初会”

我们应该庆幸最初接触美学并作出阐发的是王国维、梁启超、蔡元培这样一些思想、学问的大家。美学是在西方资产阶级启蒙运动中诞生的，而他们恰是一些启蒙主义者；美学的诞生经过了一千多年的酝酿和积累，而他们恰是具有深厚古典文化修养的人；美学一诞生就秉有了形而上的品格，而他们恰是名副其实的智者和哲学家。因此，美学一经他们阐释和发挥，便充分体现了一种启蒙精神、一种深厚的文化底蕴、一种对人生和宇宙的深刻关怀。一部《〈红楼梦〉评论》，讲的是《红楼梦》，却包含有对人、人的生命的深刻理解；一部《人间词话》更透过对诗词的一节节评论，为人们建构了一种中国意味的美学。“诗界革命”与“小说界革命”，讲的都是艺术，而生发开来，便是“人生的艺术化”，便是“趣味教育”“情感教育”，便是中国国民性的改造。

恰恰是由于美学的召唤，20世纪二三十年代，一批满怀忧国忧民意识的中国学人，如宗白华、朱光潜、吕澂、黄忏华、邓以蛰先后赴欧洲或日本留学，并将康德、席勒、黑格尔、叔本华、尼采、立普斯、克罗齐等人的学说系统地介绍到中国。在他们看来，西方美学不仅仅是一种理论模式，更是一种治学方法、一种具有现代性的学术精神。他们不再去泛泛议论艺术的价值，而努力从创作与鉴赏的角度探索心理的奥秘。他们不再满足于张扬某一种观念，而潜心构筑一种能称之为观念体系的理论框架，他们相信这一切会给人一种参照，利用它便可以重新阐释陶渊明和李白、诗词和小说、悲剧和喜剧。

马克思的《1844年经济学哲学手稿》的译介在中国学术界掀起了轩然大波。朱光潜、蔡仪、李泽厚、蒋孔阳、刘纲纪等纷纷就其中若干与美学有关的命题做出自己的解释，中国美学于是寻找到了新的哲学根基。这一事实说明，美学需要马克思主义，同时也说明马克思主义需要美学。一个自命为马克思主义者的人，如果不能对审美活动、对艺术做出真正科学的解释，恐怕不能算是真正的马克思主义者。不管“劳动创造了美”“按照美的规律造型”“人化了的自然”这些命题被各家各派赋予了什么意义，它都会为人们带来一种新的意念、新的精神、新的气象。

20世纪80年代后，随着改革步伐的加快，美学在中国也获得了空前的普及。美学走进了多所大学的课堂，并且也走进了一些有现代意识的企业。在学术界，它是人们思考艺术与人生的一个重要途径；在社会生活中，它被用来指导人们培养审美情趣，进行人际间的情感交流，甚至被用来指导物质生产和销售，规划城市环境建设，改善居民生活的质量。于是，众多的学人瞩目于艺术美学、技术美学、环境美学或生态美学等实用美学的研究。然而，随着现代科学技术的飞速发展，许多社会问题也不断涌现，富有人文主义传统的美学日渐肩负起补偏救弊的社会使命。

二、学理上的“诠释”

中国需要美学，这是百年来盘旋在中国学人心中的信念，也是百年来种种理论追索所得出的结论。这一结论如果给以学理上的表述，可以归纳为以下几点。

1. 美学的基本出发点是人性或人格的完善，因此，审美教育一开始就是美学的基本课题

西方如此，中国也是如此。王国维在写《〈红楼梦〉评论》的同时，写了一篇《孔子之美育主义》；梁启超有多篇讨论“趣味教育”或“情感教育”的文章，力倡把情感教育放在第一位；蔡元培主要是位教育家，对美育的性质、特征、功用等更是作了多方面的论述，甚至把美育与国家的命运联系在一起，提出了“美育救国”的口号。之后的美学家虽对美育的理解不甚相同，但几乎没有一个人是不重视美育的。之所以如此，是因为人的觉醒、人性的完善始终是中国革命和建设所面临的重大问题。不久前，中共中央又明确提出德、智、体、美全面发展和培养与现代化建设相适应的社会主义新人的问题。这说明随着国民经济的飞速发展，人民物质生活水平的不断提高，人的思想文化素质的改善日益成为紧迫的问题。

2. 艺术之所以成为美学的重要对象，在于艺术在审美教育方面起着无可替代的作用

中国有五千多年的文明史，在艺术方面，特别是在诗词、绘画、建筑、雕刻、书法、戏剧、音乐、小说等方面留下了异常丰富的宝贵遗产。这是民族精神的物化形态，是将亿万中华民族子孙凝聚在一起的一个需要我们精心守候并发扬光大的文化基因。王国维对中国绘画、舞蹈、建筑的诠释，朱光潜对诗人陶渊明的推赏就是基于这样的思维。毋庸置疑，他们的议论与一般的艺术批评不同，他们从中寻求和玩味的是基本的人格理想、生活旨趣与艺术精神。他们告诫我们的，首先不是艺术如何做，而是人如何做，不是艺术的魅力何在，而是人的价值何在。显然，中国需要这样的议论。五千多年来的艺术遗产，应该得到具有现代意味的阐释，应该在社会主义的人格建构中发挥更大的作用。

3. 中国没有普泛的宗教，佛教、基督教、伊斯兰教从来没有成为全国性的宗教，这与中国占主流的儒家与道家有关，也与诗教、乐教的传统有关

“五四”前后，儒家与道家、诗教与乐教一同受到了抵制，为了填补力量上的空白，对抗有可能蔓延起来的宗教，学术界提出了“以美育代宗教”的口号。不论这个口号是否切实，它的实际意义无疑是积极的。这或许是梁漱溟先生半个世纪后仍坚持这一口号的原因。梁先生说：“不有以美育代宗教之说乎？于古中国盖尝见之，亦是今后社会文化趋向所在，无疑也！”① 梁先生将美育混同于过去的礼乐文化，以为美育的作用在于“使人从倾注外物回到自家情感流行上来，规复了生命重心，纳入生活正轨”②。实则，美育的作用主要在于培养人们的“出世精神”，满足人们的形而上的需求。（朱光潜先生的座右铭：以出世的精神做入世的事业）而恰恰是这一点，美育可以取代宗教，因为宗教的立足点就是与此世相对的来世。美育与宗教不同之处在于，它不是在否定此世基础上肯定来世，而是在肯定现实世界的同时追求理想世界，所谓“出世精神”，就是超越有限自我与有限世界的精神，这也是人的基本需求之一。无疑，在物欲横流、享乐主义至上的今日，讲一点“出世精神”，让人们心中

① 梁漱溟．人心与人生［M］．上海：学林出版社，1984：250.

② 梁漱溟．人心与人生［M］．上海：学林出版社，1984：244.

系着一个崇高的境界，哪怕是一种“乌托邦”，也是十分必要的。

4. 在人文科学中，美学与伦理学是最接近的，但是也有着明显的不同：伦理学要研究的是如何协调人与人的关系，美学要解决的则是人与自然的和谐

当然，人与人的关系与人与自然的关系是密不可分的。在一定意义上，它们是同一个问题。人与自然的关系包括两个方面，一是人与外在自然的关系，一是人与内在自然的关系，所谓感性与理性的关系，即人与内在自然的关系。这两个方面也是密不可分的。正像黑格尔说的，自然（外在自然）是人的另一体。人对自然的态度决定了人对自身作为自然物的态度。马克思讲过，共产主义就意味着人与自然关系的真正解决，就意味着“彻底的人文主义与彻底的自然主义”的完全实现。一方面是“彻底的人文主义”，即人对自己本质力量，如感觉、知觉、想象、情感、意志、理性、表现力及创造力等的全面占有；一方面是“彻底的自然主义”，即自然不仅作为局部，而且作为有机整体的潜能的充分展示和发挥。美学的功用在于促进人与自然间的和谐，其所以能承担这样的使命，因为审美活动本身便要求以超功利（狭隘的局部的功利）的态度对待自然，与自然保持自由的游戏式的对话关系；同时，审美活动要求感性与理性的统一、个体与族类的统一、有限与无限的统一，一句话，要求整个生命的投入。美学的这种特殊性质和功用，决定了它在未来社会发展中扮演着非同寻常的角色。中国需要美学，而且百年来已建构和发展了自己的美学。从王国维的以“境界”为核心概念的美学，到宗白华、朱光潜、吕激等人的以美感态度或美感经验为核心概念的美学，以及蔡仪的以典型为核心概念的美学，到李泽厚、蒋孔阳等人的以“实践”为基础概念的美学，再到周来祥的以“和谐”为核心概念的美学及另一些人主张的以“生命”或“存在”为基础概念的美学，中国美学至少已经形成了六七种模式，且各有其独特的贡献。当然，毋庸讳言，这些模式的每一种都有它不可避免的局限性，但就总体来说，它们涉猎范围之广博、探讨问题之深入、逻辑立论之严整是可以和西方任何一个时期的美学相比较的。中国美学有其得天独厚的条件，这就是：① 五千多年的审美文化与艺术传统；② 马克思主义的理想根基；③ 对西方学术的积极的开放的态度。所以，在未来的世纪中，中国美学会有更加令人瞩目的发展。

正是这种美学需求，使中国产生了独特的“审美情结”，我们可以概括为对美的独特解释、对美的不懈追求，从一个侧面折射出人类的美学情结。

第三节 透析“审美情结”

正如历史学家、社会学家、人类学家、民俗学家所发现的那样，不同时代、不同地域、不同民族有不同的美的理想。在这一节中，我们并不打算考察美的历史演变和民族差异，描述在美这顶桂冠下所遮盖的难以穷尽的差别；当然更不打算从这无限多样的美的面孔中，抽绎出一种永恒不变的“美本身”——这正是传统美学的思维定式。传统美学要么只着眼于美的共性，力图探寻一个共同的美的本质；要么只看到美的差异性，干脆持一种彻底的相对主义观点，这二者之间没有折中调和的余地。现在我们想改变一种思考问题的方式，如果暂且将美是什么的问题存而不论，着重关注人们对美——不管是什么形态的美，它们之间在内涵上有多大的差异的态度，我们就会惊喜地发现，尽管美的形态千差万别，但人们面对美时的态度是一致的，那就是，人们都不约而同地爱美。

一、难于抵御的魅力

俗话说：“爱美之心，人皆有之。”这一俗语道出了一个美学问题，即审美的普遍性问题。的确，在现实世界中，没有哪一种价值能像美这样获得广泛的赞同。丧尽天良的纳粹对古典艺术的狂热不比盟军逊色；《巴黎圣母院》中敲钟人的奇丑和愚陋，并不妨碍他依偎着美丽的吉卜赛女郎安静地死去。特别是当我们沿着时空隧道回溯三千多年前的特洛伊之战时，我们不得不惊叹美的难于抵御的魅力……

特洛伊是坐落在小亚细亚西北部、赫勒斯庞特海峡边的一座十分富有的城堡。王子帕里斯出海远游，抵达斯巴达，受到斯巴达国王墨奈劳斯的盛情款待。其时，阿耳戈英雄珀琉斯和忒提斯成婚，照例举行盛大婚宴，希腊半岛的英雄和奥林匹斯山上的众神都被请到席间。也许是由于一时的疏忽，漏请了掌管争执的女神厄里斯。为了报复，厄里斯决定在神与神之间、英雄与英雄之间挑起一场可怕的争斗。

什么东西有如此巨大的力量，足可以挑起诸神和众英雄的争斗？这个拥有巨大力量的东西就是美。

厄里斯在席间投下一只金苹果，上面刻着“属于最美者”的字样。这只金苹果正好落在帕里斯面前，为帕里斯得到。现在帕里斯有了决定谁是最美者的权力。为了得到金苹果，获得最美者的称誉，席间的天后赫拉、智慧女神雅典娜和爱神阿芙罗底忒当即发生争执，她们都想成为最美的女神。为了得到这只金苹果，三位女神分别私下给帕里斯许愿：赫拉许给最高的荣誉，雅典娜许给最多的财富，阿芙罗底忒则许给最美的女人。在这三种最高的价值中，又是美占了上风。帕里斯接受了阿芙罗底忒的许诺，将金苹果判给了她。为了履行诺言，阿芙罗底忒设计将希腊半岛最美的女人——斯巴达国王墨奈劳斯的妻子海伦——许给帕里斯，并帮助帕里斯将海伦成功地带出斯巴达，返回特洛伊。为了夺回海伦，希腊各地的王者和首领们举行了盛大集会，决定联合出兵特洛伊。于是就有了著名的特洛伊战争和讲述这场战争的“荷马史诗”。伟大的荷马是这样描述的：残酷的战争已经持续了九年，特洛伊城的少壮男子全都为城捐躯了，只剩下一些手无缚鸡之力的长老。太阳出来了，长老们出现在城墙上，看着战死的子孙，他们不由得诅咒起导致战争的绝代佳人海伦来。这时，海伦出现了。他们看到海伦正沿着城墙走来，便压低声音，交换起长了翅膀的话语：“好一位标致的美人！难怪，为了她，特洛伊人和胫甲坚固的阿凯亚人经年奋战，含辛茹苦——谁能责备他们呢？她的长相就像不死的女神，简直像极了！”① 特洛伊的长老们并没有责怪海伦，因为她太美了；也没有责怪为了一个女人而经年奋战、血洒沙场的特洛伊人和阿开亚人，在他们看来，为一个绝代美人浴血奋战是值得的；长老们宁愿责怪神，把导致这场悲苦的战争的全部罪责都怪罪在神的头上。

的确，在这场残酷的战争中，神起了决定性的作用。现在的问

① 荷马．伊利亚特［M］．陈中梅，译．广州：花城出版社，1994：64－65．

题是，神通过什么法宝，足可以诱使隔着大海的特洛伊人和阿开亚人刀兵相见、血染疆场呢？神所使用的法宝，就是人见人爱的美。

这个神话故事生动地表现出，在古希腊时期，美是所有价值中的最高价值。美可以使诸神争斗，英雄浴血；可以使高贵的王子恩将仇报，让公正的长老丧失原则。

这个神话故事还隐含了这样一个思想，即美和爱有着千丝万缕的联系。爱神阿芙罗底忒能够想到将美许给王子帕里斯，说明在爱神心目中，美是最高的价值。美与爱之间纠缠不清的关系，也是柏拉图对话中讨论的一个重要话题。究竟是因为美而爱，还是因为爱而美？柏拉图并没有给出个明确的答案。美与爱的关系，我们在随后的讨论中还会涉及。

无独有偶，在两千多年前的中国，被后人称作圣人的孔子，也发出了这样的感叹："吾未见好德如好色者也！"（《论语·子罕》）美对人们的吸引力，远远超过了善。也正因为如此，孔子主张借助美的力量来帮助人们实现道德的完善。

孔子还有一句名言，即"知之者不如好之者，好之者不如乐之者"（《论语·雍也》），这里也涉及了美和爱的关系。在孔子看来，仅仅将"仁"作为一个认识对象而对它有一定的知识是不够的，最好的方法是将"仁"作为一个爱慕对象，通过对它的爱情而消解主客之间的距离，最终达到充满悦乐的"仁""我"不分的境界，只有这样，才会对"仁"有真切的体认。

正是因为爱具有消解主体与对象之间的距离使二者融为一体的力量，而美又是一种物我交融、主客合一的状态，美与爱之间才有如此紧密的关系。

二、自然本能的发泄

尽管美有民族、阶级、古今等差异，但对美的追求是整个人类的共同行为。爱美是人类共同体之间的一个无可争议的事实。这个事实不需要美学家去进一步指正。美学家要做的工作，是思考这样的问题：为什么不论贤愚之分、古今之别，人们无一例外地爱美呢？

对这个问题，古今中外的美学家做出种种不同的回答。总起来说，不外乎两种观点：一种观点是把爱美当作人的一种生物本能，一种观点是从人的本性那里去寻找爱美的根源。无论是从人的本能还是从人的本性中去寻找根源，有一点是共同的，即都把审美看作人的一种先天能力、一种普遍要求。我们常听人说“应该爱真”，“应该爱善”，但很少听人说“应该爱美”。这就表明，真和善本身并不一定惹人喜爱，人们对真善的喜爱是教育的结果，本身就惹人喜爱的只有美。

自从达尔文的生物进化论诞生之后，人们更有理由从人的动物本能中去寻找爱美的根源。因为按照进化论的观点，人只不过在进化树上站得较高而已，与动物并没有本质的区别。因此一些人认为，爱美是人类从动物那里继承下来的，具有先天的生理基础。他们注意到动物虽然没有善恶之分、真假之别，却懂得爱美恶丑。在动物世界，美丑甚至成了唯一的价值标准。在很多情况下，对待丑陋的残酷性是人类所无法想象的。丑陋者不仅失去繁衍后代的权利，甚至为强壮的同类杀害而失去继续生存的权利。比如，动物在交配季节，总喜欢把自己打扮得漂亮些，以求吸引异性。那些老病体弱的动物，身上失去了美的光彩，便失去了和异性交配的权利。人种学家列图尔若曾不无夸张地说，在繁殖期的动物身上几乎有艺术的一切形式（歌唱、器乐、舞蹈、建筑、装饰图案和戏剧）。列图尔若进一步指出，动物发情期的这些所谓的“艺术”活动，同人类求偶时的装饰活动有着密切的关系。就拿原始人的腰饰来说吧，通常的解释是：腰饰是出于人类与生俱来的羞耻感，即用树叶、贝壳之类的饰物遮掩身体的羞耻部位。人种学家在实际的考察中发现这种解释很难令人信服。他们注意到原始部落的人对裸体习以为常，根本没有所谓的羞耻观念。对此，维斯特马克提出了一种新的解释。他认为，在“一个大家都通行裸体的地方，裸体是不足为奇的，因为我们每天看见的东西，就不会有特殊的印象。但当男女们一用光亮的流苏加在上面时，不论是一对斑驳的羽毛、一串小珠、一簇叶子或一个发亮的贝壳，都不能逃避同伴的注意。这个小小的衣饰，实际上作了很强烈的可以设法引起注意的性感的刺激物”①。人种学家们还观察到，平时是裸体的澳洲土著女人在参加猥亵舞蹈时才穿上羽

① 叶朗．现代美学体系［M］．北京：北京大学出版社，1999：68.

制围裙，明科比妇女则在羞耻部位上盖上一片很大的叶子。按照人种学家的这种解释，动物“爱美”与它们的性本能有着密切的关系，人类最初对美的追求也可以追溯到他们身上潜在的生物性性本能上。

在西方美学史上，最初从心理、生理角度探求美感根源的思想，可以追溯到17世纪、18世纪的英国经验主义美学家那里，有人甚至认为还可以上溯到古希腊的亚里士多德那里。英国经验主义美学家大多把爱美当作人的一种心理本能，并乐意从生理的角度来解释审美快感的根源，把人同动物等同起来，把美感同生理快感等同起来。

1. 博克的“社会生活”本能说

博克（Edmund Burke，1729—1797）是英国经验主义美学的集大成者。在《论崇高和美两种观念的根源》一文中，博克把美和崇高的根源完全归结到人的生理、心理的基础上。博克认为，人类的基本情欲可以分为两类：一类涉及“自体保存”，即要求维持个体生命的本能；一类涉及“社会生活”，即要求维持种族生命的生殖欲以及一般的社交愿望或群居的本能。崇高感涉及的是前一种本能，美感涉及的是后一种本能。人类的“自我保存”的本能只有在生命遇到威胁时才会活跃起来，而只有当人们遭遇痛苦和危险时，生命才会遇到威胁，所以“自我保存”的本能活跃起来的时候，往往伴随着生理、心理上的恐怖和惊惧，而这种恐怖和惊惧正是崇高感的主要心理内容，所以说崇高感涉及人类的“自我保存”的本能。博克说的“社会生活”的本能一词含义非常狭窄，只涉及异性间的性欲要求和一般人与人之间的社交要求。当人的“社会生活”本能得到满足时，就会产生一种生理、心理上的愉悦，而这种愉悦正是美感的主要心理内容，所以说，美感涉及人类的“社会生活”的本能①。

博克的这种思想对弗洛伊德（Sigmund Freud，1856—1939）的美学观产生了很大的影响。不过国内学术界目前还很少注意到他们二人之间的联系。弗洛伊德美学的基本观点可以概括为“美是欲望的升华”。弗洛伊德认为，人类最深刻的本质在于初级的、自发的本能动力，这些动力对所有人来说都是同样的，它指向一定先天需要的满足。这种最初级的、自发的本能有两种，即“生的本能”和

① 朱光潜．西方美学史：上卷［M］．北京：人民文学出版社，1979：236－239.

“死的本能”。其中“生的本能”派生出性欲、恋爱、建设的动力，“死的本能”派生出杀伤、虐待、破坏的动力。由于受到“超我”的限制，人的本能常常被压抑着。这些被压抑的本能于是转而通过其他的途径求得满足，艺术就是被压抑的本能得到转移性满足的主要途径。人们在审美时之所以能得到快感，其原因就在，在审美活动中人的基本本能得到了转移性的满足①。

我们说博克的思想影响到了弗洛伊德，一方面在于他们都从生理本能中去寻找美感的根源；另一方面在于，弗洛伊德两种基本本能的划分与博克的两种基本情欲的划分非常相似。弗洛伊德也完全可以像博克那样，从这两种不同的本能满足时的不同的心理状态出发，区分出崇高感和美感。但弗洛伊德不是专业美学家，所以他没有必要像博克那样做深入细致的讨论。

2. 斯宾塞的“精力过剩说”

在探寻审美的生理基础方面，还有一种很有影响的理论，即英国学者斯宾塞提出的“精力过剩说”。斯宾塞从生物学的角度出发，认为高等动物的营养比低等动物要丰富得多，它们在维持生命之余，还有过剩精力。这些过剩的精力必须求得发泄，艺术、审美之类的无目的的游戏是这种过剩精力发泄的最好途径。斯宾塞的这种学说，在西方美学史上有很深的渊源。早一点的有亚里士多德的“模仿本能说”，晚一点的有席勒的“游戏说”。在亚里士多德看来，人们对美和艺术的追求，出自人的模仿本能。亚里士多德曾经指出：一般说来，诗的起源仿佛有两个原因，都是出于人的天性。人从孩提的时候起就有模仿的本能（人和动物的区别之一，就在于人最善于模仿，他们最初的知识就是从模仿得来的），人对于模仿的作品总是感到快感。经验证明了这一点：事物本身看上去尽管引起痛感，但惟妙惟肖的图像看上去却能引起我们的快感，例如尸首或最可鄙的动物形象（其原因也是由于求知不仅对哲学家是最快乐的事，对一般人亦然，只是一般人求知的能力比较薄弱罢了。我们看到那些图像之所以会有快感，就因为我们一面在看，一面在求知，断定每一事物是某一事物，比方说，“这就是那个事物”。假如我们从来没有见

① 关于弗洛伊德的美学思想，可以参见吉尔伯特和库恩的《美学史》（下卷）的有关论述。

过所模仿的对象，那么我们的快感就不是由于模仿的作品，而是由于技巧或着色或类似的原因)，模仿出于我们的天性，而音调感和节奏感（至于“韵文”则显然是节奏的段落）也是出于我们的天性，起初那些天生最富于这种资质的人，使它一步步发展，后来就作出了诗歌①。

席勒则认为，艺术和游戏都是不带实用目的的自由活动，它们都是过剩精力的流露。这种发泄过剩精力的现象，在无理性的动物界甚至在没有灵魂的自然中都可以看到。席勒说：狮子在不为饥饿所迫、又没有别的野兽向它挑战的时候，它闲着不用的精力就要给自己创造一个对象，它那雄壮的吼声响彻沙漠，在这无目的的消耗中，它那旺盛的精力在自我享受；昆虫在太阳光下飞来飞去，自得其乐；就是我们听到的鸟儿发出的悦耳的啼鸣，也肯定不是欲求的呼声。无可否认，在这些动作中有自由，但不是摆脱了所有需求的自由，而是摆脱了某种特定的、某种外在的需要的自由。如果动物的活动的推力是缺乏，它就是在工作；如果这种推动力是力的丰富，就是说，是剩余的生命刺激它行动，它就是在游戏。甚至在没有灵魂的自然中，也有这种力的浪费和规定的松弛，而这就物质意义来说也可以称为游戏。树长出无数的幼芽，但还没有发育就凋谢了；树为了吸收养分伸展出根、枝、叶，但它们的数目远比为维持树木的个体以及它的种属所需要的要多得多。树木有大量的东西没有使用过也没有享受过就还给了原始自然王国，而有生命的生物就会在欢快活动中把这些东西加以挥霍。因此，在它的物质王国中，自然已经为我们演出了一出无限的序曲，在这里已经部分地扬弃了只有在形式王国中才会完全彻底地予以解除的束缚。自然从需要的强制或物质的严肃开始，再经过剩余的强制或物质的游戏，然后再转入审美游戏。在美的崇高自由中，自然得到了提高从而超越了任何目的的强制；但在此之前，它在自由运动中至少说已经从远方接近了这种独立性，因为自由运动本身既是自己的目的又是自由的手段②。

根据席勒的看法，人类的审美活动是基于过剩精力的发泄。过

① 亚里斯多德．诗学［M］．北京：人民文学出版社，1962：11－12．

② 席勒．审美教育书简［M］．冯至，范大灿，译．北京：北京大学出版社，1985：147－148．

剩精力的发泄是人类从动植物那里继承下来的本能，早在动植物世界就已经存在了。由于这种学说来源于对一种普遍存在的现象的观察，因此很容易博得大家的认同，具有广泛的影响。

不管博克、席勒、斯宾塞、弗洛伊德等人的理论有多大的缺陷，不管他们为审美活动所找到的生理基础是否可靠，但有一点是值得肯定的，即他们都试图为审美寻找一个先天的、无可争议的基础。人们为什么会爱美呢？原因正在人自身的本能上。只要是人，就具有这些本能；只要具有这些本能，就会对崇高和美产生认同。人类爱美不是出于某种外在的目的，而是出于自身的本能要求。这是为审美找到的最底层的基础。

三、自由本性的显现

人类的确是生物，具有跟生物一样的生理本能；但人类又是有理性的，是万物之灵。人类比动物多出来的这点理性和灵明，不是生物本能，而是只有作为人才有的特性，我们把它称作人的本性。从同为动物的角度来看，人类的某些活动的确可以追溯到动物本能上去；从独有灵明的角度看，人类的某些活动又不能仅仅被归结到动物本能上去。像审美之类的人类特有的高级精神活动，恐怕不能用动物本能来解释，至少在本能之外还有某种更为独特的因素。这就是一些美学家不愿意从本能出发，而更愿意从本性出发来解释审美、艺术等现象的原因所在。

哲学家对人类本性的探讨可谓久矣！从古希腊神庙上的神喻“认识你自己”开始，直到当今的种种哲学流派，人类从来就没有停止过对自己的认识。尽管不同的学说有不同的结论，有关人的本性问题的回答众说纷纭，但其中也有一些得到多数人认可的观点，如把自由作为人的本性。

康德自称其哲学发动了一场哥白尼式的革命，彻底改变了在他之前的哲学的研究方向，即将古代哲学对外在客体的研究转向了对内在主体的探讨，揭示了人类在自然面前作为自由的、立法者的崇高地位。自由是跟自觉联系在一起的，没有自觉就谈不上自由。所谓自觉，指的是人对自己的行为的目的有事先的意识。正因为有了这种事先的意识，才有所谓选择。有了多种不同的选择之后，才有所谓自由。自由的活动是不受目的、概念、功利等因素的限制的。按照康德的观点，审美刚好是这种不受功利、概念、目的限制的活动，因而是一种标准的自由活动。在这种意义上可以说，审美是人的自由本性的显现。这是古典美学家比较一致的看法。

人类的这种自由自觉的本性，与爱美之间究竟有什么关系？

我们说人有觉悟，有自知之明，说的是人对自己的行为目的有事先的意识。目的是未来才会实现的东西，能对未来的目的有事先的意识，说明人生的时间维度不只有现在，而且还有未来，当然也有过去。未来的事情尽管未来，但它已经能为现在的我所想象，并且影响到现在的我的生活。过去的事情虽然已经过去，但它仍然存留在我的记忆中，仍然对我现在的生活起作用。对未来、现在、过去的时间意识，可以看作人的本性。动物没有这种时间意识，所以动物世界既没有文化积累，也没有价值选择。动物只是按照自己的本能生活，它们的生存只有唯一的可能性。人由于对未来有所领悟，生活前景便呈现出多种多样的可能。但人毕竟要生活在现在的时空范围内，并且在现在的时空范围内，只有一种可能能够得以实现。由此，人不得不面临痛苦的选择。现在的问题是，人依据什么来对未来的多种可能进行选择呢？

最现实的标准是利益。哪种可能让我获得最大的利益，我就选择哪种可能。还有一种标准就是道德，即依据某项道德原则对未来的可能进行选择。用中国哲学的术语来说，前一项原则是“利”，后一条原则是“义”。中国哲学对“义”“利”问题区分得非常清楚，并且旗帜鲜明地重“义”轻“利”。西方资本主义社会的情况有所不同，特别是在它们的经济生活中，“利”往往要高于“义”。由于“义”“利”难以两全，因此不管根据哪项原则进行抉择，都会受到来自另一项原则的压力，从而多少都会感到不自由、不情愿。美学史上，席勒对这个问题的感受最深。他说：“当我们怀着情欲去拥抱一个应该鄙视的人，我们痛苦地感到自然的强制。当我们敌视一个我们不得不尊敬的人，我们就痛苦地感到理性的强制。”①

席勒这里所说的自然（感性）和理性可以转换为中国哲学中的

---

① 席勒．审美教育书简［M］．冯至，范大灿，译．北京：北京大学出版社，1985：74.

“利”和“义”。如何解决这个矛盾？怎样才能使我们的选择既不受到“义”的强制，也不受到“利”的诱惑？席勒的解决办法是借助于美。也就是说，当我们根据美的标准进行选择的时候，就不会感觉到来自这两方面的压力，就会进入自由的游戏。席勒接着说：“但是如果一个人既赢得我们的爱慕，又博得我们的尊敬，感觉的强迫以及理性的强迫就消失了，我们就开始爱他，就是说，同时既同我们的爱慕也同我们的尊敬一起游戏。”① 由此，我们可以得出结论，当人们进行自由选择时，总是依据美的标准。换句话说，自由人的未来这一时间维度总是以美的面貌出现的。人们可以对自己的未来进行无限的遐想，而在想象中出现的东西总是比在现实中存在的东西要更美好。这从我们对未来的想象的词汇中也可以看得到。我们把对未来的想象叫理想、希望、憧憬，等等。而理想、希望、憧憬中的世界，总是美好的世界。也许人们正是因为相信明天比今天会更好，才有如此强大的生存动力和勇气。

我们把这种对美好未来的追求叫作爱。爱与美总是纠缠在一起，因为美而爱，也因为爱而美。人们常说只有人才有爱，动物世界没有爱。这个常识要作怎样的解释才能不算是一种偏见呢？在我们所了解的动物世界中，不是也有许多堪称典范的“爱情”故事吗？双飞双栖的天鹅一旦失去了配偶，幸存者宁可绝食而死。这难道还不足以令我们人类汗颜吗？不过人类的这种自诩也有一定的道理，这种道理只有在对爱进行重新解读之后才会显露出来。

柏拉图曾经对爱作了一个这样的规定，即爱总是对最渴望又最缺乏的东西倾注。在《会饮篇》中，柏拉图借苏格拉底之口说：“爱情不恰恰也是这样？一个人既然爱一件东西，就还没有那件东西；他想它，就是想现在有它，或是将来永久有它。”“所以总起来，在这个情形和在一般情形之下，所想的对象，对于想的人来说，是他所缺乏的，还没有到手的，总之，还不是他所占有的。就是这种东西才是他的欲望和爱情的对象。”② 所谓爱情对象，就是一种目前缺乏而又想拥有的对象。

① 席勒．审美教育书简［M］．冯至，范大灿，译．北京：北京大学出版社，1985：74.

② 柏拉图．柏拉图文艺对话集［M］．朱光潜，译．北京：人民文学出版社，1959：255.

现在的问题在于，什么是人类生活中最渴望又最缺失的东西？柏拉图在《会饮篇》中借喜剧大帅阿里斯托芬之口讲了一个神话故事。从这个故事中，我们可以看出什么是人类生活中最渴望又最缺失的东西。阿里斯托芬说，从前的人和现在的人不一样。从前的人分为三种，不像现在只有两种。在男人和女人之间还有一种不男不女、亦男亦女的人。从前的人的形体是一个圆团，什么东西都是现在人的两倍。他们的力量非常强大，常常想飞到天上去和神们打仗。为了削减人的力量，宙斯想了个办法，即将圆团一样的人分成两半。被分成两半的人，这一半想念另一半，他们朝思暮想，渴望重新结合在一起，于是就没有力量对神构成威胁。从这个神话故事中可以看出，人类生活中最渴望又最缺失的就是自己的另一半。换句话说，爱就是人们对自己的另一半的追求，也就是对本来的完整性的追求。阿里斯托芬说："我们本来就是完整的，对于那种完整的希冀和追求就是所谓的爱情。""全体人类都只有一条幸福之路，就是实现爱情，找到恰好和自己配合的爱人。总之，回原到人的本来性格。这种回原既然是最好的事，那么，达到这个目标的最捷的路径当然也就是最好的路径，这就是得到一个恰好符合理想的爱人。"①

但是，在我们看来，理想的爱人还不是绝对意义上的最渴望又最缺失的对象，因为自己的另一半从逻辑上来讲还是可以得到的。就绝对意义上说，只有"未来"才堪称人类最渴望又最缺失的东西。人总是向着"未来而生"，但"未来"又总是未来。一个"未来"到来了，另一个"未来"立刻又出现在视线的远端。"未来"的这种既缺失又令人向往的特点，决定了在人的生存活动中，内在地具有爱的结构。由于"未来"常常跟理想中的美联系在一起，因此这种内在的爱，是同美紧密联系在一起的，它们都根源于人的自由自觉的本性。

四、美的尺度

马克思有个著名的观点，即"人是按照美的规律来生产"。这个观点正是建立在把爱美看作人的本性的基础上。马克思是把人和动

① 柏拉图．柏拉图文艺对话集［M］．朱光潜，译．北京：人民文学出版社，1959：237－243．

物比较起来讨论这个问题的。他说："动物只生产自己本身，而人则再生产整个自然界；动物的产品直接同它的肉体相联系，而人则自由地与自己的产品相对立。动物只是按照它所属的那个物种的尺度和需要来进行塑造，而人则懂得按照任何物种的尺度来进行生产，并且随时随地都能用内在固有的尺度来衡量对象，所以，人也按照美的规律来塑造物体。"① 从这段话中可以看出，马克思把"按照美的规律来塑造物体"看作人区别于动物的本质特征，并且把美的规律同人的"内在的固有尺度"联系起来。这种"内在固有的尺度"其实就是美的尺度。

为什么说人的"内在固有的尺度"就是美的尺度呢？这个问题还是与人的自由自觉的本性有关。由于人的生存超越了任何物种的限制，可以自由地面对自己的未来，在想象中自由地描绘未来的图画，因此人的未来总是以美的面貌出现。人追逐未来，实际上就是追逐美。由于人的活动总是向着未来的活动，也就是说总是对未来的目的有所领会，总是根据未来而活动，因此不仅是生产活动，所有的人类活动从根本上讲，都可以看作遵循美的规律的活动。由此我们可以说，从根本上讲人类是按照美的规律来塑造整个人类文明的。

现在的问题是，这个美的规律究竟是什么？或者说，这个美的规律究竟是怎么来的呢？是不是有一个一成不变的美的规律呢？

要回答这个问题，首先需要对人的活动结构和环节做出具体的分析。

马克思在《资本论》中把人和蜜蜂进行比较，说明人的劳动不同于动物的本能活动。这个说法有助于我们理解人的活动结构。马克思说："最蹩脚的建筑师从一开始就比最灵巧的蜜蜂高明的地方，是他在蜂箱里建筑蜂房以前，已经在自己的头脑中把它建成了。劳动过程结束时得到的结果，在劳动的想象中已经观念地存在着。"② 根据这个比方，我们可以把人的活动区分为想象、实践、评价这样三个环节。人的活动往往是先有事先的想象，然后有根据想象的实

① 马克思. 1844年经济学哲学手稿［M］. 刘丕坤，译. 北京：人民出版社，1979：50－51.

② 马克思. 资本论：第1卷［M］. 北京：中国社会科学出版社，1983：166.

践，最后是将实践的结果同想象中的图像进行比较，对实践结果的成败优劣作出评价。

按照前面的分析，在这三个环节中，只有想象中的蜂房图像是最美的。不管建筑师如何心灵手巧，他现实地做出来的蜂房，总不如想象中的蜂房那样完美。正是在这种意义上，柏拉图说理式世界是最完美的世界，模仿理式世界的现实世界和模仿现实世界的艺术世界，只能是美的影子，它们总是有缺陷的。按照这种思想，美就永远是一种超越的理想，不可能在现实世界中存在。然而我们又常常说，美是感性的存在。从单凭感官就能感知的感性存在，到只有作为观念形态的超越的理式，我们对美的理解怎么会有如此大的差异？如何才能克服这种差异？

要回答这个问题，我们还需要对审美判断进行分析，即分析我们在什么情况下才会判定对象为美的。

事实上，当建筑师成功地做出蜂房的时候，也就是说，当建筑师的实践结果吻合他事先的想象的时候，我们往往会说，他做对了，他做得正确，而很少说他做的蜂房真美。在什么情况下，我们才判定建筑师做的蜂房为美呢？

理想的情况常常是这样的：建筑师做出的蜂房超出了他的想象，甚至超出了以往人类所有的对蜂房的经验，但它又确确实实是一只蜂房，只有在这种情况下，我们才会惊叹建筑师的作品为美的作品、天才的作品！也就是说，真正的美的作品，不是凭空设想出来的，不是预先就存在的某种观念；而是在现实的生活实践中创造出来的，是在具体的生活体验中生发出来的。同样，我们的未来，也不是某种命中注定的东西，而是随着现在的展开而不断展现出来的图景。所以真正的未来，是由现在绽放出来的未来。“美的规律”不是一成不变的，而是在现在的创造中不断生成的。就不断生成的特性来看，美其实根本无所谓规律。正是在这种意义上，我们说审美是一种创造，在现在中创造了未来、在感性中创造了理性、在瞬间中创造了永恒。

五、从“好之”到“乐之”

审美不仅能体现作为人的本性的爱，展现人的创造性天赋，而且还能使人获得一种强烈的快感。

我们前面提到过孔子的名言："知之者不如好之者，好之者不如乐之者。"旧注："学问，知之者不如好之者笃，好之者不如乐之者深。"仿佛知、好、乐之间，只是深入学问的层次深浅上的区别。其实最重要的，还不在学问层次上的区别，而在于对待所学者的态度上的区别，其中存在着由"主客二分"向"天人合一"的态度的转变。在"知"的层次上，是把所学的东西当作一种外在的知识来学习。外在的知识可能是投人所好而自觉学习的；也可能是人们不感兴趣，但为了某种外在的目的而不得不学习的。后者，在"爱"的层次上，就得到了克服。理想的"爱"，总是爱自己喜好的东西，总是发自内心要求的。更重要的是，"爱"具有弥合主客体之间距离使二者融为一体的力量。而"乐"体现的正是融合主客体的"爱"的成果。到了"乐"的境界，"乐"和所乐的东西完全融为一体，所谓"乐者生矣，生者何可已也，何可已，则不知足之蹈之，手之舞之"（《孟子·离娄章句下》）。在一种手舞足蹈的状态下，主体与对象，"乐"与"所乐"，完全交融在一起。从这种意义上来说，"乐"不仅是最彻底地发自自我的内在要求，而且表现出与对象的强大的亲和力。审美愉悦正是源于审美主体对美的对象的这种内在的、强大的亲和力。

在《判断力批判》中，康德把主观愉悦看作审美判断的质的规定性。这表明在康德看来，愉悦是审美的本质特性。康德区分了三种不同的愉快，即生理的、审美的、道德的。在康德看来："在这三种愉快里只有对于美的欣赏的愉快是唯一无利害关系的和自由的愉快；因为既没有官能方面的利害感，也没有理性方面的利害感来强迫我们去赞许。"① "无利害关系"，表明审美愉快是没有原因的；"自由"表明审美愉快是纯粹的。也就是说，审美只是将一种纯粹的愉快呈现给意识，审美体验只是体验这种纯粹的愉快。

现在的问题是，这种纯粹的愉快是审美体验的原因、结果还是体验本身呢？对这个问题，康德作了专门的讨论，并且认为"这个

① 康德．判断力批判：上卷［M］．宗白华，译．北京：商务印书馆，1987：46.

问题的解决是鉴赏判断的关键”①。康德认为，快感不能先于判定。他说：“如果对某一物象的快感业先出现了，但是当对此物象下判断时却仅仅承认它的普遍传达性，这样的说法就自相矛盾了。因为这样的快感除掉单是官能感觉里的快适而外不是别的，并且因此依照它的本质来说只能具有个人有效性，因为它直接系于对象所由呈现的表象。”② 先于判定的快感只是纯粹的感官快适，只有个人的有效性，因而不是普遍可传达的美感。由此可以说，快感不是引起审美体验的原因。但另一方面康德又明确地把美定义为：“审美趣味是一种不凭任何利害计较而单凭快感或不快感来对一个对象或一种形象显现方式进行判断的能力。这样一种快感的对象就是美的。”③ 也就是说，快感是判定某一对象为美的根据。快感既不先于判定，又是判定的根据，这不是自相矛盾的吗？但当我们对康德的愉快和判定的内涵作进一步的分梳之后，就会发现，矛盾只是一种表面现象。

简单地说，康德说快感不能先于判定，这里的快感只是感官快感；而审美判断所依据的快感是审美快感。康德说快感不能先于判定的判定，指的是审美的实际过程；而依据快感的审美判断指的是对对象的美的命名。这种分辨在我们区别出审美活动的诸环节之后会显得更加明晰。

我们可以把审美活动区分为“实际的审美体验”、“由审美体验而来的愉快”和“根据愉快把对象判定为美的”这样三个环节。快感不能先于判定，说的是快感不是引起审美体验的原因；快感是审美判断的根据，说的是最终判定对象为美的所依据的是快感。

现在的问题是，为什么不直接说审美体验是判定对象为美的根据，而要在审美体验和审美判断之间插入审美愉悦呢？其中原因就是：审美体验不能表象为概念形式，也就是说，审美体验呈现给意识的只是快感；只有通过快感与不快感才知道是否处在审美体验之中。换句话说，在审美体验中的人因与对象融为一体而根本不知道眼前发生了什么，唯一知道的是内在的快适；正是因为有这种内在

① 康德．判断力批判：上卷［M］．宗白华，译．北京：商务印书馆，1987：54.
② 康德．判断力批判：上卷［M］．宗白华，译．北京：商务印书馆，1987：54.
③ 朱光潜．西方美学史：下卷［M］．北京：人民文学出版社，1979：361.

的快适，他才“知道”自己在审美体验之中。

康德说的这种无利害的快感，用中国哲学的术语来说，可以相当于庄子所说的“至乐”“天乐”，也即冯友兰所说的“忘情之乐”。冯友兰说：“忘情则无哀乐，无哀乐则另有一种乐。此乐不是与哀相对的，而是超乎哀乐的乐。”① 由此我们可以区分两种不同的“乐”：一种是一般的愉悦，它是与“哀”相对的，是有原因的；一种是不与“哀”相对的，即超越于日常喜怒哀乐之上的“天乐”“至乐”，它是一种无所原由的“乐”，审美愉悦就是这样一种“乐”。正是在这种意义上，我们说“乐”是人生在世的基本情感。也就是说，人生在世本来是“乐”，只是由于种种欲望不能得到满足而滋生了许多烦恼。当我们将各种功利欲望括弧起来之后②，人的本然之“乐”就会呈现出来。审美愉快正是这种本然之“乐”的体现。

由此，爱美不仅是作为人的“生”和“爱”的本性的体现，同时也是为了求“乐”，追求人性的本然之“乐”。只有当我们把审美活动最终落实到作为人的本性的“生”“爱”“乐”的基础上，审美活动的存在价值才会显现出来，审美活动的普遍性依据才会呈现出来。换句话说，审美是人的本性的显现。审美愉悦是人在展现他的“生”与“爱”的本性时，其内在愉悦之情的自然流露。

---

① 冯友兰．三松堂全集：第五卷［M］．洛阳：河南人民出版社，1986：354.

② 括弧，现象学术语，有存而不论的意思。

第二章 审美回眸

第一节 审美返璞

达·芬奇说过，凡是能够到源头去取水的人，决不喝壶中之水。我们在本章中就是要引领大家去探寻人类审美的源头，去把握美的起源、美的流派，然后去品尝沁人心脾的真正甘泉。

当代有关美的界说不可胜数，其源头不外二端，一是直面事物本身，一是继承前人学说。二者本当兼顾，不过我们首先从后者开始——追溯人类思想历程，倾听中外先辈声音，从中也许能获得启迪。

一、走向人，走向人的心灵——西方美学史上关于美的本质的探讨

1. 从客观事物的本原上探讨美

从古希腊到中世纪，这种倾向居于上风。早期希腊的哲人们将注意力主要集中于作为大宇宙的自然的探讨，所以一般被称为自然哲学家。毕达哥拉斯学派对美的看法最为著名，他们把宇宙看作“一个神秘的百音盒”，宇宙的本原是“数”，数的比例、和谐便是美。数学和神学的结合代表了古希腊到中世纪很多思想家学说的特征。

柏拉图深受毕达哥拉斯学派的影响，他要求人们不停留于引起快感的形式层面，主张进而探求其中“数的永恒规律”，有所不同的是，他似乎更注重构成宇宙本原的结构图式，传说他创办的学园门口张挂一块牌子，上写“不通晓几何者勿进”。柏拉图认为，宇宙万物的本原是“理式”，事物分享了美的理式才有美。普洛丁是古希腊哲学的殿军、中世纪神学的始祖，作为新柏拉图派的创始人和领袖，

他也认为物体美是由于分享了理式而美，这理式来自神明，因此真、善、美统一于神。普洛丁对艺术很有研究，且就艺术活动而言，他认为理式先存在于艺术家心里，赋予艺术媒介后因而产生艺术美。

这种观点不只属于热衷于穷究宇宙生成论的古希腊人，它一直延续着。中世纪的奥古斯丁虽然承认感性美，但他由事物外形而追根于“数”，由数溯源于上帝——绝对美之所在。圣·托马斯也认为，事物之所以美，是由于上帝住在它们里面。直至现代，持此论者还时有出现。19世纪法国有名的哲学家库申，仍坚持上帝是美的根源，他认为物质美是外壳，智性美是“真”的光辉，道德美即是“善”（正义、慈爱等），真、善、美统一于上帝。

总体看来，这是一种偏于唯理主义的倾向。它首先有一个设定，然后以此为基础进行演绎，美学观成为宇宙观的直接延伸。这类观点也许很难证伪，同样也难于证实，称之为有“神秘色彩”是不为过的。

2. 从客观事物的外部特征探讨美

从亚里士多德的美学言论中已见先声，这是探讨美的另一视角。亚里士多德认为美要依靠体积与安排，即体积要大小适中，材料安排要达到秩序、匀称与明确。不过，这种倾向真正占上风的也许是文艺复兴时代。该时代的巨人们似乎不太重视玄思，更多地专注于实践创造。15世纪著名的艺术家阿尔伯蒂把美定义为和谐与好的比例。其后，达·芬奇也认为，美感的根源在于事物本身“完全建立在各部分之间神圣的比例关系上”①。诗人塔索称“美是自然的一种作品”，事物具备了比例适当、颜色悦目的条件就会是美的。

一般说来，艺术家阶层持这类观点的人很多，文艺复兴时代过去以后也是如此。我们知道，常有论者将荷加斯的名字同作为几何图形、作为最高审美标准的蛇形线联系在一起，按照荷加斯对“美”的分析，他得出的结论为：美是适应、多样、单纯、复杂和尺寸的共同合作形成的②。近代以来的种种形式主义的美学（主要着眼于事物的外形式）也当归入这一类。

---

① 达·芬奇．达·芬奇论绘画［M］．北京：人民美术出版社，1979：134.

② 荷加斯．美的分析［M］．北京：人民美术出版社，1984：22.

比较而言，这是一种偏于经验主义的倾向。它的确在捕捉美的事物的一些看得见、摸得着的特性，然而，要从事物的外观找到美的法则是很困难的。克罗齐曾批评“替美找出自然科学规律者”是“江湖骗子”，并且遗憾艺术家们也往往采用经验的教条。他举例说，米开朗基罗留下一个秘方给他的学生柯德宾纳，教他“常画一个金字塔形的蛇形的形体，以一、二、三乘它”，这秘方却没能挽救这位弟子的平凡①。应该说，美不只是存在于事物外观，并且什么形态才是美的外观也必须由人来评判。

3. 从主体——人——的身上探讨美的根据

从美学思想史的角度看，也许可以说启蒙运动才是人的真正觉醒，很多思想家相继从外在自然找美的根源的思想路线转而向人自身来探索美的奥秘了。斯宾诺莎，这位17世纪的唯物主义哲学家，历史上破天荒地第一次提出美的根据在人的观点，他说：“外物接于眼帘，触动我们的神经，能使我们得舒适之感，我们便称该物为美；反之，那引起相反的感触的对象，我们便说它丑。”② 其后休谟更明确地指出，快感和痛感是构成美和丑的真正本质，“美并不是事物本身里的一种性质。它只存在于观赏者的心里，每一个人心见出一种不同的美”③。他并未否认对象“有某些属性”适宜于形成美，但坚持美的根据在人心中，就圆形来说，“美只是圆形在人心上所产生的效果，这人心的特殊构造使它可感受这种情感。如果你要在这圆上去找美，无论用感官还是用数学推理在这圆的一切属性上去找美，你都是白费气力”④。我们虽然不能同意将美与快感等同起来，但必须承认这种观点振聋发聩。休谟的思想给康德很大的启发，使康德从独断论中惊醒过来。康德的批判哲学是主体性哲学，认为审美判断不是系于事物的实际存在本身，关键在于人从对象的表象中看出什么来。审美由于只关注对象的形式，因此是无功利性的愉快。黑格尔历来被看作客观唯心主义者，其世界观接近于柏拉图，他将美

---

① 克罗齐．美学原理·美学大纲［M］．北京：外国文学出版社，1983：120.

② 斯宾诺莎．伦理学［M］．北京：商务印书馆，1958：42.

③ 北京大学哲学系美学教研室．西方美学家论美和美感［M］．北京：商务印书馆，1980：108.

④ 朱光潜．西方美学史：上卷［M］．北京：人民文学出版社，1979：226.

定义为“理念的感性显现”①，很容易让人们误解他也是从客观事物的本原上寻找美；其实，黑格尔的美学是艺术哲学，这一命题放在艺术的考察上，“理念”就只能存在于人类的心灵中，因此黑格尔明确指出，所谓自然美只是“心灵的那种美”的反映。他还多次谈到，审美是人从外部事物中观赏到自己性格的复现。对我国当代美学颇有影响的车尔尼雪夫斯基，断定“美是生活”，是我们在事物里面看出依照我们的理解应当如此的生活。此外，如桑塔耶那提出“美是客观化的快感”，克罗齐认为直觉即表现，美是“成功的表现”，等等，考察重心均在人而不在物。

可以说，近代以来，审美尺度存在于人身上这一点已逐渐成为西方美学界的共识。这种共识超越了唯物主义与唯心主义、经验主义和唯理主义的对立，因而更见其基础的广泛性与牢固性。

当代西方美学竭力回避对美的本质问题的讨论，但是这一问题是如此重要，“以至于一些扬言美的本质的讨论已变得毫无意义的西方美学家，实际上也仍然不断地在对美的本质发表意见”②。并且，西方当代美学界在这一问题上总的倾向很明确，那就是走向人，走向人的心灵。

二、完美人格塑造——中国美学史上关于美的本质的探讨

我国先秦时代的美学思想包含着后来各种美学观念的胚胎和萌芽。先秦两汉时期可能以儒家的审美观念最为显目，其现实感与功利性切合人类早期美善相乐的普遍经验，美与善的关系是该时期美学的中心问题。到魏晋南北朝时期，道家主张超越世俗、超越功利的审美观念自觉不自觉地日益成为人们普遍化的审美取向，美与善在观念上的分离是一次质的飞跃。儒、道两家的美学思想都对后世产生了深远的影响，二者尽管观点多有矛盾，有一根本点却是叠合的，即都致力于完满人格的塑造。

中国的先哲们对美的理解不像西方思想界那样有过大幅度转折，从一开始就紧紧地将美的问题与人自身联系在一起，不过细辨起来，

① 黑格尔．美学：第1卷［M］．北京：商务印书馆，1979：142．

② 朱狄．当代西方美学［M］．北京：人民出版社，1984：143．

仍可分出几个阶段。

1. 在道德评价中论美

汉语的“美”字，从羊从大，肥大的羊是很好的膳食，满足人们的食用需要，因此是善的，也是美的。许慎的《说文解字》指出，“美与善同意”，先秦时二者通用的情况明显。有人统计，《论语》中“美”字凡十四见，其中十次是“善”“好”的意思。例如孔子提倡“尊五美”，即“惠而不费，劳而不怨，欲而不贪，泰而不骄，威而不猛”，明显指的是五种德行，且与“屏四恶”相对。孟子提出“充实之谓美，充实而有光辉之谓大”（《孟子·尽心下》）。所谓“充实”，是指道德修养的充实，如朱熹所解释的：“力行其善，至于充满而积实，则美在其中而无待于外也。”（《孟子集注》卷十四）这里“美”与“大”之分联系着人格的品位，“大”所以比“美”更高，在于它更接近于成圣（“大而化之之谓圣”），焦循注释道：“充则畅于四体，光则照于四方。”（《孟子正义》）荀子称“君子知夫不全不粹之不足以为美”（《劝学》），“全”与“粹”都由道德修养形成，而道德修养在荀子看来是化性起伪，因此他又说，“无伪则性不能自美”（《礼论》）。美、善通用不限于儒家，在先秦是一种普遍情况。早于孔孟的伍举就曾指出：“夫美也者，上下、内外、大小、远近皆无害焉，故曰美。”（《国语·楚语上》）楚灵王与伍举一道登上章华台，楚灵王问这台是否美，伍举否定了以声色娱人的东西为美，却将政治和伦理道德上的善说成美。这是我国见之于文献记载的关于美的最早定义。

2. 在人物品藻中论美

东汉末年，人物品藻之风盛行。对人格的品评，先秦即为人们所注意，如孔子将人的气质分为“狂”“狷”“中行”三类（《论语·子路》），他还讲过，“质胜文则野，文胜质则史。文质彬彬，然后君子。”（《论语·雍也》）如果说儒家的理想人格注重于修养的充实，那么道家的理想人格则注重于心灵的清虚。庄子学派所倾慕的是，“其为人也真，人貌而天虚，缘而葆真，清而容物。”（《田子方》）汉末魏晋时期的人物品藻经历了从以儒家标准为主到以道家标准为主的转变。徐复观先生指出：这种人伦鉴识，开始是以儒家为鉴识的根据，以政治上的实用为其要达到的目标；以分解的方法，构成他们的判断。而其关键之点，则在于通过可见之形，可见之才，以发现内在而不可见之性，即是要发现人之所以为人之本质。……及正始名士出而学风大变；竹林名士出而政治实用的意味减薄；中朝名士出而生命情调之欣赏特隆；于是人伦鉴识，在无形中由政治的实用性，完成了向艺术的欣赏性的转换。自此以后，玄学，尤其是庄学，成为鉴识的根柢……①

三国时期刘劭系统地总结了汉末以来人物品藻的经验和理论，既坚持了儒家提倡的“仁、义、礼、智、信”的标准，同时又受曹操“惟才是举”思想的影响，突出了“智”的地位，并指出：“夫圣贤之所美，莫美于聪明。”这已明显见出从强调群体性的伦理道德到强调个体性的聪明才智的过渡。刘义庆撰的《世说新语》多记述一些名士风流，集中反映了魏晋时期人们的审美时尚。当时的人物品藻有几个明显的特征：一是赏容貌。如《容止》篇记述：“潘岳妙有姿容，好神情，少时挟弹出洛阳道，妇人遇者莫不连手共萦之。”“庾（亮）风姿神貌，陶（侃）一见便改观，谈宴竟日，爱重顿至。”二是重才情。《赏誉》中说：“许掾尝诣简文。尔夜风恬月朗，乃共作曲室中语。襟情之咏，偏是许之所长，辞寄清婉，有逾平日。简文虽契素，此遇尤相咨嗟，不觉造膝，共叉手语，达于将旦。既而曰：‘玄度才情，故未易多有许。’”帝王与士人以才情相近而相处如友。三是标放达。追求“纵心调畅”“性情自得”，具有“玄味”的生活，如孙长乐作王长史诔云：“余与夫子，交非势利，心犹澄水，同此玄味。”容貌、才情、放达三者构成完满、自由的个性，亦即审美化的人格。

3. **在艺术的创造与欣赏中论美**

魏晋时期是我国历史上“文的自觉”时期，其背景是“人的自觉”。人物品藻的审美化极大地促进了人们审美意识的自觉，直接而广泛地影响着艺术的品评，并且影响了整个美学思想史。宗白华先生写到，中国美学竟是出发于“人物品藻”之美学。美的概念、范畴、形容词，发源于人格美的评赏。……中国艺术和文学批评的名著，谢赫的《画品》，袁昂、庚肩吾的《画品》，钟嵘的《诗品》，

① 徐复观．中国艺术精神［M］．沈阳：春风文艺出版社，1987：130.

刘勰的《文心雕龙》，都产生在这热闹的品藻人物的空气中①。

首先看“形神”。这对范畴本是考察整体人格的尺度，形是形体，神是精神。于是很自然地进入人物画的品评。刘安写道：“画西施之面，美而不可说；规孟贲之目，大而不可畏：君形者亡焉。”（《淮南子·说山训》）这里的“君形者”便是神。《世说新语·巧艺》记述，顾恺之画人“或数年不点目睛。人问其故，顾曰：‘四体妍蚩，本无关于妙处。传神写照，正在阿睹中。’”眼睛是心灵的窗户，传神特别在此。后来这一范畴辐射到山水画、文学等艺术形式的批评中，连书法也不例外，王僧虔认为，“书之妙道，神采为上，形质次之，秉之者方可绍于古人”。（《笔意赞》）中国古代美学的主导观念是讲究形神兼备。

再看“气韵”。气与韵是一对矛盾范畴，其统一体就是“神”，“气韵”也最先出现于人物品藻中，《世说新语·任诞》中说：“阮浑长成，风气韵度似父。”“风气韵度”即“气韵”。河南荥阳出土的《郑道忠墓志铭》刻于公元522年，上写：“君气韵恬和，姿望温雅，不以臧否滑心，荣辱考虑。”谢赫率先在画论中提出“气韵”范畴，《古画品录》写道：“六法者何？一、气韵生动是也。”其后人们沿用于诗论、书论、乐论等领域，成为表征艺术风格美的两维：气胜为阳刚之美，韵胜为阴柔之美；而作为理想，人们总是追求艺术品“力遒韵雅”（谢赫），也就是“气韵双高”（郭若虚）。

仅将上述两对范畴结合起来，我们就可窥见中国古代美学的突出特色，即对美的把握与对人的把握密不可分。

冯友兰先生曾谈道：“中国哲学的特点就是发挥人学，着重讲人。”② 中国美学同样如此，美学范畴显然多由人学范畴转化而来。

三、中国当代美学发展概况

我们这里所谓的当代美学，是指20世纪后半期的美学。需要说明的是，“现代”“当代”都只是作为时间概念使用，并不是性质上的区分。

---

① 宗白华．艺境［M］．北京：北京大学出版社，1987：127.

② 冯友兰．论中国传统文化［M］．北京：生活·读书·新知三联书店，1987：140.

1. 以蔡仪为代表的客观派

客观派认为美是客观的。美的事物之所以美，在于事物本身，并不依赖鉴赏者，但客观的美可以引起人们的美感。那么什么样的东西才是美的呢？蔡仪的回答是："美的东西就是典型的东西……美的本质就是事物的典型性。"① 而所谓典型性，就是事物在个别性中充分显现了种类的一般性。

2. 以朱光潜为代表的主客观统一派

主客观统一派认为美是主观与客观的统一。所谓客观，是指美必须以客观的自然事物作为条件；所谓主观，是说单纯的客观自然物还不能成为美，必须加上主观意识形态的作用，使"物"成为"物的形象"才形成美。合而言之，"美是客观方面某些事物性质和形状适合主观方面意识形态，可以交融在一起而成为一个完整形象的那种特质。"② 美只是艺术的特性，一般自然物如果也显得美那就是取得了艺术的特性。

3. 以李泽厚为代表的客观社会派与实践美学

客观社会派主张美是客观性与社会性的统一。这里所谓的客观性，不是指物的自然性或典型性，而是指物的社会性；而所谓社会性，也不是指主观的社会意识或情趣等，而是指客观存在于社会生活之中的属性。由于社会生活本身是客观的，因此作为社会生活属性的美既是社会的，又是客观的。所谓美，就是"包含社会发展的本质、规律和理想而有着具体可感形态的现实生活现象，美是蕴藏着真正的社会深度和人生真理的生活形象（包括社会形象和自然形象）"③。从表面上看，蔡仪与朱光潜的美学观是对立的两个极端，李泽厚的美学观则处于中间位置，甚至容易让人产生错觉，蔡、朱、李三派之间有某种"正—反—合"的关系。其实，李泽厚更接近于蔡仪的美学观，他讨论问题的出发点与蔡仪没有多大不同，即以为"美是第一性的，基元的，客观的；美感是第二性的，派生的，主观

---

① 蔡仪．新美学［M］．北京：群益书店，1947：68.

② 朱光潜．朱光潜美学文集：第3卷［M］．上海：上海文艺出版社，1983：108.

③ 李泽厚．美学论集［M］．上海：上海文艺出版社，1980：30.

的"①；得出的结论也基本一致，即认定美存在于“不以人们意志为转移的客观的物的本身之中"②。二者思路上的主要分别也许在于：蔡仪似乎力图对黑格尔“美是理念的感性显现”命题加以唯物主义的改造，李泽厚则以车尔尼雪夫斯基的“美是生活”命题为基础，从社会实践方面加以发挥。由于蔡仪的改造是如此之生硬，见物不见人，几乎使人不敢苟求同；而李泽厚的发挥确实拓展了一定的学术空间，观点较为新颖，一时应和者甚众。只是朱光潜先生从一开始便是受批判的对象，一些论者从实际出发即使观点与之不谋而合却仍在言论上同他划清界限。在这种特定的历史条件下，形成了以李泽厚先生为代表的所谓主流派。

“实践美学”是指李泽厚先生的美学思想。它形成于 20 世纪五六十年代的美学大讨论，完成于 20 世纪 80 年代再度出现的美学热潮。李泽厚强调要从人类社会历史发展的实践总体上探求美的根源和审美意识的演变，认为实践本身是美的，因为它是合规律性与合目的性的统一。最基本的实践活动是生产劳动，劳动工具和劳动产品也属于美的创造，这是外在自然的人化；实践过程中人类在不断建构自身的文化心理结构，于是内在自然人化。无论是工具本体还是心理本体的形成，都以实践为基础。“自然的人化”说被看作实践哲学在美学上的一种具体的表达或落实。既然美的根源在于自然的人化，那么就可以说，美的本质（李先生将它等同于美的根源）在于实践，是实践使得一些客观事物的性能、形式具有审美意味，而最终成为审美对象（即美）。为什么美存在于客观的物本身之中，却又是主客观的统一呢？原来李先生所理解的主客观统一，不是指主观意识与客观自然的相互作用，而是指主体实践与客观现实的交互作用。经过这种交互作用，理性才能积淀在感性中，内容才能积淀在形式中，美又可说是一种自由的形式。不过，社会美更多表现合目的性，以内容取胜；自然美更多突出掌握了的规律性，以形式取胜。

毋庸置疑，实践美学比机械唯物主义的美学观精致了不少。首

---

① 李泽厚．美学论集［M］．上海：上海文艺出版社，1980：21.

② 李泽厚．美学论集［M］．上海：上海文艺出版社，1980：68.

先，它肯定了美离不开人类社会，实践是人类的活动，既然实践是美的根源，那么在人类出现以前世界就无所谓美丑之分。其次，它解释审美现象有历史感，方便于回答艺术和审美观念的历史变迁，审美文化毕竟是社会文化系统的一部分，将考察社会发展变化的方法搬进美学，简单易行，只是不免偏重于外在的描述。再次，它接触到审美经验的中介性，例如试图将格式塔心理学的“异质同构”说、荣格的“集体无意识”说与“自然的人化”观念结合起来。不过，由于实践美学的理论框架在第一次美学大讨论中已经奠定基础，它实际上不可能赋予审美经验以应有的地位，所以，该理论从美的本质到审美心理研究之间，明显有拼合、粘贴的痕迹。

实践美学的不足之处在今天看来是显而易见的。第一，它是一种变相的“白板说”，即假定人类与动物界分离时心灵是一块白板，不仅具体的知识经验，而且连一般的智能结构都是后天在实践基础上发展起来的，这显然与当代人类学的诸多发现相悖。难道形式美果真与生理结构无涉，而仅仅有待于所谓文化－社会心理结构的形成吗？难道能断言动物对美的形式不存在近似美感的快感？第二，这种美学忽视了审美活动中的个体性因素和全人类性的因素，唯重其中的特定群体性层面，因为所谓社会实践是一种群体性的活动，且有时代、种族、阶级的差异性。阎国忠先生说得好：“真正的美是在审美过程中形成的，从这个意义上讲，美不仅是对人类总体，也是对欣赏者个人的一种肯定。”① 第三，它研究审美现象有外在性的局限，只注意人们的现实活动而无视其精神追求，这一点明显不及前苏联的美学，卡冈、斯托洛维奇等都非常重视理想，将它作为展开美学讨论的经线或列专题进行研究，而在李泽厚先生这里，审美几乎被看作纯粹的现实认知活动。因为按他的理解，现实是实践的，实践也是现实的。这种美学甚至忌用“审美主体”，自然不可能揭示审美的超越性特点。

实践美学是特定历史时期的产物，它在前苏联传输过来的意识形态的支配下，在国内极“左”思潮的影响之下产生，打上了明显的时代印记，虽然在改革开放年代持论者随之解放思想，但仍弥补

---

① 阎国忠．谈当前几个美学理论问题的论争［J］．文艺研究，1990（3）．

不了它的先天不足。应该承认，从人们的社会历史实践活动切入美学，是一个独特的视角，其观点有存在的理由，可供人们参考。然而决不能将它定为一尊，否则将四面受敌。只有实事求是地将它看作美学理论多元中的一元，作为一个普通的伙伴看待，才会赢得人们的尊重。当前，学界在争论对实践美学是“发展”还是“超越”的问题，这种争论假定了一个前提，即实践美学是人类美学思想史上的一座高峰，要么发展它，要么超越它，但是不可能绕过它而另辟蹊径；其实，对于人类美学思想史的大树来说，实践美学不过是在特定历史条件下逸出的一根旁枝，既非主干，也不是人们的必经之路，后学可以“发展”它，也可以“超越”它，还可以不过分关注它。如果以实践美学为中国当代美学的代表，则正如成复旺先生所指出的，它“既没有继承中国古典美学的传统，也没有接受西方现当代美学的新变”，竟“大力强调美在客观事物”①。由于它的根本点、出发点存在错误，因此观点一展开便多见自相矛盾，缺少一以贯之的逻辑力量。

四、我国当代美学发展前瞻

美学与哲学、心理学和艺术学密切相关，由于后三者都缺少突破性的建树，我国当代美学的实际成就不容乐观。汝信先生曾谈到当代有代表性的几家都难进入世界美学思想史，如此估价也许合乎实际。这也激励我国当代美学界必须奋力开拓，勇于创新。学术创新首先需要继承中外既有的优秀遗产，并在前辈达到的水平线上继续攀登。笔者认为朱光潜、宗白华先生就美学问题自身进行研究，取得了一系列成果，他们的美学思想理应被看作我国现代美学的正脉和当代美学研究的起点。对于这两位前辈，李泽厚先生有一段中肯的评价：“朱先生的文章和思维方式是推理的，宗先生却是抒情的；朱先生偏于文学，宗先生偏于艺术；朱先生更是近代的、西方的、科学的，宗先生更是古典的、中国的、艺术的；朱先生是学者，宗先生是诗人……”② 还要指出一点，由于朱先生偏重西方现代美

① 成复旺．走向人学的美学［J］．社会科学家，1995（2）．

② 宗白华．美学散步［M］．上海：上海人民出版社，1981：序．

学，因而较为注目于经验领域；宗先生偏重中国古代美学，故较为偏重超验领域。当代美学建设应该力图融合中西、贯通古今，兼顾经验与超验两个方面，美学既是一门学问，骨子里又应该洋溢着诗意。近期有些论者倾向于从人的生命或生存角度考察美学问题，提出了一些新颖的观点，值得注意。不过，“生命”是一种颇为模糊的事物，往往在人们感到言语道断时便归结于它，并且容易流于将审美现象作生物学的阐释。“生存”论者对文化因素给予了充分注意，有可能较好地保持现代性而又吸收传统文明；但西方存在主义美学的重视个体而轻视群体乃至人的族类的倾向也未必可取，也许美国掀起的人本主义心理学对欧洲存在主义的继承和超越值得借鉴。从人类的心灵活动和生存状态出发研究审美现象，也许具有广阔的发展前景，因为它方便于兼收并蓄，不拘一端。

第二节 审美伫足

尼采说过，从你的脚下深掘下去，必会有涌泉喷出！中外美学思想史的发展嬗变已经告诉我们，美的根据应该从人类自身上寻找。从客观的物的本源上探讨美，观点有神秘色彩，既不能证实也难于证伪，更多属于信仰范畴而不是知识范畴；从客观的物的外部特征上确定美的法则，一直未能取得令人信服的结论，看不出有多大的发展前景。

为了对我们的观点进行证实，就必须对后两个观点证伪。本节将伫足关注美的本质问题，完成这个使命。

一、美离不开人

1. 机械唯物主义美学观的谬误

这是美学中一种彻底的客观论，它认为美是可以离开人而存在的。例如桂林山水的秀丽，西湖风光的旖旎，泰山的雄健，黄山的神奇，还有花红柳绿，莺歌燕舞，明月如镜，星河灿烂……任何一个正常的人都会承认这些美的事物和现象的客观存在，且不会以人的意志为转移。这些美的东西作用于人，与人发生一定的关系，就使人产生美感。所以美是第一性的、客观的，美感是第二性的，是对美的反映。美的事物之所以美，在于显现了种类的一般性（即典型性）。无机物（例如金、银）的美属于现象美，动植物（如花、鸟）的美属于种类美，发展到人便出现了个体美。这种客观论似乎很符合普通人的常识；但是正像漫长岁月中人们一直认为“天圆地方”一样，常识有时是靠不住的。

① 我们可以依据日常经验进行证伪。任何物种都有其典型性，老虎固然因其“勇猛”的典型性而获得所谓种类美，那么跳蚤是否也因为其“灵活”的典型性而美？如果典型性意味着种类发展的完善性，则造物主给予癞蛤蟆或鳄鱼的生理构造，较之给予蝴蝶、黄莺的并不缺少什么，可是怎么解释人们一般以后者为美而以前者为丑呢？如果说高级的物种比低级的物种美，那么苍蝇、老鼠的美理当在青松、梅花之上了，但事实果真是如此吗？

② 这种美学观在逻辑上也很容易被证伪。类似的观点在前苏联也存在过，斯托洛维奇批驳道，“初看起来，这种立场似乎是唯一正确的、始终唯物的、以反映论为基础的：既然在人类意识中含有美、审美的观念，而意识反映现实，那么美、审美就客观地在人出现之前并且不依赖于人而存在于现实之中。但是细想一下这个论证，你就会发现，它的逻辑令人想起上帝存在的所谓‘本体论论证’，那是中世纪烦琐哲学提出来的：既然在人们的意识中有上帝的概念，那么上帝就应该是存在的。”① 事实上，机械唯物主义美学观是经不起追问的。既然美是客观自然物的属性，那么这种属性就只能解释为是造物主赋予的；造物主是什么？他为什么赋予某些自然物以美而对另一些自然物则不？这些正是客观唯心主义美学所要回答的问题。

2. 美的尺度只能是人的尺度

自然界中各个物种都有自己的尺度。任何一种植物都有仅属于自身而与其他植物不尽相同的结构法则，只是不能进行评价罢了。动物界因各有不同的生理构造和生理本能而各有尺度的独特性，它们的好恶就以其潜在的尺度为依据。格鲁吉亚有一条这样的谚语：“人们问骆驼，它是否喜欢阿拉伯跑马？骆驼回答说：如果有驼峰，那就好得多。”法国启蒙运动的领袖伏尔泰曾戏谑地假设：“如果你

① 斯托洛维奇．审美价值的本质［M］．北京：中国社会科学出版社，1984：16－17.

问一个雄癞蛤蟆：美是什么？它会回答说，美就是它的雌癞蛤蟆，两只大圆眼睛从小脑袋里突出来，颈项宽大而平滑，黄肚皮，褐色脊背。如果你问一位几内亚的黑人，他就认为美是皮肤漆黑放油光，两眼凹进去很深，鼻子短而宽。如果你问魔鬼，他会告诉你美就是头顶两角，四只蹄爪，连一个尾巴。”伏尔泰由此产生怀疑主义倾向，认为美根本就没有什么“本质原型”，表现出对从事物的感性形式中找美的法则的失望。

既然造物主未提供统一的美的尺度，各个物种又有各不相同的尺度，因此，如果离开或放弃人类的评判，那么美与丑之分就没有界限：大象认为长有长鼻才美，黑熊认为浑身是毛才美，乌龟坚持不披甲壳为丑，老鹰认为没有羽翼者丑……这就正像古希腊时代的诡辩派曾指出的，把各种丑的东西堆在一起，又让人们把各自认为是美的东西拿走，结果会是一件不剩。例如垃圾，对于人来说是丑的，可是在有些微生物“眼”中很可能是美的，因为那是它们的生存乐园。必须明白，当我们讲“美”的时候，其实是用我们人类的尺度衡量，其他动物如果有知，就决不会承认人类的审美判断。《庄子》中列举了很有说服力的例证：毛嫱、丽姬，人之所以美者也，鱼见之深入，鸟见之高飞，麋鹿见之决骤。《齐物》《咸池》《九韶》之乐，张之洞庭之野，鸟闻之而飞，兽闻之而走，鱼闻之而下人。人卒闻乏，相与还面观之。

无论是人体美还是艺术美，都只是相对于人而言的，仅以人类的评判为依据。印度伟大诗人泰戈尔曾谈道，“如果不再有人类，贝尔维德勒的阿波罗像也就不再是美的了”。这一观点当即得到爱因斯坦的赞同。尼采尖锐地指出：人相信世界本身充斥着美，——他忘了自己是美的原因。惟有他把美赠与世界……归根到底，人把自己映照在事物里，他又把一切反映他的形象的事物认作美的：“美”的判断是他的族类虚荣心……①说审美判断出自人类的“虚荣心”，言语上是尖刻了些，但切中肯綮。若不拘泥于措辞而注重领会精神，则我们不妨进一步引申，审美也可看作人的“类”的自恋。

① 尼采．悲剧的诞生［M］．北京：生活·读书·新知三联书店，1986：322.

3. 只有“人的典型”才构成美的尺度

美的尺度存在于个体的人身上，但是又不能仅仅依据个人的趣味乃至群体的喜好。个别人可能存在一些怪癖，如酷爱某一种晦暗的色彩、离奇的形状；个别民族也可能存在某种怪习俗，例如妇女缠足或穿唇等，这类修饰不仅奇特，而且破坏人的身体。审美中暗含着人的类特性对现实个体的提升，其尺度基于又超越个体乃至特定群体的趣味，具有普遍适用性。所以美的尺度只能以人的典型为基础，即以观念中人应该有的样子（理想）为基础。每一个精神正常的人都存有这种观念，故驼背者向往有一天能挺直腰杆，中风者渴求重新获得五官的均衡，“大卫”和“米洛的维纳斯”两尊雕塑被普遍作为美化生活环境的装饰。必须指出的是，人的典型并不等于阶级的典型。塔丢夫、葛朗台、希特勒等是艺术或现实中某一类人的典型，如果以他们的眼光看待外物，以他们的心胸度量世界，就有悖于人类关于自身的理念和历史地形成的优良传统，这种灵魂的畸形如同躯体畸形一样不能成为审美尺度。

所谓人的典型，具体表现为人的体貌与人的心灵所应该有的样子，它既有生物性（生理）的依据，又有社会性的依据，是物种进化与文化发展相互结合的产物。人类的形与神、生物性与文化性不可分离，当人类作为一个物种出现时，她就蕴涵有生命圆满性的理念、生存的目的性理念。追求生命圆满、生存自由首先是人类心灵中的本能趋向，它指导着人们通过社会实践不断改造外部世界并丰富自身。审美本能地肯定人的类特性，肯定有益、有利于人的族类生存和发展的品质，如赞美松的劲拔、梅的高洁、山的雄健、海的壮阔，等等。如果否认审美尺度的基础部分或基本格局与生就有，一切都归结为个体后天的偶然选择，那么不仅一系列审美现象难以解释，就连审美自身也将失去存在的理由——因为这种观点包含着两个必然的推论：一切都是允许的；审美无尺度可言。

二、美生成于主观与客观相统一的审美关系之中

1. 《琴诗》的启迪

朱光潜先生为论证他的美在于主观与客观相统一的观点，曾引苏轼的《琴诗》为例，该诗写道：若言琴上有琴声，放在匣中何不

鸣？若言声在指头上，何不于君指上听？

这是一首哲理诗，用以说明审美现象既切近，又通俗。琴声是一种美，它的形成既需要有客观的物具有某种构成美的“潜能”（即 poten tiality，这里是琴，特别是琴弦），更需要作为主体的人的参与和创造（按一定形式弹拨），二者缺一不可。

对一切美的形成都应当如是观。以现实自然物为对象形成的美是主体依据物的外观而赋予它以心灵旨趣，例如将西湖看作娇柔的“西子”，将明月视为相知的友人，这时的自然物决不会单纯是其本身，一定有审美主体的化人，人与自然于是成为统一体。对于以自然物为质料而形成的艺术美尤其如此，面对一块坚硬而粗糙的大理石，主体要让它成为一只腾空而起的雄鹰，就不仅赋予对象以形式，而且赋予对象以精神品质。

审美的过程是主客体统一的过程，只是在对它作知性把握时才可以区分出主体与客体。“审美客体”与“审美对象”在英语中是一个词，即 Aesthetic Object，在汉语中则稍有区别：当我们讲“审美客体”时，似乎在假定该实物离开主体而存在；但是当我们讲“审美对象”时，该实物更是与主体联结在一起了。王阳明的《传习录下》有段对话值得玩味：“先生游南镇，一友指岩中花树问曰：‘天下无心外之物，如此花树，在深山中自开自落，于我心亦何相关？’先生曰：‘你未看此花时，此花与汝心同归于寂，你来看此花时，则此花颜色一时明白起来，便知此花不在你的心外。’”

从认识论上如何看待王阳明的这种观点，不在我们讨论的范围内。且就审美活动而言，客体只有作为对象性的存在才有可能具有审美属性；离开了人，离开了审美主体，客体就不会有审美价值存在。即使是艺术品，其审美价值也不过是一种潜能，尚未转化为现实。当然，审美中客体也是必不可少的，没有对象性的客体，即审美对象，美就不可能获得现实的品格，它仅存在于一般的想象与幻觉中，而不是存在于有关现实对象的想象与幻觉之中，何况任何想象与幻觉都须以过去的经验为素材。

2. 美存在于审美关系之中

客观论者否认美存在于审美关系之中，认为有所谓“自在之美”，即美是不以人们的意志为转移的客观存在。这种观点在逻辑上会引出一系列难于解释的问题：如果梅花有自在之美，那么它在人类出现以前就已经是美的（蔡仪），既如此，美是造物主赋予的——机械唯物主义与客观唯心主义于此合流，那么造物主为何让有些物美，而让另一些不美呢？如果因为出现了人类社会后，梅花因客观存在着“社会性”而美（李泽厚），那么，在社会人群分裂为对立的阶级的情况下，同一自然物就应该既是美的又是丑的，犹如善恶评价一样，对于某一社会事件哪有全天下众口一词称善的呢？并且，这社会性既然客观存在于自然物中，那么审美就只是一种科学认识活动了，关键在于个体能不能完全发现它，犹如一种植物对人类的营养价值是客观的，个体不可能添加什么一样。这些客观论者的致命错误是将美等同于审美客体。事实上，李泽厚在晚期的美学著作（如《美学四讲》）中仍忌用两个词：一是“审美关系”，认为它表意含糊；二是“审美主体”，认为它不是恒常的存在。不承认现实审美主体，不考虑具体的审美关系，哪里还有“审美对象”？这种“主客观统一”论之令人费解是理所当然的。审美主观论者认为美只是一种观念，同样否认美是主体与客体、主观与客观的统一。休谟很少注意引起美感的客体的某些特质，他将美与快感等同起来，认为“快感和痛感不只是美与丑的必有的随从，而且也是形成美与丑的真正的本质”①。西方当代美学家中持主观论的人很多，例如杜卡斯声称：“有这样一个领域，在这里每个人都是他自己独立思考的绝对君主，这个领域也就是审美的领域”，“我感到快与不快，这种判断反映了我的感情，只有我才知道它是什么，因此‘我’才是‘最终的、不会有错误的判断者’。”② 应该承认，人们对于同一事物的审美评价确是存在差异性，但是在差异性中还含有共同性，部分主观论者（如休谟）认为这种共同性源于主体生理、心理结构，当然是对的，不过还应当补充，它也取决于审美客体的规定性。而有的主观论者（如杜卡斯）完全排除审美判断的共同性，这就很难回答千百年来有些优秀的艺术品为什么会得到人们的普遍认同。

---

① 北京大学哲学系美学教研室．西方美学家论美和美感［M］．北京：商务印书馆，1980：109．

② 朱狄．当代西方美学［M］．北京：人民出版社，1984：204－205．

我们一方面赞同尼采的看法，“‘自在之美’纯粹是一句空话，从来不是一个概念。在美之中，人把自己树为完美的尺度；在精选的场合，他在美之中崇拜自己。”① 另一方面又认为美的具体形态受客观对象的基本特征制约，小溪的静谧与大海的壮阔决不只是主体的心智臆造。皮亚杰的发生认识论研究表明，对于事物的认识只能发生在主客体相互作用的中途，美的形象的形成更是离不开主体与客体相互作用的审美关系。在审美关系中，主体与客体不只是在某一点上或某一方面达到统一，而是二者一体化，即物我为一。

3. 凝聚在美的形象上的主客观因素

审美现象学的代表人物杜夫海纳指出：“首先，美是感性的完善，它以某种必然性的面目出现，并能立刻打消任何对其加以修改的念头。其次，美是某种完全蕴含在感性形式之中的意义，没有它，对象将毫无意义，至多是令人愉快的、装饰性的或有趣的事物而已。”② “感性的完善”主要取决于审美客体的潜能（其实也包含审美主体的作用），蕴涵于感性形式中的“意义”则主要是审美主体的赋予。美之所以为美，必须两者兼备。朱光潜先生在美学研究中区分“物的形象”与“物本身”，对我们认识美是什么问题很有启发意义。他认为，美感的对象是“物的形象”而不是“物”本身。“物的形象”是“物”在人的既定的主观条件（如意识形态、情趣等）的影响下反映于人的意识的结果，所以只是一种知识形式。在这个反映的关系上，物是第一性的，物的形象是第二性的。但是这“物的形象”在形成之中就成了认识的对象，就其为对象来说，它也可叫作“物”，不过这个“物”（姑且简称物乙）不同于原来产生形象的那个“物”（姑且简称物甲），物甲是自然的，物乙是自然物的客观条件加上人的主观条件的影响而产生的，所以已经不纯是自然物，而是夹杂着人的主观成分的物，换句话说，已经是社会的物了。美感的对象不是自然物而是作为物的形象的社会的物③。

自然物是物甲，它既可以是审美的对象，又可以是实用的对象

① 尼采．悲剧的诞生［M］．北京：生活·读书·新知三联书店，1986：322.

② 杜夫海纳．美学与哲学［M］．北京：中国社会科学出版社，1985：20.

③ 朱光潜．朱光潜美学文集：第3卷［M］．上海：上海文艺出版社，1983：34.

或科学认知的对象。当它是审美的对象时，由于审美主体情趣的融入而成为物的形象，即物乙，因此具有了社会性。不难看出，物甲与物乙有着本质上的区别。这里所讲的物乙指美感的对象，其实就是人们通常所说的美。根据杜夫海纳和朱光潜的论述，大致可以说，就自然物而言，构成美的客观因素是物的外观（主要为形式方面），主观因素主要是心灵的旨趣（特别作为内容方面）。简而言之，美即是寄寓了人的心灵旨趣的物的形象。当然，这还只是一种较为简单、较为初步的理解，实际情形比朱先生的分析要复杂一些，有待于我们更深入地加以考察。

三、美是人从直观到自身的东西

黑格尔在《美学》中举了一个有名的例子，常被人们引用：……一个小男孩把石头抛在河水里，以惊奇的神色去看水中所现的圆圈，觉得这是一个作品，在这作品中他看出他自己活动的结果①。

小男孩抛石于河中，他对所激起的涟漪的欣赏实际上是对自己实践能力的欣赏，他看到外在事物通过自己的活动而按他期望的发生改变，心里就有一种愉悦和自豪。这一事例简单而常见，不过并不典型。黑格尔是将它作为人类观照自己的方式之一而列举的。按照黑格尔的观点，人有自我实现的冲动，并以两种方式获得对自己的意识：一种是以认识的方式，他在内心里意识到自己，观照自己，并且从他本身召唤出来的东西和从外在世界接受过来的东西之中都认出他自己；另一种是通过实践的活动来认识自己，在外在事物上面刻下自己内心生活的烙印，复现自己的性格，在事物的形状中欣赏他自己作为自由人的性格。前一种方式通常称之为审美观照，后一种方式人们有时称之为审美创造。

黑格尔的分析是全面而透彻的。首先，他肯定了美的形成可以是认识方式的，也可以是实践方式的，这就明确指出了人将自己的性格对象化有两条可能的途径。小男孩抛石击水属于后一种，虽然他并未从圆圈中看到完满的自身；如果他的门前栽有一棵梨树，他经常向它诉说自己的苦恼与欢乐，则属于前一种。其次，黑格尔对

① 黑格尔．美学：第1卷［M］．北京：商务印书馆，1979：39.

审美中人所直观到的“自身”作了规定，即主体是以一种“自由人的身份”，根据心灵的自由理性而活动。再次，这里涉及审美的趋向于物我为一的特性，外在世界的疏远性被克服，对象成为主体的“外在现实”。当然，黑格尔此处不是在单纯地讨论艺术和审美现象，更在于揭示审美现象的人学背景。而从人学上看，真正最能满足人们心灵自由的需要的，当首推审美活动。

1. 直观自身的倾向存在于所有审美领域

我们已经谈到，审美过程中主体精神有一种潜在的提升，因此所谓直观自身并不是指在对象上看到一个现实的自己，毋宁说主体所看到的是一个理想的自我，他在对象中肯定那些有利于族类生存和发展的品质。黑格尔写道：“根据对于生命的真正概念的预感，以及根据惯见的类型在正常现象中所现出的本质上的差异，我们就说一个动物美或丑，例如懒虫爬起来很艰难，整个生活习惯都显得没有剧烈运动和活动的能力，就由于它的这种懒散，它叫人嫌厌。因为活动和敏捷才见出生命的较高的观念性。我们对于两栖动物，某些鱼类、鳄鱼、癞蛤蟆，许多昆虫都不起美感，就是因为这个道理。”① 事实上，懒人未必欣赏懒蛇，或许也能赞许蚂蚁、蜜蜂；病人未必欣赏病态的东西，对于红花的凋零、绿叶的枯萎，他不是表示热烈的赞美，而是表示深切的惋惜。人们为何以鳄鱼、癞蛤蟆为丑呢？既不是因为它们直接有害于人，也不是因为它们自身有什么缺陷（它们也是一种合规律性的存在物），很可能是因为以人自身为参照，隐约觉得它们的形状、肌肤仿佛是染疾的样子而恶心。由此可以见出，凡是审美活动之所及，人们都在自觉不自觉地肯定自己的类特性。

对于自然物，我国先秦时代就出现了“比德”观念，即将自然现象与人的精神品质联系起来，从自然景物的特征上体验到属于人的道德含义，将自然物拟人化。这样，对自然物的欣赏实际上就是对于某种人格的欣赏。孔子说：“岁寒，然后知松柏之后凋也。”（《论语·子罕》）松柏的傲霜斗雪的顽强生命力，相似于人在险恶环境中仍坚贞不屈、固守道德原则的优良品质，因而值得赞美。他

① 黑格尔．美学：第1卷［M］．北京：商务印书馆，1979：39.

又提出："知者乐水，仁者乐山。"（《论语·旷雍也》）为何"乐"，是因为知者、仁者在水和山之中看到"自己性格的复现"。朱熹对此有段贴切的解释："知者达于事理而周流不滞，有似于水，故乐水；仁者安于义理而厚重不迁，有似于山，故乐山。"（《四书集注·论语集注》）明确提出"比德"说的是荀子，他写道："子贡问于孔子曰：'君子之所以贵玉而贱珉者，何也？为夫玉之少而珉之多邪？'孔子曰：'恶！赐！是何言也！夫君子岂多而贱之、少而贵之哉？夫玉者，君子比德焉。温润而泽，仁也；栗而理；知也；坚刚而不屈，义也；廉而不刿，行也；折而不挠，勇也；瑕适并见，情也……《诗》曰：言念君子，温其如玉。此之谓也。'"（《荀子·法行》）

玉的"温润而泽"等特征恰似人的仁、知、义、勇等品质，玉因而被看作君子的象征物。由于人不单纯是道德的人，所以，比德与审美并不能等同，审美中主体形成美的形象既要求对象有感性外观的具体、生动性，又要求对象具有内在品质的丰富、完整性，而比德有可能使对象停留于半抽象的形态。另一方面，由于比德意味着将自然物拟人化，如果对象因之成为生气灌注的具体人格形象，此时则与审美无异了。明末清初的大画家石涛，主张画山要先资天之所任，"山之得体也以位，山之荐灵也以神，山之变幻也以化，山之蒙养也以仁，山之纵横也以动，山之潜伏也以静，山之拱揖也以礼，山之纡徐也以和，山之环聚也以谨，山之虚灵也以智，山水纯秀也以文……"（《石涛画。语录·资任》）这种审美观念产生于自然物（山）的人化，其中包含有较多的比德因素。

在艺术品中，一些托物言志的诗文最为集中、最为鲜明地体现了审美是人从对象中直观到自身。如周敦颐的《爱莲说》写道："予独爱莲之出淤泥而不染，濯清涟而不妖，中通外直，不蔓不枝，香远益清，亭亭静植，可远观而不可亵玩焉。"直写的虽然是莲，让人读来不觉中一个纯洁、高雅、智慧、正直、沉静的理想人格形象跃然纸上。即使是一些模山范水的诗画，我们仍可以看作创作者心灵的整体写照。如王维有诗云："空山不见人，但闻人语响。返景入深林，复照青苔上。"（《鹿柴》）写的是天就好景，空旷中富有灵气，寂静中蕴涵生机，它是王国维所谓的"无我之境"，所谓无我是"我"与"境"化，见不出"我"的痕迹。一片风景就是一种心灵境界，诗仿佛王维的审美心胸，恰似这片景观——那无边际的“深”，蕴涵最灵动的“生”。就是艺术中被人们看作最为缺少艺术性的叙事文学，其人物固然来自作家对现实生活的观察，但是他所观察、体验到的往往是自己不同的人格面。海涅曾指出：“诗人是按照自己的肖像来创造他的人物的，这位小小的后世造物主也在这点上和那亲爱的上帝相似。因此，如果说卡尔·摩尔和波萨侯爵完全是席勒本人，那么歌德就像他笔下的维特、威廉·迈斯特和浮士德，在他们身上我们可以研究歌德精神的不同阶段。”① 不仅艺术家肯定的正面人物是如此，就是他所描写的反面人物也常常有自己的影子。果戈理的研究者指出：“我们翻阅果戈理的传记时，不禁惊奇地发现，我们最伟大的讽刺作家在自己私生活中的表现，同他抛掷到世界上永远被人嘲笑的乞乞科夫、赫列斯塔科夫、罗士特莱夫、玛尼洛夫一模一样。他处理事务时正像乞乞科夫那样不择手段，像赫列斯塔科夫那样自吹自擂到忘我的地步，漫天撒谎同罗士特莱夫如出一辙。”② 审美中的艺术家秉持的是类的尺度，因此生活中的本人（化为对象）也在批判、嘲讽之列。事实正像陆游所吟咏的：“何方可化身千亿，一树梅花一放翁。”

2. 直观中的生物性与社会性

人类是一种文化生物，兼有生物性与社会性。生物性与生俱来，构成审美的先天基础。人在直观中存有一种本能的选择，对对象即时产生然否判断，见到一片草坪感到惬意，遇上一片沼泽可能产生厌恶。这种本能的选择根源于人类的生理结构，它与动物界有着相通之处，对于刺耳的噪声，人与动物都一样感到不快甚至畏惧。不过，先天的生理条件主要制约人们对形式的选择，较少涉及意蕴方面。意蕴是文化因素合成的，一般来自后天。文化因素渗透于审美活动有两种情形，一是某一事物长期为人们所歌咏，在它的概念之中包含有很丰厚的文化观念；一是审美主体除了这类文化观念之外的其他文化知识积累，它们在审美过程中有可能参与美的形象的建构。李泽厚先生将这两者都称为“积淀”。按照他的看法，所谓积

① 海涅．海涅选集［M］．北京：人民文学出版社，1983：53.

② 魏列萨耶夫．果戈理是怎样创作的［M］．天津：天津人民出版社，1982：1.

淀，是指人类经过漫长的历史进程产生出的人性，即人类独有的文化心理结构；在这文化心理结构中，人类（历史总体）的积淀为个体的，理性的积淀为感性的，社会的积淀为自然的，原来是动物性的感官人化了，自然的心理结构和素质转化成为人类性的东西。这样解释审美直观中文化性、社会性因素的渗透可备一说，尽管未必正确。

需要同时指出的是，审美中主体直观对象并不限于对自己“文化心理结构”乃至人类历史文化的认同，更包含有对历史文化和现实生存境况的超越。所谓“自身”，既不只是指人作为具有区别于动物生理构造的现实感性存在，也不只是指人具有继承历史文化的理性修养，这“自身”还特别是指向未来、指向无限的精神实体。如果在审美直观中只有对既有东西的认同，没有对历史、对现实的超越，那么这种活动是不自由的，并且在包含有科学和道德等的文化领域中失去独立存在的权利。直观自身时的超越性根源于理想，理想（志）指引着人们的精神活动和实践行程。可以说，人们对自己未来的美好憧憬是审美学的核心问题。借用存在主义思想家的语词，即“当且仅当人投入于未来时，他才达到实存”；按照一般的说法，即只有审美的人生才是真正令人向往的人生。

概而言之，在审美活动中，人的感觉、知识、追求融为一体而客观化了，因而审美主体从对象中直观到的是完整、自由的自身。

四、美是人的本质丰富性的对象化

由于现实生活中的人既有个体性的差异，又有群体性的分别，因此尽管承认美是人从直观到自身的东西，但是未能揭示具有普遍性的审美尺度，至此人们很容易接受每个人不同的美的观点。我们承认，绝对同一的审美尺度是不存在的，不过，人们在审美中秉持的尺度一般包含有某种绝对性，这也就是说，个体性评价中不仅包含有群体性，而且包含有全人类性。全人类共有和相通的东西是什么呢？当然是人的本质——美体现人的本质丰富性。

人类存在共同的本质。无论是我国还是西方的传统文化，都坚持人类有着共同的本质。我国儒、道两家都认为人类共有自己的“性”，这也是人之异于禽兽者。什么是“性”呢？一般的看法是天之所命曰性，即心灵深层与生俱来的东西，是宇宙运行的必然性在人身上的体现，因此又可称作“道心”（《尚书》）。儒家从孟子开始，坚持人有“本心”，它可以理解为人的本有之心，即天赋的；也可以理解为本根之心，即道心。本心也就是性，或者被严格称为“天地之性”。先哲主要从伦理角度推究，认为它存在仁、义、礼、智“四端”。所以人性本善（荀子学派认为人性恶，不过对后世儒家影响较小），只是后天为物欲、名利的追求刀砍斧凿而畸形化了，这被看作本心放失或遮蔽，道德修养的功夫全在于“求放心”或“发明本心”。道家崇尚自然无为，认为人性超越善恶，主张全性保真。

在西方，苏格拉底把认识人自身作为哲学的最基本的任务，在他看来，人是一个对理性问题能给予理性回答的存在物。柏拉图也认为理性在人的灵魂中起着（至少是应该起着）领导作用。亚里士多德提出人类灵魂包含有三个层次，其中营养灵魂即使植物也同样具备，知觉灵魂为人与动物之所共，唯有理性灵魂是人类所独有。古希腊哲人所讲的“理性”既有伦理学的意义，又有认识论的意义。在欧洲中世纪，神学观点居于统治地位，认为人既受上帝的引导，又受魔鬼的诱惑，一半是天使，一半是野兽，只有摒弃情欲而皈依上帝才能拯救灵魂。近代以来，很多思想家仍然确认人类有共同的本质。黑格尔提出，人的本质是精神，人是理性的自我意识；费尔巴哈则表示人的本质就是人的类，即理性、意志、心情；马克思认为，人的类特性是自由自觉的活动。

传统的观点遇到了现代的挑战。达尔文的进化论揭示，人类是由动物演变、进化而来的，因此就无所谓与生俱来的神性。弗洛伊德的精神分析学更进一层，认为心灵深层最强最大的区域是本我，是性冲动，一些文化成果，诸如道德的、宗教的、审美的，不过是性欲的升华，因此人类既不异于动物，也不高于动物，不过由于文明的发展而取得了主宰伙伴（动物）的地位罢了。存在主义哲学家萨特主要从个体角度探究人的自由和生命的意义，提出“存在先于本质”，即人首先存在着，是一种虚无，然后才筹划自身，通过后天的一系列自由选择而获得自己的本质。按照这种观点，价值是偶然选择上的。

我们认为，“本质”即古人所谓的“恒体”，虎狼有恒体，人类自当有其恒体，人之所以为人就在于具有这恒体。毋庸置疑，人类具有族类生存的内在目的性，正如美国当代人本主义心理学家马斯洛所指出的：从人的天性中可以看出，人类总是不断地寻求一个更加充实的自我，追求更加完美的自我实现。从自然科学意义上说，这与一粒橡树种子迫切地希望长成橡树是相同的①。

马斯洛发现，人除了生理需要外，还有爱、自尊、自我实现等多层次的高级需要，高级需要的追求和满足具有有益于公众和社会的效果，其最终指向是人的整个族类存在的内在目的性。因此他建议人们更多注意心灵中原本存在的“上帝般”的美好东西。诚然，就个体而言，其特定本质（如成为圣徒还是作为强盗）是出自他的自由（任意）选择；但是从整个族类来看，其内在目的性潜在地制约着人们对未来所作的选择，因而指引着实践的方向和历史的航船。人的本质在实践过程中展开和丰富起来，人类发展史就是坚韧不拔地以期实现理想、全面占有自己的本质的历史。

什么是人的本质？我国理论界有一种具有代表性的意见，它将人的本质划分为三个层次。第一个层次是人有生命的感性的需要，如马克思在《德意志意识形态》手稿中这样写道：“任何人类历史的第一个前提无疑是有生命的个人的存在。这些个人使自己和动物区别开来的第一个历史行动并不是在于他有思想，而是在于他们开始生产自己所必需的生活资料。”② 第二个层次是人有自由自觉的活动，这一点马克思在《1844 年经济学哲学手稿》中作了突出强调，他指出：“一个种的全部特性、种的类特性就在于生命活动的性质，而人的类特性恰恰就是自由的有意识的活动。”③ 第三个层次被归结为“人是社会关系的总和”，理论依据是马克思《关于费尔巴哈提纲》中的相关论述④。这三个层次基本上按“生理—心理—社会”

---

① 戈希尔．第三思潮：马斯洛心理学［M］．上海：上海译文出版社，1987：64.

② 马克思．德意志意识形态［M］//马克思恩格斯选集：第 1 卷．北京：人民出版社，1972：24.

③ 马克思．1844 年经济学哲学手稿［M］．北京：人民出版社，1985：53.

④ 马克思．关于费尔巴哈提纲［M］//马克思恩格斯选集：第 1 卷．北京：人民出版社，1972：18.

的顺序排列，体现了对人自身作全方位把握的努力。然而持此论者却有一个疏忽：马克思的这几段话中，“人”的概念并不是同一的。有关前两个层次的阐述是从人类学观点出发的，着眼于人与动物界的区别，所谓“人”其实是指人的族类；后一段话是从社会学、伦理学角度论述的，着眼于人与人之间的区别，所讲的“人”是指现实的（“在其现实性上”）、具体的（“不是单个人的抽象物”）人。例如，周朴园是一定社会关系的总和，鲁大海也是一定社会关系的总和，但却是另外一些社会关系的总和，二者虽为血缘上的父子，却有着完全不同的社会本质。三个层次中唯有在第二层次的意义上才有“异化”与“复归”问题，所以它才是人的类本质之所在。美学研究应该以人的类本质为基础，否则就会因为人的现实社会本质各有不同而认为美只具有相对性。不能发现普遍性的尺度，意味着一个学科缺少存在的理由。近代德国一些思想家的论述告诉我们，人的类本质其实表现为人的类趋向，即人所要实现和可能实现的基本目标，它具体体现为人的类能力，即人所具有的潜能，人类的历史行程与社会实践正在于孜孜以求使自己的潜能转化为现实。我们知道，康德的批判哲学实际上就是“人的哲学”，康德陈述自己的宗旨时说：我之理性所有之一切关心事项（思辨的及实践的）皆总括在以下之三问题中：（一）我所能知者为何？（二）我所应为者为何？（三）我们可期望者为何？①

这三个问题是古老的知、情、意三分法的变体，康德在三大《批判》中将它们转化为感性、知性、理性三种心灵能力。它们又是人的类趋向，“我所能知者”为寻真，“我所应为者”是持善，“我所可期望者”乃求美。黑格尔一方面承认人是一种具体的感性存在，同时认为人是一种“能思考的意识”，并且还特别强调“人的本质是自由”。如果将康德着眼于心灵剖析与黑格尔注重于精神演化的歧异撇开，不难看出这两位大哲人对“人是什么”的理解是颇为相似的。其后，费尔巴哈站在唯物主义立场上也明确指出：……人自己意识到的人的本质究竟是什么呢？或者，在人里面形成类，即形成本来的人性的东西究竟是什么呢？就是理性、意志、心……理性、

① 康德．纯粹理性批判［M］．北京：商务印书馆，1960：549－550．

爱、意志力，这就是完善性，这就是最高的力，这就是人的绝对本质，就是人生存的目的①。

费尔巴哈这里所讲的“理性”是指理智，与康德之所谓不同，他所讲的“心”主要指一种博爱的情感，因此所列三点仍然是知、情、意。其实，马克思关于人的类特性的规定也隐含相似的思想，“活动”是感性的，“有意识”即理智，“自由”与意志密不可分。

寻真而有科学文化，持善而有道德文化，求美而有艺术文化，无论是回顾历史还是展望未来，我们都可以说，正是人的类能力构筑起庞大的文化世界，人在文化世界的建设中实现了自身，人的类本质是在建设文化世界中得到确证并逐渐丰富起来的。因此有理由肯定，人的本质就是人（就整个族类而言）总是孜孜于寻真、持善、求美的类特性。

审美是人从对象中直观到自身，美的东西是显现人的本质的东西，或者说是人的本质对象化。我国当代一些美学著作提出“美是人的本质力量的感性显现”或“美是人的本质力量的对象化”命题以概括美的本质，它揭示了审美判断有一个既是属人的又是普遍的客观尺度，明确指出美离不开人，但又不是随个体的观念而任意转移的，因此有其合理性。然而这类命题颇为含混。①“力量”一词模糊不定，难以把握。黑格尔曾指出：“一方面，力的整个内容规定与力的表现的内容规定正是同一个东西；因此用一种力以解释一个现象，只是一空洞的同语反复。……另一方面，力的性质当然是一个还没有被知道的东西。”②“力量”的“显现”较适合于描述崇高形态，不适宜于描述优美，而对于美的本质之规定，实际上是以优美形态为基础的。③“力量”可以是单维的，任何劳动产品都是人的本质力量的对象化，这就很难将美与其他人工产品区分开来。最后，“人的本质力量”所及只是那些通过实践改造过了的东西，用以解释大海、星空的美的由来，不能不说显得非常牵强。马克思在论述“人的本质的对象化”时特别强调了“全部丰富性”的规定，他说：“生成了的社会，创造着具有人的本质的这种全部丰富性的人，创造着具有丰富的、全面而深刻的感觉的人作为这个社会的恒

① 费尔巴哈．费尔巴哈哲学著作选集：下卷［M］．北京：商务印书馆，1984：27－28．

久的现实。”①

有鉴于此，在审美学中，我们有必要以“人的本质丰富性”取代“人的本质力量”的提法。“人的本质丰富性”不同于“人的本质力量”之处在于：①它是整体的、全方位的，这一特点贯穿于审美活动的始终，审美总是要求全面占有人的本质。②它是具体的、可描述的，我们可以将人的心灵能力和基本趋向解析开来，展示其多样性的因素和形态，并把握其内在的统一。③它将艺术品与其他劳动产品明显区分开来，一般劳动产品可以由机器生产，但艺术活动则是人全身心的投入，艺术创造从理论上说非人莫属。其实，对于丰富性的强调是审美现象的研究者们的普遍倾向，审美学学科的创始者鲍姆嘉通认为，“一篇感性作品的完善和它的各组成部分能引起的感性观念的多寡成正比例。”② 瑞士美学家苏尔泽认为，当人在享受外物激发美感的丰富性时，他必然同时为自己的感觉和感情依恋于这种丰富性而欣喜。这样，他的心灵，直到心灵深处就受到了触动。在这一过程中，知觉作用和观念作用就与情感和意志联系在一起了③。英国诗人、版画家布莱克直接将“丰富性”作为“美”的规定④。托尔斯泰在《什么是艺术》中曾引用维谢尔的观点：“作者的心灵越丰富，便含的美越多。”关于艺术是什么的问题尽管众说纷纭，但在经验层次上人们普遍同意艺术是心灵丰富性的体现。

我们所理解的人的本质丰富性，首先是指知、情、意诸心灵能力的协同作用，其次还指诸心灵能力经丰富多彩的外部世界的感发而呈现具体多样的形态。将美理解为人的本质丰富性的感性显现或对象化，有可能在审美现象的理论解说上较为着实一些、细密一些。

第三节 审美归真

在这一节里，为了更深入地理解美的本质，要探讨真、善、美

---

① 马克思．1844 年经济学哲学手稿［M］．北京：人民出版社，1985：83.

② 北京大学哲学系美学教研室．西方美学家论美和美感［M］．北京：商务印书馆，1980：143.

③ 吉尔伯特·库恩．美学史［M］．上海：上海译文出版社，1989：389－390.

④ 吉尔伯特·库恩．美学史［M］．上海：上海译文出版社，1989：517.

的关系。

真、善、美三大价值植根于人类的心灵能力，体现于现实的文化形态。科学注重客观地反映，力图“按本来的样子”认识世界的各个侧面，以概念、判断、推理等逻辑形式对事物进行分析和综合，抽绎出事物的本质特性，指向“真”；宗教追求把握绝对之物，力图“按应该有的样子”建立人伦世界的秩序，特别体现为对人类生存的终极关怀，将人自身的意志对象化为超自然的力量来为人世立法，指向“善”；艺术立足于现实而趋向于理想，以形象和情感为基本元素，再现和表现丰富多彩的人世间的悲欢离合，对现实人生既反映又超越，指向“美”。人类有史以来逐渐建立起的文化大厦就是真、善、美的宏伟建筑。或如徐复观先生所说：“道德、艺术、科学，是人类文化中的三大文柱。”①

一、关于真、善、美三者关系的分歧意见

真、善、美的关系错综复杂，千百年来众说纷纭。不过归纳起来，主要有三种不同的看法。

一种意见认为三者是对立的。列夫·托尔斯泰明确指出，所谓“真、善、美三位一体”的理论不能成立。在他看来，“善”是我们生活中永久的、最高的目标，这从人们总是向往上帝（最高的善）的事实即可见出。“真”是指事物的表达或事物的定义与它的实质相符合，真只是达到善的手段之一，并不和善构成一个实体。真与美甚至毫无共同之处，因为它破坏美的主要条件——幻想。“美”只不过是使人们感到快适的东西，联系着人的情感，我们越是醉心于美，就与善离得越远②。这位大文豪着重辨析了三个概念的差异，他指出人们总是追求至善以及幻想是美的主要条件等，应该说都是公允的；不过他不能容忍当时人们的普遍观念，即上帝被认作“最高的真实”，这最高的真实就是至善，也就是美。其实，即使是作为“美的主要条件”的幻想也既含有真的因素，又含有善的因素。

另一种意见可以狄德罗的观点为代表。狄德罗非常重视真、善、

① 徐复观．中国艺术精神［M］．沈阳：春风文艺出版社，1987：自叙．

② 托尔斯泰．艺术论［M］．北京：人民文学出版社，1958：63－64．

美问题的研究，在《论戏剧体诗》中设想了一位热衷于拟定“真”“善”“美”精确定义的研究者，不幸的是这位研究者为五花八门的观点所困扰。几年以后，狄德罗在《绘画论》中直接表述了自己的观点：“真、善、美是些十分相近的品质，在前面的两种品质之上加以一些难得而出色的情状，真就显得美，善也显得美。”这种观点似乎很合乎常识，人们由此生发开来便得到自然美和社会美的区分，并且认为它们是两种不同性质的美，一者以真为基础，形式偏胜；一者以善为基础，内容偏胜。实际上是将美等同于审美客体本身。这种观点无疑具有现实的品格，我们可以很容易地将许多现实事物分解出真、善、美的因素，例如一位厨师做的一盘佳肴就是真、善、美的结合；然而在理论阐释的深刻性与概括的广阔性上则显见不足。真、善、美三大价值特别关系于完满人格的塑造，关系于整个文化世界的建设。

第三种意见主张真、善、美可以统一。思想史上持此论者最多，不过具体看法又有所差异。我国现行的某些美学教科书承认真、善、美是统一的，但认为真是美的基础，善是美的灵魂，如果把符合客观规律的真和有利于社会发展的善，通过具体而又光辉的形象表现出来，该形象就是美的了。这里显见狄德罗观点的影响。它主要将美理解为事物鲜明生动的感性外观，尽管它认为美是人的本质力量的感性显现，但所谓人的本质力量只包括求真向善，竟将美的追求排除在外。读者依照这种观点推论，便会以“文以载道”为最正确的艺术观念。

西方曾有一些论者认为，真、善、美统一于神。中世纪宗教神秘主义哲学的始祖普洛丁认为，真实就是美，与真实对立的就是丑。丑又是原始的恶，美即是善，所以对于真实界——神——来说，真、善、美是统一的。意大利宗教活动家圣·弗朗西斯在其《花絮集》中称上帝指令他把尘世的美踏平，因为要使人们知道，所有的美都来自上帝。这种观点近代以来并未绝迹，不过形式有所翻新。19世纪法国有名的哲学家库申写过讨论真、善、美的专文，而在《论美》中，他区分了“物质美”“智性美”“道德美”，认为物质美不过是外壳，智性美则是“真”的光辉，道德美即是“善”（正义、慈爱等），上帝是物质世界、智性世界和道德世界的创造者，因而是真、善、美的根源。库申还运用了一种似乎通俗易懂的推理以便让人们信服他的带有神秘主义色彩的结论，即与人们的理想的美比起来，现实事物总是不完善的，人努力逐渐接近理想，理想却不断地往后退，它的终点只能是无极——上帝。

不过，自启蒙运动以后，哲学家们更多地从人自身来寻找真、善、美统一的根据。鲍姆嘉通倡导建立审美学，最初就是从心灵角度加以考虑的，他认为，人类心灵包括知、情、意三种能力，逻辑学研究“知”以辨别真假，伦理学研究“意”以辨别善恶，却缺少一门学科研究“情”（感性）以辨别美丑，因此应该有审美学这样一门独立学科来填补哲学研究的空白。然而鲍姆嘉通仅将美理解为“感性认识的完善”，这种定位为一些思想深刻的后继者所不取。康德批判地继承和发展了鲍姆嘉通的有关研究，他的“批判哲学”体系就是从探索知、情、意三种心灵能力入手进而阐释真、善、美三大价值的，较明确地揭示了三者在人格形成和文化领域中的对立统一关系。康德的理论对后世产生了深远的影响，无论是席勒、谢林、黑格尔，还是费尔巴哈、马克思等，在他们有关真、善、美关系的论述中均能见出受康德批判哲学的启发。

《新亚美利加百科全书》（1858 年）的“美学”条目据传出自马克思的手笔（我国的李泽厚、蒋孔阳先生均持此议），其中公允地写道：“最可靠的心理学家们都承认，人类的天性可以分作认识、行为和情感，或是理智、意志和感受三种功能，与这三种功能相对应的是真、善、美的观念。……逻辑学（在它最通常的意义下）确定思想的法则；伦理学确定意志的法则；美学则确定感受（Sensibility）的法则。”①

人类基于自身具有的知、情、意（志）三种心灵能力滋生了真、善、美三大价值观念，通过对世界的掌握而形成科学、艺术、宗教三大文化领域，历史地看，它们之间是平等的不可相互取代的关系。人在建设文化世界中展开和丰富了自己的本质，文化世界基本领域的开拓正是人的本质力量的确证，旨在探究天人之际的哲学因而有三大分支。这种对应关系在德国古典哲学的一些著作中得到近乎一

① 李泽厚，蒋孔阳．美学［M］．上海：上海文艺出版社，1980.

致的揭示。

美是真与善之间的桥梁。科学、艺术、道德三大文化领域既具有平等的地位，又紧密联系在一起。切入生活现实，无论是着眼于整个文化世界，还是探究个体的人格结构，都不难发现艺术文化与审美活动发挥着中介的功能。

在文化世界中，科学与道德仿佛是双峰对峙。从一定意义上说，科学文化是人向自然立法。人们常将科学发现称作“真理”，其实称之为“真知”也许更合适，固然应当承认世界存在不以人的意志为转移的结构法则和普遍规律，但人类在历史行程中受自己心灵能力和符号系统的局限，对客观之理的认识和表述多是处于相对正确的程度，故而发生了一次次科学革命。并且，各种科学理论旨在揭示世界的个别侧面，犹如一张张地图，对于帮助认识对象是有用的，但对于阐释整个对象则又是不完全的。毋庸置疑，道德文化是人为自身立法。自然界中的弱肉强食不能以道德衡量，人类对动物的主动关系（如养殖、渔猎）也无论善恶。道德观念尽管因时代、种族、阶级的不同而异，人们却自觉不自觉地赋予其至高无上的权威，以为它当涵盖一切，这一方面见于古代的道德律令多借“天启”“神谕”以确立，一方面见于个体的伦理实践，往往伴随理直气壮的态度。最显著的不同在于，科学文化中，人不过是高等动物，是自然的一部分；而在道德文化中，人的价值与尊严居于崇高的地位。

两种文化都由心灵生发，因而在人类心灵活动中更能见出两种立法形式的分野。人向自然立法，其实是要努力揭示自然界固有之“法”，它要从大量自然现象入手，抽象、概括其一般、恒定的东西，并在认识过程中不断修正，使主体之观念服从并接近于客体之必然。认识过程的心灵活动是由外而内的不断综合，逐渐趋向于更高的统一性，简言之即向内收敛，归多于一。人为自身立法，则是参照一定社会条件确定人伦关系中的应有之法，它对现实人际关系更多持批判态度，摩西在西奈山上的愤怒和孔子周游列国时的忧戚都具有典型意义。道德观念主要来自主体的深层意志，要将一种当然之则强加于现实。因此人们又将这一领域称作“自由”，这种意义的自由其实乃是“由自”，即不顾忌现实境况如何险恶，主体坚持实施内心的律令，心灵的活动是向外发散，由一到多。

总之，科学在于寻真，致力于探寻客体“是什么”；道德在于持善，努力坚持主体“应该怎样”。前者涉及必然领域，要求主体服从于客体，所珍贵的是知识；后者是自由领域，要求客体服从于主体，所珍贵的是信念。对于客观现实，科学以之为铁，充分尊重；道德以之为泥，力图振拔。

这种文化和人格上的内在二元对立为康德清醒地认识到，同时他发现，通过反思判断二者可以在审美领域获得沟通。他写道：在自然概念的领域，作为感觉界，和自由概念的领域，作为超感觉界之间虽然固定存在着一个不可逾越的鸿沟，以致从前者到后者（即以理性的理论运用为媒介）不可能有过渡……因此，我们就必须有一个作为自然界基础的超感觉界和在实践方面包含于自由概念中的那些东西的统一体的根基。虽然我们对于根基的概念既非理论地、也非实践地得到认识的，它自己没有独特的领域，但它仍使按照这一方面原理的思想形式或按照那一方面原理的思想形式的过渡成为可能①。

这段话涉及目的论的判断力，我们在此不做讨论；仅就审美判断力而言，它可以说是康德美学的纲领性观点（旨在学科定位），后来成为席勒的美学研究之所本。

笔者由衷敬佩康德和席勒的洞察力，但要冒昧地指出，康德的这段表述不太确切，后来席勒的有关生发更是多有偏误。其实，无论是认识过程还是实践过程，都联结着感性与理性。人们认识必然是从感性到知性并趋向于理性层面，人们的伦理实践则是从理性开始，经知性而见诸感性层面。康德在《实践理性批判》中正确地指出过这一点（见该书“引论”部分），遗憾的是在此处未得到贯彻。科学与道德的活动及其成果没有表里层次之分，只是它们出自心灵两种平行的对立趋向，审美不是感性与理性之中介（知性才是它们的中介），而是心灵对立趋向的协调②。面向事实本身，我们可以这样阐述：在必然领域，人们主要运用知性对自然现象进行分析、综合，建设了科学文化，要求观念形态的东西合规律性，即真；在自

---

① 康德．判断力批判：上卷［M］．北京：商务印书馆，1964：13.

② 胡家祥．心灵结构与文化解析［M］．北京：北京大学出版社，1998.

由领域，人们依据自由意志对现实事物进行评价并采取行动，越是与险恶环境不屈抗争则越是见出道德文化之崇高，伦理实践的合目的性即善。审美领域主要是想象力的活动，它一方面对自然事物进行“观照”，以生理结构等为潜在尺度（如异质同构），蕴涵合规律性，属于认识性的活动；一方面将主体自身的社会情感、理性观念、诗意憧憬“投射”于对象，通常称之为“移情”，体现合目的性，属于意向性活动。审美活动由于有机融合了科学认知与伦理实践两种活动的对立趋向而带来身心的和谐。审美活动的成果以符号形式物化出来就是艺术。因此不难理解，艺术家既是自然的奴隶又是自然的主宰，艺术品对现实人生既反映又超越，艺术发展贯串着现实主义与理想主义的交替更迭。艺术既可反映客观事物的必然之理，包含认识功用；又可体现人际关系的当然之则，包含教育功用。这样，艺术文化便构成了科学文化与道德文化之间的桥梁或中介形式。

真与善在美中实现统一。尽管现实的社会、现实的人都不同程度地具备真、善、美的因素，但遗憾的是多不完满。只有理想的社会、理想的人格才是真、善、美的有机统一体。

事实上，真的东西可以是不美的，因为真以自然法则为尺度，美则只以人类自身为尺度。鳄鱼、癞蛤蟆等的形体合乎自然的法则，却不合乎人的尺度，因而被认作丑。善的事物也未必是美的，因为善重在实质而可不计形式。然而，真正美的东西总是既不能脱离真又不能脱离善的，既要合规律性又要合目的性。美的事物须潜在地符合“真”的要求。如果一个人鼻尖上长出一个红红的、圆圆的肉球，那便是不合规律的，它破坏了人的形貌之美，人们常以之为舞台上的滑稽小丑角色。从事艺术创作，必须对物质媒介的特性、组织媒介和题材的法则有深入的研究和体会，如绘画的色彩与构图、音乐的和声、诗歌的音韵等都是学问，艺术工作者必须经过长时间的专业训练方能掌握并运用自如。此外，艺术真实虽然带有虚拟的性质，却仍须以生活真实为基础，应当含有对生活的本质和规律的揭示。因此我们赞成歌德的观点：“我们固然不能说，凡是合理的都是美的，但凡是美的确实都是合理的，至少是应该是合理的。”①

① 歌德．歌德谈话录［M］．北京：人民文学出版社，1978：135．

美又须以善为前提，人类不会以直接有害于己的东西为美。蛇形线是美的，但向人爬游过来的毒蛇决不会成为审美的对象。叶公好龙，一旦真龙造访却唯恐避之不及；“叶公”作为原型其实存在于每一个人身上。即使是艺术品，如果直接违背善的要求也会破坏它的美。法国雕刻家比加尔为波茨坦旧离宫雕刻的爱神维纳斯大理石像，尽管身材、五官都很秀美（合规律性），但该形象不仅脉脉含情，甚至为渴求满足色欲而焦灼不安，涎水溢出嘴角，仿佛透不过气来，因此招致文克尔曼和卢梭等对雕刻家的强烈谴责。

美同时又是对真与善的超越。美超越真，特别在于它超越对象的实际存在。对象是无机物，就被赋予生命情调和精神品格；若是动植物，则在其既有生命情调基础上添加了精神品格；如果是人，便在其实际体态和精神品格基础上进一步提升。总之，对象较之理想人格的缺额有多少，审美主体就会补足它多少，这就是理想化法则。美超越善，特别在于它超越直接功利。母鸡比公鸡一般来说给人们带来更多好处，可是诗人、画家更愿意赞美公鸡雄健的身姿；蝴蝶可能属于害虫之列，庄周梦为蝴蝶却突出体现了对自由的向往。美携载的真与善由于摆脱了现实的直接性，似乎无用；但又由于超越了现实的有限性，此乃大用。

在终极意义上说，真、善、美应当是三位一体的。按照柏拉图的思想，理式是一种绝对的存在，它是最高的真实，同时也是“美本身”“善本身”，是万物的本原。我们可以把这种神秘的“理式”看作不过是一种主观设定，但至少应该承认，人类基于自身的心灵特性对绝对完满有一种无限的祈求。这绝对完满之境就是“至善”，也就是美，对它的追求又构成人类存在之真。人其实是一种本体性存在，生命无所不该，心灵无所不遍，关键在于个体能否真正体验到它。《庄子·天下篇》写道：“不该不遍，一曲之士也。判天下之美，析万物之理，察古人之全，寡能备于天下之美，称神明之容。”

较为切近地看，理想即是真、善、美的统一体。人类的理想一定是合乎自身利益的，因而必定是善的，俗谚“做梦娶媳妇，尽往好处想”，可谓揭示了理想的指向。理想又包含有某种转化为现实的可能性和必然性，即使是看似荒唐的幻想，例如古代关于千里眼、顺风耳、腾云驾雾的祈求，也包含有真的因素。然而理想首先是一种美的存在，因为它是虚幻的而非“实在”的，既从现实滋生又本质上超越现实。人们追求生命的动态平衡，要求生存自由完满，各种心灵因素共同酝酿，编织成美妙的生活图景，合规律性（真）与合目的性（善）于此融为一体并见诸形象或形象体系，这就是理想。它对现实具体事物的提升和同化便形成人们通常所谓的美。也许正是在这种意义上，黑格尔坚持说：我深信，真与善只有在美中间才能水乳交融①。

依照理想改造现实，就是美的创造过程，真和善也便包含其中。所以在普泛意义上，人类的任何实践活动都含有审美追求，甚至可以说，社会的进步就是人类对美的追求的结晶。李冰等修都江堰是如此，杰弗逊等发表《独立宣言》也是如此。但是在科学和道德活动中理想一经转化为现实，其意蕴便受到了局限，不能表现无限的心灵旨趣，真或善的片面凸出不能体现完满的人格形象和自由的生存境界。因此，真正直接而持久地体现理想的是艺术创造活动。

张大千先生在马德里接受记者采访时中肯地指出：“科学家‘在自然中求真理’，而画家则‘笔补造化天无功’。”艺术文化的独特功能就在于它不仅反映而且改造“匮乏的现实”，构成较完善的“第二自然”，将尚未到来的存在、把理想的家园提前带进人们的生活，让理想生存境界“超前性显现”（布洛赫）。所谓艺术美，从根本上说就是理想之美，它直接体现于作品意境的创造或正面典型人物的塑造上，显示人们应该追求的目标；间接体现于否定性形象的刻画上，对现实丑恶的东西加以无情的揭露和鞭挞。艺术家在作品（如但丁的《神曲》）中让现实各种人物、各类人生在地狱、炼狱、天堂三境中各得其所，也正是根源于理想。

二、“对象化”的含义

1. 对象化的两种形式

人类具有知、情、意三种心灵能力，寻真、持善、求美是人类的天性，也是人类区别于其他动物的基本特性，因而可以说是人的本质。人的本质需要对象化，在对象上确证自身。寻真而有科学文

① 于古留加．黑格尔小传［M］．北京：商务印书馆，1978：20.

化，持善而有道德文化，求美而有艺术文化，人类创造的整个文化世界都是人的本质对象化的成果。科学、道德、艺术首先是以观念形态存在的，因此主要是通过意识而获得的对象化成果。科学一般以技术为中介而见诸具体的物质产品的创造，道德付诸行动后成为具体的存在事实，艺术借助物质媒介的传达也成为具体可感的现实存在物，这些都应看作通过实践而实现的对象化。所以，人的本质的对象化有两种基本形式：意识的和实践的。

对象化的两种形式早为一些思想家明确指出过。黑格尔甚至从整个动物界的普遍意义上谈道，“有生命的个体一方面固然离开身外实在世界而独立，另一方面却把外在世界变成为它自己而存在：它达到这个目的，一部分是通过认识，即通过视觉等，一部分是通过实践，使外在事物服从自己”①。马克思在《1844 年经济学哲学手稿》中区分开“劳动”的对象化与“意识”的对象化②，他认为，“人不仅通过思维，而且以全部感觉在对象世界中肯定自己。”③ 所谓对象化，就是指人在客体对象中看到自己、实现自己。

遗憾的是，我国当代有些学者只承认劳动实践的对象化，对于审美现象的发生学阐释却极为牵强。照他们看来，自然界对于最初的人类到处充满敌意，因此无美可言；随着人们实践能力的增强，自然界由可怕变得可亲，于是即使未经实践改造的自然物也显得美。这种观点至少应该受到下列质疑：第一，劳动产品固然是人类的社会实践的对象化，但是所有的劳动产品都是审美创造物吗？审美创造物与对象包含某些审美因素决不是同一概念；第二，鲜艳的太阳与灿烂的星空现时仍为人类的实践活动所不及，人们就不可能将它们看作美的对象吗？第三，大海或高山等虽为人类的实践活动所及，然而迄今为止，它们对于人类既是可怕的，又是可亲的，该怎样看待它们的“客观性”的美呢？

必须承认，审美活动中的对象化包括人的实践的对象化和人的意识的对象化两种形式。正是因为存在这样两种形式，因此也存在

---

① 黑格尔. 美学：第 1 卷［M］. 北京：商务印书馆，1979：159.

② 马克思. 1844 年经济学哲学手稿［M］. 北京：人民出版社，1985：54.

③ 马克思. 1844 年经济学哲学手稿［M］. 北京：人民出版社，1985：82.

两种审美对象，杜夫海纳把它们区分为“人工的”和“自然的”①。并且，我们还应该指出，在审美领域，意识的对象化更为普遍，因为直接从事审美创造——创作艺术品——的毕竟是少数人，大多数人所能进行的是审美欣赏。正如费尔巴哈所说：“天空使人想起自己的使命，想起自己生下来不仅是为了活动，而且，是为了观看的。”② 人类更多地从对象中欣赏自己的本质丰富性，人们在审美领域中主要是“观看”。

2. 审美中的对象化即“身与物化”

从宽泛的意义上说，人的一切活动都是对象化的活动，所以费尔巴哈谈到，对象是人显现出来的本质，是人的真正的客观的我，不仅精神的对象是如此，连感觉的对象也是如此，月亮、太阳和星辰都在向人呼喊：认识你自己。无论是科学文化还是道德文化，都在显现人的本质，都存在对象化活动。因此，称审美是人的本质的对象化仍有流于浮泛之弊。

我们已经指出，美之所以为美，在于体现了人的本质丰富性。这本质丰富性不容抽绎，它是一个有机整体。审美的对象化是人作为整体的对象化，它不是只从对象中寻找某些自己的对应物，而是主体身与物化。庄周追求审美化的人生，他在《齐·物论》中所津津乐道的蝴蝶梦就是身与物化：昔者庄周梦为蝴蝶，栩栩然蝴蝶也，自喻适志与，不知周也。俄然觉则蘧蘧然周也。不知周之梦为蝴蝶与？蝴蝶之梦为周与？周与蝴蝶则必有分矣。此之谓物化。

庄周与蝴蝶是有分别的主体与客体，然而在审美活动中二者浑然为一，人已物化，物亦人化，于是获得完满、自由的人生体验。人们在审美中一般相似于梦境状态，美就是这梦境状态中的创造。

艺术创作被人们称为审美创造，同样有身与物化的前提条件，以下是苏轼记述文与可画墨竹时的情景：与可画竹时，见竹不见人。岂独不见人，嗒然遗其身。其身与竹化，无穷出清新。庄周世无有，谁知此疑神。（《书晁补之所藏与可画竹三首》）“不见人”是旁若无

---

① 杜夫海纳．美学与哲学［M］．北京：中国社会科学出版社，1985：34.

② 北京大学哲学系美学教研室．西方美学家论美和美感［M］．北京：商务印书馆，1980：210.

人，审美对象成了审美主体的整个世界，他全身心地融入其中，所画之物就成了自己人格的整体体现。

所谓身与物化，微观地看是物我为一，宏观地看是天人合一，总之是超越了主体与客体的分立，主体达到了完满、自由的生存，并通过美的形象体现出来。

三、美的特征

人的本质丰富性经过对象化而成为美的形象，它一般具有如下特征。

1. 完善性

应该说，完善性是美的题中之义。鲍姆嘉通将感性认识的完善与否作为区分美和丑的标准，更早一些，他的老师沃尔夫明确将“美”定义为“一种适宜于产生快感的性质，或是一种显而易见的完善”①。凡是持有理性主义倾向的美学家和艺术家，都极为重视完善性。完善性首先表现为审美对象感性外观的比例与和谐，文艺复兴时期的大师们对此作过精心的研究；其次是体现人的本质丰富性，意蕴越丰富就越显得完整。不能将完善理解为纯粹是审美客体的规定，从而忽略审美主体的参与建构。中国宋元以后的山水画常常取边角之景，构图时留出大量空白，正是吁求欣赏者想象补充，以达到虚实相生、成就妙境的效果。清人王翚、恽格评注笪重光《画筌》的有关论述道：“人但知有画处是画，不知无画处皆画。画之空处，全局所关，即虚实相生法。人多不着眼空处。妙在通幅皆灵，故云妙境也。”② 主体与客体共同建构的美的形象是一个完整的系统和自足的世界。

2. 生动性

有些人认为具体可感性是美的特征，主要着眼于美与真、善的区别，是有道理的；不过细究起来，这种规定普适于审美领域而不只是美，因为丑同样须有具体可感性。美的东西总是具有生动性，

---

① 北京大学哲学系美学教研室．西方美学家论美和美感［M］．北京：商务印书馆，1980：88.

② 沈子丞．历代绘画名著汇编［M］．北京：文物出版社，1982：310.

生动性表征着生命的蓬勃朝气，僵死、呆滞是与美无缘的，因为美总是潜在地肯定生命。《马拉之死》《大地的女儿》分别描画的是被人刺杀在浴缸中的革命家马拉和被“四人帮”野蛮枪杀的烈士张志新，这类作品的生动性何在？在于人物的精神洋溢于整个画面之中。艺术中丑的形象也具有生动性，那是丑的东西获得成功的艺术表现，因而包含有审美因素。生动性来自身与物化的审美过程。冷漠、刻板地摹写生活，不可能创造美。巴尔扎克告诫说：“你不是一个可怜的摹写员，而是一位诗人！……试试看，把你的情人的手臂的石膏模型仿制出来，放在面前，你看不出有丝毫相似之处，这将是死尸的手臂，你不得不去找雕塑家，他不提供准确的摹写，却会传达运动和生命。”①

3. **愉悦性**

历史上有许多美学家将愉悦性作为美的规定。较早的如意大利历史学家和美学家缪越陀里谈道，“我们一般把美了解为凡是一经看到、听到或懂得了就使我们愉快、高兴和狂喜，就在我们心中引起快感和喜爱的东西。”② 博克、伏尔泰等都有相似的观点。美的愉悦性既可能首先来自客体的感发，例如一片如诗如画的风景令人心旷神怡，又可能起于主体的心意的外射，例如一个获得意外惊喜的人一时间仿佛到处有美向他呈现。所以仍然应该将愉悦性理解为人的本质丰富性对象化过程中主客体互相作用的结果，并且与生动性相辅相成。美的愉悦性最初出现于审美感知阶段，作为一种感官的快适与对象的声、色形式联系在一起；但它决不停留于此，随之进入深层的体验。特别是在体验中，精神获得升华，愉悦性变得纯洁和高尚，深刻而持久，且与人生的诗意境界相伴随。因此，美的愉悦性是一种全身心的愉快。

总之，无论是完善性、生动性还是愉悦性，都是建立在审美过程中主体与客体的双向建构上，建立在人的本质丰富性对象化的身与物化过程中的。

---

① 鲍列夫．美学［M］．上海：上海译文出版社，1988：62－63.

② 北京大学哲学系美学教研室．西方美学家论美和美感［M］．北京：商务印书馆，1980：89－90.

四、美与审美

1. 美决定审美

前文已述，美和审美是两个概念、两种形态。美是客观事物的某种客观存在的属性，它附着于形态各异的事物身上，使美的事物在千差万别的表现中归于同一本质。但美的现象无论怎样变换其外表，却永不以人的主观看法为转移。审美（美感）则是人的某种精神状态，它随人的文化背景、即时情绪而易。它表面上完全是随人的主观意愿而“任意”产生和变化的。但实际上，审美离不开美的事物（美的现象），审美必须要有审美对象的存在才能产生。人类最初不可能只对着空气遐想，就产生了如许丰富的审美形态，只是当人类的审美经验积淀到一定水平时，人才可能仅对着空气遐想，便可进入准审美状态。进一步来说，审美还要遵循一定的规律。欣赏音乐，不能脱离开音乐的规律。比如不能按古典音乐的形式要求去欣赏现代音乐。欣赏美术作品亦如是，绘画有绘画的规律，不能用看雕塑的眼光去赏析绘画，也不能用欣赏油画的眼光去评说版画，等等。所以，被有些人以为完全“跟着感觉走”的绝对任意的审美，先就已被美的客观规律所限定了。否则怎么理解“人的文化艺术修养越高，审美水平就越高”这一公认的客观现象呢？所以审美虽是主观的，却仍然受制于客观的美。德国的诗人哲学家尼采，以神来之笔描绘的酒神精神和日神精神，迷倒了多少文人艺术家，但他在自己所创造的精神的夺目光彩中眩晕了，终于忘记了酒神精神源于使人迷醉而狂热的酒，日神精神则源于使人清醒而振奋的太阳。

2. 美的本质决定审美的同一性

美体现人的本质丰富性。凡是生命力旺盛、生机蓬勃的事物，不管外形上多么不同，人们在审美时都会判定它们同属于美的范畴。就审美本身而言，无论人的文化背景、思想情绪有多少种差别，并使其对美的形式的爱好千差万别、情有独钟，但在事物的充满生命魅力的形式面前，人们——只要是具有生命力的人（或仅仅是对生命力充满羡慕和渴望的人），生理和心理健康正常，并具有一定的文化教养和社会经验即审美能力，他们对此都会产生共同的美感。正如前文所述，世界上形象、肤色各异的人类，由于民族、历史、地理、自然环境和文化背景等诸种因素的差异，各自形成了千差万别、千奇百怪、差距颇大的审美习俗和审美标准，比如白人、黑人和黄种人对其美人的概念和要求就不尽相同。但是，这不同只是在一些表面的、局部的、非本质的现象上表现出来，同时多少也是因为某种心理的（如民族自尊心的）因素所造成。例如，许多人都强调说：不同种族的人，对人的审美是不同的。例如白人认为白皮肤美，黑人认为黑皮肤美，黄种人则认为黄皮肤美。但在实际上，在大多数黑种人和黄种人的心目中，其实也都希望自己有雪白的皮肤（例如有不少黑人用药物漂白皮肤，而黄种女人也喜欢对别人羡慕地说："你皮肤真白!"）。在中国古代，诗人们就常用"凝脂"或"堆雪"等一类的词句，来形容美女白嫩娇美的肌肤，并有"一白遮百丑"之说。但是，若以人的本质美——生命力的美即健美——为标准出发，不同的肤色、发色，不同的面部五官造型等这些现象上的差异，就无关紧要了。因为人的生命力之美，正是人类自身之美的唯一共同的标准。唯其如此，许多白人才在沙滩上猛晒，硬是把雪白的皮肤晒成黑黝黝的古铜色——因为这种颜色象征着阳光和健康，因此被越来越崇尚自然和自然美的人类看作最富有生命力的色彩，并认为它显示着富有阳刚气的健美。这说明不同种族的人，对男性美和女性美的要求，其实在本质上是相同的。即他（她）们都应是健美的，他们五官端正——体现了人类发育健康、遗传正常而无畸形的面容。同理，他们的肢体健全、匀称、丰满，并在整体形态上具有男女不同的性感美——这有益于求生的活动和自身的生殖繁衍；他们的皮肤光滑滋润、毛发浓密而有光泽——显示了良好的先天素质和后天营养，等等。其次，他们的智力发育完好，后天的修养完善，因此言谈举止富有精神魅力。这样的人，在生活中多能表现出独立勇敢而富有创造性的优秀品质。凡具有上述人类本质美的全部表现形态的人，无论其皮肤黑白、眼睛大小、鼻子高低、头发和眼珠的颜色等差别有多大，在全体人类看来就都是美的——健美并富有精神魅力，这也正是世界上不同肤色的男女能够互相钟情、发生异族通婚现象的根本原因。所以，寻找人类自身美的共同标准，其实并不难——从美是生命力的角度去寻找，就是唯一正确而永恒的途径。对于那些散见于世界各地各民族中千奇百怪的审美形态，以美是生命力为标准，也不难分辨它们当中哪些符合美的本质，因而是符合人类共同审美要求的；哪些是违反健美标准和生理常态，因而其实是落后的、畸形的审美形态，它们迟早会被不断进化的人类意识所抛弃。所以，寻求美的本质，就是寻求万物美的统一标准，有了这个标准，一切有关美的疑难问题，就都可以迎刃而解。

人的主观差异决定人的审美差异美是客观的，故能循其规律而找到统一标准，而人的审美差异则是人的主观产物，很难强求一致。尽管审美在一定程度上受制于被审美对象自身的种种特征和美的客观规律，但由于人的主观思想感情决定了审美的动机和需要，因此审美选择常常是受制于主观的，可从中见出审美者不同的思想、情趣、修养和偏好，并因此显出了审美者之间的审美差异。由于审美是受人的文化背景制约的，因此它表现出处于不同民族、不同生活习俗、不同知识水平、不同生活环境和不同功利观念中的人类对形式美的要求的差异，这种种差异在古代表现得尤为明显。因为经济生产落后，交流不便——“鸡犬之声相闻，民至老死不相往来。”所以，落后民族的习俗就相对保持得比较稳固，相互比较之下，又显得各自独具特色。事实证明，随着社会的发展，文化交流的广泛，人们在各方面的差异，包括审美差异，就相对减少了——世界正在从各个方面融汇贯通。

需要特别强调的是：人类审美的诸多差异，决不能反过来证明美的统一标准——美的本质是不存在的。审美和美的本质，这是两个命题，不能互相反证。

自古以来，天生渴求新奇、以新奇为美的人类，甚至看腻了上帝赐给人类的如此富有自然美的形体，因此发明了千奇百怪的服饰来装饰自己，并直接在自己的肉体上进行修改和加工：钻孔挖洞、雕饰文身、束腰裹脚、割嘴敲牙，等等。几乎地球上的每一个民族，都想出过一些稀奇古怪的方法来整饰自己，以显示出比自然之身“更美”，或显示出有别于他人的“独特的美”。在近现代，这种种由于落后愚昧的观念酿造出的审美的畸变形态，以及由此造成的各民族间在外表形象上的人为的审美差异，已经越来越缩小。随着人类物质财富的极大丰富和文化知识的极大提高，随着人本主义思想的普及和深入人心，在科学基础上，人类对自身的自然本质有了深刻的认识，对人类和万物的美有了更新的理解；同时，人类的信息交流也变得迅捷而广泛了，人类在每一领域取得的最先进的观念和成就，都能很快影响到全球大部分人，并成为人类前进的导向，使其步调趋于一致。人类的审美观也是在这种情况下进步和在某种程度上、在本质上逐渐趋向一致的。但是，人类在一切方面（包括在审美方面）完全走向大同的理想仍不容乐观。不但因为人类的文化差异很难完全趋于一致，而且许多生活在20世纪现代化社会中的人们，又重新把审美的眼光转向古老的过去，转向落后的原始民族。不是因为人类喜欢古老的东西，而是因为新一代人类在旧形式面前重又感到“新奇”。尤其是一些比老年人更容易沉醉在酒神精神中的年轻人，还没有经历过很多现实生活的教训，因而还不懂得自然、平淡、天真才是最美，仍然着迷地追求奇装异服，追求对自身肉体的各种直接的怪异而带有摧残性的加工——在浑身上下刺花文身、穿孔打洞……为了美，为了自以为的美，他们不惜把自己的肉体乃至青春和生命，放在危险的“美的”祭坛之上。他们追求美的精神确实可嘉。但是，我们仍然坚信：当他们逐渐长大、成熟，当生活和自然教会他们如何真正地审美时，他们终会有一天幡然悔悟，重新返璞归真——年轻人的路需要自己去走，每一代人的路都需要自己去走，“过来人”的教诲，是代替不了人对自然和社会的亲身经验的。只有亲身经验过，人才能真正长大——审美能力的提高和对美的认识亦是如此。

第三章 审美创造

第一节 审美是一种创造

在20世纪的中国思想史上，美学除了展现人文学科的批判精神之外，还承担了思想创新的任务。在20世纪的诸多重大思想事件中，美学都扮演了开创者的角色。在“审美凝视”中列举的美学在不同时期所扮演的批判者的角色，在那个时期的整个思想领域中都具有开风气之先的意义，对整个思想风气的转变起到了关键性的作用。然而，当美学超量承载的批判精神被消解之后，我们发现还有另一种精神在吸引人们，那就是美学的创造精神。

美学为什么能够具有不断创新的精神？要回答这个问题，首先要弄清审美与创造的关系。

一、审美创造的机制

在人类生活中，恐怕没有什么能比“创造”更令人心驰神往而又神秘莫测的了。在西方思想史上，曾经一度只有上帝才享有创造的权利，今天人们常常把创造的桂冠戴在天才的艺术家的头上。为什么艺术天才能享有创造的美誉？艺术天才创造的实质是什么？要回答诸如此类的问题，首先必须对创造本身作一定程度的分析。还是让我们结合马克思在谈到劳动的本质时所用的那个形象的比喻来进行分析。马克思说：“最蹩脚的建筑师从一开始就比最灵巧的蜜蜂高明的地方，是他在蜂箱里建筑蜂房以前，已经在自己的头脑中把它建成了。劳动过程结束时得到的结果，在劳动者的想象中已经观念地存在着。”①

---

① 马克思．资本论：第1卷［M］．北京：中国社会科学出版社，1983：166．

按照马克思的说法，建筑师的创造性主要体现在对劳动结果的观念性想象中。马克思把这种对未来目的的构想能力当作人的劳动与动物的本能活动之间的本质区别。现在的问题是：对未来的构想是怎么产生的呢？如果那位蹩脚的建筑师根本不知道蜂房为何物，他就不可能在自己的头脑中预先将它建成。因此，对未来目的的构想必须以过去的经验为基础，而且会受到过去经验的限制。仅从构想依赖过去的经验这一点来说，构想仍然不是绝对意义上的创造；如果构想是绝对意义上的创造的话，人类历史就可以在人们的想象中完成。也就是说，如果脱离建筑师的具体操作，脱离“现在”这个环节，由“过去”到“未来”之间的种种变化至少都是可以想象的。既然是可以想象的，就不是绝对意义上的“无中生有”。真正的创造体现在建筑师的具体的操作之中。就像我们在前面已经指出的那样，艺术家只有进入一种特殊的状态中才能创作。在这种特殊的状态中，艺术家根本忘记了自己的构想，甚至忘记了自己的存在。还是拿那位蹩脚的建筑师来说吧。当他忘掉蜂房的观念，完全凭借他对建筑材料、建筑环境等具体打交道的东西的特殊的敏感，如有神助地创造出超出他想象之外、连他自己都大为吃惊的作品，只有在这种意义上我们才说这是一种天才的创造，而不仅仅是生产劳动。天才之所以被称作天才，是因为他的作品的出现从根本上改变了人们对过去传统的理解和对未来理想的期望，从根本上中断了历史的自然进程，因此天才的出现往往被视为具有“划时代”的意义。

由此至少可以区分三种活动：一种是本能活动，一种是生产劳动，一种是创造活动。本能活动没有观念想象，生产劳动局限于观念想象，创造活动超出观念想象。正如从心理学角度探究创造的奥秘的专家阿瑞提（Silvano Arieti）所指出的那样：“人在处理任何情况时，无论采取在刺激之后直接反应的办法，还是遵照一种复杂的符号与选择的办法，他都倾向于用正常的心理功能或者是采取由他的文化所形成的通常的方式去行动。如果他的活动有认识过程的参与，那么它们一般都会遵循所说的亚里士多德逻辑或正常的逻辑思维，……但是创造的过程超出了在处理周围环境与自身的问题时所采取的通常方式，它扩大了——至少被某些人或许被所有人所重视的——那种合乎意愿的心理体验。……创造力就是这种主要的手段，人类可以借助它来使自己不仅从条件反射中解放出来，而且还可以从习以为常的选择中解放出来。”① 条件反射，指的是本能活动；习以为常的选择，指的是生产劳动。也就是说，创造不仅可以将人从本能活动中解放出来，而且可以将人从习以为常的生产劳动中解放出来。

这种超出观念想象的创造活动，在人类生活中，以审美活动、艺术创作最为显著。现在的问题是：为什么审美活动、艺术创作往往表现为一种超乎寻常的创造活动？艺术创作的创造性“动源”究竟在什么地方？

艺术家，特别是中国古典艺术家，认为只有将自己还原到本然的生存状态才有可能创造出天才的艺术作品。反过来说，任何天才的艺术作品都是艺术家本然的生命精神的体现。在讨论这个问题时，我们引用《庄子·达生》中讲的“梓庆削木为鐻”的故事。梓庆之所以能创造出“惊犹鬼神”的鐻，并不在于他有多么超群的技术（“臣工人，何术之有”），而在于他通过“斋戒”“静心”之后所达到的“以天合天”的境界。换句话说，天才的艺术作品不仅体现艺术家本然的生命精神，同时也是作为宇宙万物的本体的生命精神的体现。由此，绝对意义上的创造，不是主体有目的地创造，而是主体在“丧我”“外物”的状态下，作为宇宙本体的生命精神的自然显露。作为宇宙万物的本体的“生”才是艺术创作的最终动源。

二、审美活动中的主体创造性

审美活动中的创造性，指主体在欣赏对象时，并不以直接的感知为满足，而总是根据自己的生活经验、知识积累、情感倾向等对审美对象进行补充、丰富与再造，构成心灵中的审美形象，从而得到美的享受。这种创造性是使对象发挥审美作用所不可缺少的。以作家峻青在欣赏肖邦音乐作品时的感受为例：就在这花香荡漾的极度寂静中，突然一声和谐的琴声，从那古老的住宅里传了出来，立刻，空气中充满了悦耳的音响，这一声独特的延长音，良久地在空气中颤抖着、缭绕着，像一只在花丛间飞旋着的蜜蜂似的，把人们

---

① S. 阿瑞提．创造的秘密［M］．钱岗南，译．沈阳：辽宁人民出版社，1987：4－5.

引进了一个迷人的诗意境界中去。接着，有着浓厚的波兰民族风格的波兰舞曲开始了。这是肖邦青年时代的作品，随着这个乐曲的优美的旋律，我们的面前展开了锦绣般壮丽的波兰河山的景色：使人仿佛看到了春天的微风吹进了广阔无垠的波兰田野，碧绿的维斯杜拉河上的春潮轻轻地拍打着两岸柔软的沙滩，那青蓝色的高耸入云的塔特拉山上的积雪在明朗的阳光下面闪烁着镜子般的白光，那绿荫重重的褐色的乡村小道上卷过了一片白云似的羊群。……啊，我不禁陶醉了，陶醉在这美好的乐曲里，我的想象随着琴声飞驰到了很远很远的地方。一刹那间，我恍惚觉得：从这古老静谧的屋子里所发出来的琴声，不是别人，正是肖邦本人在演奏，我甚至仿佛看到了他那动人的演奏姿态，那和谐的迷人的旋律，像一只只色彩缤纷的蝴蝶似的从他的灵巧的手指间飞出来，飞出来，不断地飞出来，飞舞着向四面八方飞去……在这里，和谐悦耳的旋律，以及以往生活经验、知识积累和情感体验的调动，在峻青的头脑中产生了创造性的想象活动，构成了一幅幅动人心魄的画面，使他受到强烈的感染。如果没有主体的创造性，这种悦耳悦目、悦心悦意的审美效果是很难显示出来的。

审美活动中主体的创造性，主要表现为想象活动和情感体验。在审美过程中，主体凭借想象，以自己的经验、印象和知识去补充、丰富和再造对象。没有想象，审美活动便无法进行下去。别林斯基在谈到如何阅读《哈姆莱特》时，说哈姆莱特的“整个看得见的个性”必须由欣赏者自己规定，“必须不依赖莎士比亚，根据你的主观性去想象他。”① 但审美想象要受制于主体的情感。在审美活动中，主体往往按自己的情感倾向去构想审美形象。正因为如此，同一审美对象，在主体的活动中才展现出不同的丰姿和色彩，构成一个迥然不同的审美对象。例如，一块顽石，主体可以根据自己的理解、经验，把它看成是海龟、猴子、神女或阿诗玛；一组轻柔的旋律，使主体的眼前或出现风和日丽的江南风光，或出现宁静淡泊的田园景色，或出现与情人相会的林间小径，或出现与好友相聚的花园草地。春日飞扬的柳絮，在林黛玉的眼中，幻化出一位四处飘零、无

① 别林斯基．别林斯基选集：第1集［M］．辛未艾，译．上海：上海译文出版社，2006．

依无靠的少女；而在薛宝钗的眼中，漫天飞舞的柳絮却呈现出繁花如锦的前程，使她抑制不住地高喊："好风凭借力，送我上青云！"再听听法国雕塑家罗丹的朋友葛赛尔欣赏罗丹的大理石雕像《思》的感受："这个女人，现在我了解，她是人的智慧的象征——她被她所不能解决的问题紧缠着，她被她不能实现的理想逼恼着，她被她所不能捉摸的'无限'惊扰着。像身的减缩是要表示思想的折磨，和思想的那种光荣而徒劳的顽强性，一定要发掘一些她不能回答的问题。至于肢体的残缺，说明冥思的人对于物质生活有不可调和的厌恶情绪。"① 在欣赏这个塑像的一个复制品时，葛赛尔又说："这是一个非常年轻、神秀，而且俊美的女性头像。她低着头，周围萦绕着梦想的气氛，显得她是非物质的。头额上帽子的边缘，好像她的梦想的羽翼一样；但是她的颈项，甚至她的颔都在一块粗大的石头上，她像夹在不能摆脱的枷板中一样。这样的象征，自然为人了解。不具形的'思想'在静止的'物质'中花一般地吐放出来，而且用辉煌的光彩照亮了这物质；但是她丝毫没有办法摆脱现实的沉重束缚。"②很明显，这些不同审美形象的诞生，正是主体按照自己的情感目的想象的结果。

三、审美与想象

审美主体开发思维中已有的感知经验和文化积淀，加工、改造、分解、组合成新的形象，这一心理过程就叫想象。所谓已有的感知经验，是指主体过去通过感知获得的各种事物的形象在记忆中的贮存；所谓文化积淀，是指主体所属的种族、民族、家族世代积累形成的文化心理基因。感知经验和文化积淀可以同时存在于主体的意识和潜意识之中，并可以随时被外部刺激所激活。想象与联想的最大区别在于想象将虚构新形象，而联想只是提取和重现既有的形象。

在审美活动中，想象的意义几乎是决定性的。在很大程度上可以认为，没有想象就没有审美。想象在审美中的作用主要有两种。① 想象可以使形象转化为意象。现实世界的物质形象由于过于实体化、个别化，其美学意义往往是有限的、简单的；但它被想象加工

① ②转引自：曾永成．中外美术名作赏析［M］．成都：四川师范学院，1983.

之后，带有加工者的主观情意，其内涵就会变得丰富。这种经想象加工而成的形象就叫意象。所有艺术形象实际上都是意象。如陆游《临安春雨初霁》的“小楼一夜听春雨，深巷明朝卖杏花”，其中的“小楼”“深巷”“春雨”“杏花”并不确指现实世界的特定的某个对象，而是诗人运用想象提炼加工而成的意象，是用来创造意境的要素。正因为它们的内涵比实体形象的内涵来得更加丰富，我们才会感到诗句中有一股浓厚的江南早春气息扑面而来。再如影片《辛德勒的名单》的片头，一只微微颤抖的手点燃了蜡烛，画外响起低缓凝重的挽歌，画面被处理成黑白的、朦胧的，唯有烛光是淡黄色的。这是由想象生成的典型的意象，黑白的主色调象征着特定的悲剧的历史，挽歌象征着犹太民族的命运和苦难，温暖的、摇曳的烛光象征希望、祝福和人类的良知。② 想象可以补充和拓展审美感知。审美对象作为一种存在，总要受到本身的结构和背景的规定，但审美主体的想象则可以补充或突破对象的规定性，从而获得更符合自己审美情趣的感受。八大山人画鱼，总是在画面上留出大片空白，而我们的想象却可以让我们在那空白处感受到水波的清澈和荡漾。一两丛翠竹、三五块怪石布置而成的园林小品，可以让我们领略到自然和人生的广大。中国传统美学思想中的形与神、情与景、多与少、虚与实、动与静、大与小、曲与直等辩证法，其心理基础就是审美中的想象。

想象具有多种方式。其中有较大美学意义的，一是粘合（如美人鱼、狮身人面像、狐狸精），二是夸张（如大力神、拇指姑娘、三头六臂的妖怪），三是典型化（如阿Q、哈姆莱特、米洛的维纳斯），四是歪曲（如怪诞艺术中的许多形象）。

想象可以分为两种类型。

1. 再造想象

即依据对象现有的特征和标志，将对象造就成符合主体情意的新形象。再造想象对审美欣赏具有重大意义。例如贝多芬《第五交响曲》开头的乐句，采用模仿行进的旋律，力度和节奏都较强烈，听众就会把它想象成命运之神的敲门声或脚步声。欣赏小说，我们头脑中总会浮现出故事的场景和人物的形象。再造想象的实现，要受对象现有特征和标志的限制。对象的特征和标志越具体、越详细，想象受到的限制就越严格。但即使在最严格的限制下，审美主体的个人经验、情感、思维、审美态度都会介入其中，按自己的方式诠释形象，并使想象的结果最终符合主体个人的情意。因此，想象生成的新形象，具有显著的个性色彩。即人们常说的有多少读者，就有多少个林黛玉；有多少观众，就有多少个哈姆莱特。

2. **创造想象**

即依据自己的经验、情感、思维、审美态度，虚构出符合自己情意的新形象。创造想象对审美创作具有重大意义。例如，南唐后主李煜为了表达自己的故国之思和亡国之痛，在《虞美人》中创造了"一江春水向东流"的形象，用以比拟自己的愁苦。西班牙超现实主义画家达利在《内战的先兆》中，以惊人的超现实想象，创造出梦魇似的狰狞、恐怖、痛苦、怪诞的形象，传达出对战争灾难所带来的屠杀、死亡的焦虑不安的情绪。创造想象拥有最大的自由处置权，对现存事物的特征和标志，它可以采用，也可以仅作借鉴或参考，甚至可以完全舍弃，另搞一套。创造想象的核心是创意。它不仅虚构形象，而且发明创造形象的特征和标志。非凡的创造想象所生成的结果，往往是独一无二、举世无双的。

四、审美与创造力的培养

人类最可贵的素质之一是创造力。创造力最突出的特点是创造新的东西，不管是物质产品还是精神产品。人类社会的发展史就是不断创造的历史。智力的基础是创造力，但创造力绝不只是归属于智力。创造力作为人的基本素质，是人的各种活动包括审美活动的内驱力。人类在不同活动中的创造力在形式与内容上有所不同，但它们是相通的。正因为如此，人类在审美活动中的创造力对人类整体的创造力培养起着一定的作用。

审美的创造力主要为想象力。想象是审美心理中最重要的环节，从某种意义上讲，审美活动的本质就是想象。想象不同于联想，联想是由一事物想到与之相关的另一事物，只是扩大了人们当下心理活动的范围，不创造新的事物。想象中所用的材料可能是现实中有的，但它的组合绝对是现实中所没有的。创造新事物是想象的本质性特点。众所周知，作家、艺术家是最具审美力的人，这与他们所从事的工作有必然的联系，艺术最重要的品格是创造，它来不得半点重复。任何称得上艺术的东西都是“这一个”。正是因为艺术是独创性的工作，所以康德将它派属为天才。他说：“天才① 是一种天赋的才能，对于它产生出的东西不提供任何特定的法规，它不是一种能够按照任何法规来学习的才能；因而独创性必须是它的第一特性；② 也可能有独创性的，但却无意义的东西，所以天才的诸作品必须同时是典范，这就是说必须是能成为范例的。它自身不是模仿产生，而它对于别人却须是能成为评判或法则的准绳。③ 它是怎样创造出它的作品来的，它自身却不能描述出来或科学地加以说明，而是它（天才）作为自然赋予它以法规，因此，它是一个作品的独创者，这作品有赖于作者的天才，作者自己并不知晓诸观念是怎样在他内心里成立的，也不受他自己的控制，以便可以由他随意或按照规划想出来，并且在规范形式里传达给别人，使他们能够创造出同样的作品来。”[①] 康德说了天才的三个特征：独创性、典范性与直觉性。天才在艺术中得到最为突出的表现。黑格尔认为最杰出的艺术本领就是想象，而“想象是创造性的”[②]。

科学工作，通常认为它的主要思维方式是逻辑推理，逻辑推理也可以创造新的东西，但逻辑推理的创新是有限的。逻辑推理中的演绎推理，其大前提基本上包括了新推出来的结论。逻辑推理中的归纳推理其归纳不可能穷尽所有的事物，虽然它能推出新的东西，但可靠的程度是难以确定的。如果要论创新的程度，逻辑思维是赶不上形象思维的。形象思维在英文与法文中写作 imagination，与想象是同一个词，朱光潜说“‘形象思维’和‘想象’所指的都是一回事。”[③] 形象思维虽然不是审美专用的，但是审美以形象思维为本质。因此可以说，审美是培养形象思维能力的最好途径。

这个问题涉及美育与智育的关系。智育应包括两个方面的教育，一是知识的传授，二是创造能力的培养。美育对智育的作用主要体现在创造能力的培养上。美育通过培养人的想象力达到培养人的创

① 康德．判断力批判：上册［M］．北京：商务印书馆，1987：152，153.

② 黑格尔．美学：第1卷［M］．北京：商务印书馆，1979：357.

③ 朱光潜．西方美学史：下册［M］．北京：人民文学出版社，1979：678.

造力。不少伟大的科学家如爱因斯坦认为，真与美比较，美更重要，其重要原因，就在于美更富于创造性，或者说审美最富有想象性。19世纪荷兰著名的化学家范特霍夫曾经就想象与科学研究的关系调研过许多科学家，发现最杰出的科学家都具有丰富的想象力。现代英国科学家布罗诺夫斯基说："所有伟大的科学家都自由地运用他们的想象，并且听凭他们的想象得出那些狂妄的结论，而不叫喊'停止前进'。"① 事实上，很多重要的科学理论首先不是通过逻辑推理而是通过大胆想象创造出来的。

除了审美想象力对创造力培养的重要作用外，审美的直觉力也对创造力的培养有着重要的作用。直觉在审美中不是简单的感觉，它寓有理性的因素，因而又称之为理性直觉。理性直觉是最富有创造性的。直觉感受到的东西虽然没有得到证明，但只是现在没有得到证明而已，日后它很可能会得到证明。人的直觉具有超前性、超越性，具有极大的创造潜能。直觉当然不只是审美活动才有的，作为人的一种基本的思维素质，它体现在人的各种活动中。但是，审美活动中直觉最多，而且最丰富、最奇妙，这是大家公认的；审美直觉在艺术美的创造与欣赏中得到最充分的体现。我们通常将艺术创造中的直觉称为灵感。上面所引康德关于天才的论述，天才的第三个特征就是直觉。艺术家一般都是审美直觉最强的人，他们的艺术构思通常得力于灵感。科学研究虽然是最理性的工作，但也需要直觉。爱因斯坦说："有时我感到是在正确的道路上，可是不能说明自己的信心。"② 这就是直觉。科学创造中那些超乎寻常的观点常常不是逻辑推理所得，而是直觉所得。伟大的科学家都重视直觉。在1909年9月的一次科学会议上，爱因斯坦提出了一个实验方案，以说明光量子假说，当时有很多重要的科学家包括普朗克在内，不同意他的光量子论，但是爱因斯坦仍然坚持。他说："这个方案由于它的直觉性对我似乎特别具有说服力。"③

想象力和直觉力，是人的创造力的最重要的两个因素。由于能

① 周昌忠. 创造心理学［M］. 北京：中国青年出版社，1986：213.

② 爱因斯坦. 爱因斯坦文集：第1卷［M］. 北京：商务印书馆，1976：284.

③ 爱因斯坦. 爱因斯坦文集：第1卷［M］. 北京：商务印书馆，1976：63.

力与知识相比，能力具有潜在性、间接性、不可测量性，因此，它一般不为人所重视。能力中，想象力、直觉力相对又比较虚幻，难以把握，因此很多人将它看成虚无缥缈的东西，要么看成是神助，要么看成先天的禀赋。其实，想象力与直觉力并不神秘，也不虚幻。现代心理学对它的机制做了深入的研究，虽然还不能说完全解开了它的秘密，但对于正确认识这两种人类可贵的创造力是有帮助的。审美活动虽然最多想象与直觉，但由于它的形式通常是娱乐，不直接与科学研究相联系，也不直接获得知识，因而它也常为人所忽略。因而重视审美中的想象与直觉，是很有必要的。

第二节　大众时代的审美特征

我们今天的时代，同19世纪末20世纪初相比又有了极大的改变。同以往一切时代的人类个体或群体都固执地认定自己所处的时代就是“现代时代”不同，我们这个时代的人们别出心裁地将自己生活的时代称为“后现代”。

的确，我们这个时代的人们有理由标新立异，因为我们这个时代同以往任何一个时代都有质的区别。我们这个时代是一个大众匆忙活动的时代，历史上从来没有展现过的“沉默的大众”被推上了社会生活的前台，所以又称之为“大众时代”。

一、大众时代的特征

西方一些学者认为，从20世纪中期开始，随着信息技术的突飞猛进，一种新兴的价值，即符号价值开始凸现，并日渐成为商品的主导价值；同时，以知识和技能为核心的脑力劳动替换体力劳动，成为劳动的主要形式；而单一的货币资本也逐渐向货币资本（经济资本）、文化资本、社会资本和象征资本等多元资本形式转化。总之，大众时代，是一个能指优势的时代；大众文化，是一种“能指的自我指涉体系”。这是大众时代的基本特征①。除了产品质量、价格因素之外，大众时代的生产，更多地要考虑产品的形象、品牌等

① 方文．大众时代的时尚迷狂［J］．社会学研究，1998（5）．

属于产品能指范围内的因素。同样，大众时代的消费，也从注重质量、价格向注重产品形象方向发展。大众时代这种生产和消费策略的转变，实际上是从实用策略、经济策略向审美策略的转变。因为按照结构主义符号学的观点，艺术刚好是这种“能指的自我指涉体系”，审美刚好是沉浸于对符号能指的欣赏和把玩。由于大众时代的生产和消费完成了从质量、价格向形象意义的转变，因此大众时代的游戏规则，就不能依据自然科学（考察质量）、经济科学（考察价格）来确定，而应该根据美学（考察符号能指的意义及其如何实现交换）来确定。也就是说，大众时代的游戏规则，应该服从整个符号消费和体验的游戏规则。这是大众时代审美策略的一个方面，即大众社会依据美学原理指导生产和建构大众文化的方面。

相应地，大众时代的另一个特征，是大众的欲望被追逐着满足。由于生产力的持续发展和全球的持续和平稳定，经济和政治的压力相对已减小，我们的社会有能力满足大众那些稍纵即逝的欲望。各大公司、各种机构自觉或不自觉地几乎运用了以往所有的美学理论，对大众的心理、欲望进行揣摩、引诱。面对这样一种铺天盖地的令人肉麻的“美”的攻势，大众的审美感悟力无所适从，进而麻木迟钝，随波逐流，任人宰制。

照理说，渗透到大众时代的各个方面的审美策略，应该会强化人们的审美感悟力，为什么说它反而使人们的审美感悟力变得麻木迟钝了呢？其中的主要原因是，大众时代的这种审美攻势，针对的是大众的平均化的审美趣味，并没有真正考虑作为大众一分子的个体审美要求，由此大众的欲望在被满足的同时，也被规范、定位，直至彻底迷失自身的真实要求。大众时代对审美时尚的把握，是通过社会调查和计算机数据处理之后得到的。因此，大众文化是一种美的平均值的文化，是一种缺乏个性审美的文化，是一种媚俗的审美文化，是一种以美的名义来绞杀个体的审美感悟力的文化。由此，在这样一个符号爆炸的时代，怎样摆脱“平均美”的追逐，就成了一个问题。其实，摆脱追逐的有效方法，便是采用真正的审美策略，发现并培养个体的感觉和个性。事实上，对感觉和个性的培养，一直是美学和艺术教育的一个重要方向。这是大众时代审美策略的第二个方面，它解决的是忙碌得无所适从的大众，如何通过审美而自我救赎的问题。

二、中国学者创造的立足点

被西方人乐于称道的“后现代”“大众时代”，在中国似乎还没有来临。中国似乎没有跟上历史的步伐，还在历史上某个“过去”的时段里爬行。就像一些人所抱怨的那样：连温饱问题还没有解决的中国大众，谈“后现代”不啻是一种奢侈。然而，不可否认的是，大众时代的脚步的确离我们越来越近了。越来越普及的互联网和移动电话，将我们同世界紧紧地捆绑在一起。当我们登上上海或北京的电视高塔，眼底下的喧嚣、喘息和灯红酒绿，无疑是当今世界的流行色。

我们在很多地方可以看到中国特色：奔驰在铁道上的火车机车，只有在博物馆才能看到的燃煤蒸汽机，有用石油做动力的内燃机，也有刚从国外某次博览会上见到的高速电动机车。前现代、现代和后现代并存，这就是中国独具特色的现时代。

在这样一个独具特色的现时代里，中国人的问题似乎以中国人自己来处理为宜。我们有自己的独特的传统和现实。具体到美学研究上来说，我们不能把及时追踪西方学者的最新思潮作为自己最高的目标和最大的光荣，就像叶朗所说的那样，我们中国学者应该有自己的立足点。“美学研究必须有一个立足点。不同民族有自己不同的文化传统，它是独特的、为其他民族所没有的。人文学科与自然学科不同。自然学科无所谓民族传统，它的对象是自然界，它追求的是‘真’，无论对于哪个民族来说，它都是一样的。人文学科则不然，它涉及人本身，涉及人的社会、心理、文化、传统等因素，因此，在美学这一人文学科领域，中国学者必须有自己的立足点，这个立足点就是我们自己民族的文化和精神。只有有了这样一个立足点，才能与西方进行真正的学术交流和对话。”① 叶朗还从21世纪中国文化复兴并同世界文化融合的角度，来认识中国学者有自己的立足点的重要性。因此，他十分欣赏老一辈学者宗白华的看法：“将来世界化，一定是融合两种文化的优点而加以新的创造的。这融合

① 叶朗．胸中之竹——走向现代之中国美学［M］．合肥：安徽教育出版社，1998：352－353.

东西方文化的事业，以中国人最相宜，因为中国人吸收西方文化，以融合东方，比之欧洲人采撷东方文化，以融合西方，较为容易，以中国文字语言艰难的缘故。中国人天资本极聪颖，中国学者，心胸思想，本极宏大，若再养成积极创造的精神，不流入消极悲观，一定有伟大的将来，于世界文化上一定有绝大的贡献。”①

然而，中国当今的美学研究者仍然没有自己创造的立足点。中国现当代美学根深蒂固的源头有两个：一个是朱光潜传播的西方近代的心理学美学传统，一个是从苏联移植的马克思主义美学传统。这两个传统都不足以构成当今中国美学研究的理论基础。按照叶朗最近的思考，中国美学的理论基础，应该是在中国传统美学和西方现代美学之间能够构成对话的审美意象理论，以及由这个基本理论出发，对当今艺术文化和人的精神生活的具体分析。

在我们看来，美学的基本问题，最终可以落实到人生的意义问题，即人如何通过审美、艺术获得美好生活的问题。它既不是心理学问题，也不是社会学问题，而是哲学问题。所以我们认为，美学仍然是哲学的一门分支学科。但这绝不是简单地回到被抛弃的传统。重新确立美学的哲学品格，既有理论意义，也有现实意义。

现代科学技术几乎无所不能，但有一个问题是科学永远也无法解决的，那就是人生的意义问题。科学给人类生活带来了极大的便利，但并没有因此给人类带来幸福生活。相反，在经济高速增长、物质文明取得突飞猛进的发展的同时，人类生活却面临着一系列严重的危机和隐患。事实上，在20世纪中西文化激烈冲突中，中国人从一开始就对科学始终持一种审慎的态度。从20年代爆发的“科学与玄学论战”中可以看出，在中国人心目中有一个根深蒂固的观念：科学解决不了人生意义问题，人生意义问题只有哲学才能解决。

人生在世，究竟有什么意义？艺术、审美在人生意义的建构中、在人生境界的提升中，究竟能起怎样的作用？这是美学的基本理论问题。按照我们的观点，人生只要做到了“生”“爱”“乐”，就是一种有意义的人生。“生”指的是宇宙万物普遍存在的一种创生力，即中国哲学中所说的“生意”，以及落实到个体身上的创造力，即中

① 宗白华．宗白华全集：第1卷［M］．合肥：安徽教育出版社，2008：102.

国哲学中所说的“生动”。“爱”指的是身与心、我与他、人与天之间的一种普遍和谐。“乐”指的是在“生”与“爱”的状态下，人的内在情感的自然流露。“生”“爱”“乐”既是有意义的人生的三个基本要素，也是美学的三个基本观念。审美经验既是一种创造（生），又是一种同情（爱），还是一种愉悦（乐）。美学的目的，就是教人如何通过审美去滋长这种“生”“爱”“乐”，而最终获得幸福的人生。“生”“爱”“乐”，不仅是美学问题，也是真正的哲学问题。如果我们将对真善美“是什么”的追问，改造为面对真善美的生存样态的描述，就会得到“生”“爱”“乐”三个观念。人们面对“真”的时候，是“生”；面对“善”的时候，是“爱”；面对“美”的时候，是“乐”。哲学追问真善美“是什么”的目的，是为了给人一种美好生活；而“生”“爱”“乐”正是美好生活本身，因此，“生”“爱”“乐”才是真正的哲学问题。

然而，这些问题从根本上拒斥从西方哲学中借来的逻辑思维，所以它们在今天的哲学教科书中没有得到应有的重视。哲学，特别是近现代以来受西方影响的中国哲学，只注意那些符合哲学规范和习惯的概念、命题，只注意那些被“公认为”哲学家的思想；然而中国哲学的真正意味比这些要丰富得多，也生动得多。更重要的是，在哲学教科书式的规范和习惯的束缚下，真正的哲学意味被遮蔽了，留下来的只是一些浮在表面的、无根的哲学概念。这些浮在表面的概念需要还原，还原到它们的原初意义上去，才能不被误解。而在这方面，始终关注原初意义（艺术就是对原初意义的显现）的美学也许能发挥出意想不到的作用。西方当代现象学美学家杜夫海纳正是在这种意义上强调美学对哲学的贡献的。

美学可以将哲学带回到它的根源部位上，使哲学的分析变得方向明确、条理清楚，这是杜夫海纳所说的美学对哲学的贡献；而我们认为美学对哲学的最大的贡献在于：最高的哲学理念、哲学境界，最终只有在审美活动中才能得到具体的实现，或者说，人类的美好生活只有在具体的生存体验中才能真正实现。从为哲学提供原初意义的角度来说，我们仍然可以说美学是哲学皇冠上的明珠；从通过审美而获得美好生活的角度来说，我们也不妨说，美学是大众应采取的一种生存策略。

三、大众时代审美的基本特征和趋势

审美是在继承性基础上，不断向前发展的意识活动。大众时代人的审美活动，具有鲜明的时代性，表现出以下的特征和趋势。

1. 对新型艺术的着迷

科学技术和艺术的划时代的结合，造就了一批以新技术为载体的新颖的艺术形式，诸如彩色电视、彩色电影、立体电视、立体电影、彩色摄影、全息摄影、组合音响、立体声音乐、激光音乐、电子琴，等等，它们既是新的艺术手段，又是新的艺术形式。

艺术的机械电子化，声入画，画入声，更加逼真，更加丰富，以动态形式展现广阔的自然画面和社会生活图景，超越时空的局限，扫描历史和现实，展望未来，给人以空前未有的美感，呈现出无穷的审美魅力，令人十分着迷。比如电视艺术，其方便性使亿万群众可以在家里自由收视，获得多种信息、审美信息流，欣赏到各种艺术美和现实美，随时可以获得审美感受、审美愉悦和审美满足。因此，以高科技为基础的新型艺术受到举世的倾慕和着迷。

新信息技术发掘，传播着异常丰富的美的信息，并有着及时性和快速性以及空前的超空间性，仿佛缩小了地球上东西南北、四面八方的距离，从而实现了审美的超时空化、国际化。现代人坐在家里，就可以通过崭新的艺术形式（载体），随心所欲地收到四面八方各种美的信息，获得所需要的美感。

2. 实用审美的空前勃兴

人类物质生活愈来愈丰富，人们对审美需要就越来越高，从而对衣、食、住、行的美化提出了越来越高、越来越新、越来越美的要求。这就是实用产品的审美化、艺术化。这也是历史辩证发展的新趋势。原初的美，就是在低级生产力水平上同物质生产、物质生活紧密结合的。例如，带有原始形态美的工具的制造、绘画、音乐、舞蹈的萌芽，都是和原始人的生产、生活方式融和在一起的。继而，在生产较为发展的条件下，由于宗教仪式、图腾崇拜、巫术礼仪等中介、制陶技术几何纹形的演变以及少数人玩物、欣赏的需要，逐渐形成了与劳动生产相脱离的艺术，美作为观念形态也逐渐相对独立化。艺术成了独立的精神产品，满足人的精神需要。除了手工艺品、艺术性建筑与美相结合，多数人工产品不再有审美因素参与，而成了单纯的技术、功能。观念形态艺术的发展，与实用相分离。但是，现代大工业的发展，又使美与审美在更高级水平上回归到生产过程及其产品之中，成为新型人—机、人—环境最优结合的媒剂，成为新工业产品的一种属性。现代生活方式对美的要求的广泛、普遍性，否定了美的创造与生产、生活相分离的历史。工业技术美的蓬勃兴旺，使实用审美得到了普遍认同和空前的发展。

市场竞争的全球化、国际化，使愈来愈多的人认识到，工业产品、商品的生命力和竞争力不仅取决于其实用功能、技术，而且还取决于它的审美感召力、美的魅力。企业的活力，不仅在于其技术、管理，同时还在于其审美创造力。高超的审美设计，也是重要的、功不可没的生产力，它可以带来比实用价值高得多的附加价值。

美和审美最大量的实用形态，还在于商品装潢和广告。现代社会广告“铺天盖地”，无所不在，平面与立体、听觉与视觉、产品和信誉，可以说五花八门。多数谈不上审美价值，但也有些还是有新颖独特的创意，令人悦目悦耳，赏心人意，给人留下不同程度的美感。

美和审美也愈来愈普及到各行各业和日常生活领域里。例如运动员休息间涂以红色，可以调动运动员进入竞赛状态的情绪；产房涂以蓝色，可以减轻产妇的紧张感和痛苦感；教室涂上黄色，有益于学生思考；商店可以用动听的音乐招徕顾客；带音乐的垃圾筒可以吸引人投放垃圾，使城市清洁等。

总之，实用产品和生产、生活环境的审美化是当代审美发展的一大特征，它能给人类社会带来更普遍的物质文明和精神文明。

3. 快速、多变的审美节奏

现代社会信息激增，技术更新周期缩短，社会变革步伐加快，商品经济空前发达，使生产、生活节奏变快。人们的心理、精神活动也高速化、高效化，并具有多变性。这使人尤其是青年人更喜欢快节奏、多变化的审美对象和审美形式。例如篇幅小、信息量大、激励情感、充满时代意识的作品和艺术形式受到普遍欢迎。诸如文摘式报刊、迪斯科、霹雳舞、摇滚乐、话剧小品等风靡全球。快节奏不意味艺术作品都要短小或自始至终一味地快。精彩的电视连续剧可以几十集、上百集，但它们一定是情节紧凑、跌宕起伏、节奏感和韵律感强、结构新颖多变、能扣人心弦的作品。它们虽长却给人以紧凑的节奏感和多变的韵律美。

4. 浓烈的时尚性、流行性

现代社会审美有很强的时尚性、流行性，且具有周期短、更新快的特征，涉及范围也越来越广。不仅人的服饰、发型，工业产品中流行的造型或款式、流行色、流行材料，而且艺术审美形式也常常出现流行现象，诸如流行歌曲热、伤痕文学热、朦胧诗热、动作片热等。流行现象的层次比较复杂，需要认真、科学的分析，并予以正确、及时的引导。

5. 软性情态

当代实用产品的形态和色彩，趋向软性化、柔性化。软性形状指体量轻、造型巧，讲究曲线、柔和、舒适。建筑、服装从传统的严格对称、平衡和直线条，变为协调的非对称、对比、有强烈反差和曲线的美，增加了柔和的审美情趣。

软性色彩，会给人以亲切、温馨、含蓄、柔和、自由、舒畅、等感受以及鲜丽活跃、愉快轻松的花色。诸如鹅黄、乳白、嫩绿、艳红等。不但人的服饰，就连家具、机电产品等也都披上了轻快的淡装，让人悦目悦心。

实用产品形态和色彩的软性化，是现代人的一种心理需求。人们在快节奏、机械自动化的单调而紧张的工作中和工作之余，需要在精神、情绪、情感上获得一种轻松、愉悦的补偿。个性的充分发展、宽松的思维时空、创新意识的腾飞，都需要宽松环境的营造。同时，又有益于把追求新颖、优美的心理和想象力物化或物态化到现实的审美对象上。

6. 模糊、抽象艺术被接纳

传统艺术重写实，现代反传统的艺术流派则倾向抽象化、观念化、模糊化。如抽象派绘画、观念性雕塑、朦胧诗、意识流小说、无结构戏剧、现代舞蹈等，由国外传至国内，逐渐被现代审美者所接受。

现实事物的宏、微、深、繁，使一些艺术家认为，艺术要反映和概括的东西极为博大、深远和微妙，只靠写实法难以表现，而抽象和模糊更富有概括力和想象力，使审美者更方便而自由地领悟和表现，并可在审美中注入更多的理性思考。

抽象的、观念的东西具有多义性、不稳定性，有时变得难以捉摸，使人误入歧途。因此，对抽象艺术作品要去粗取精。

7. 审美格调多样化

人的审美理想、情感、情趣，既有共性又有千差万别的个性，所以审美格调是多层次、多样的。高度发展的经济技术、文化，带来了现代化的生活方式和追求现代美的审美观。但有人在满足现代美感的同时，又感到某种单调、乏味，很想用历史美来补偿、调节。于是就升起了怀古之幽情，追求现实美和古典美的平衡，追求返璞归真。例如在看惯了高楼大厦、立交桥、高速公路、现代设施构筑的现代城市美的同时，又思念起古典风格的建筑、街区；在听惯了通俗歌曲、流行音乐的大热情调时，又留恋古典音乐的高雅、抒情之美；在穿惯了现代款式的服装时，又想起古代服装的古朴之美。所以，审美情感要求多样的互补性、逆反性。单调，使人乏味；丰富，才有美感。审美是一种多元的精神要求，每个人的品位和格调是不同的。听音乐，看绘画，有人欣赏高雅，有人喜欢通俗；有人喜欢优美，有人赏识崇高；有人满足悦耳悦目，有人追求悦心悦意，乃至悦神悦志。审美的娱乐性，突出体现在多种亚艺术中，诸如舞厅、音乐茶庄、时装表演、美容、健美活动、街头舞蹈等。有人甘愿旁观，有人则愿身临其中，亲自参与。

8. 自我美化的普及

现代人崇尚内在美，也追求外表美。生活的丰裕、文化程度的提高，使愈来愈多的人注重外形的修饰。古代，时兴“女为悦己者容”；现代，则是“人为悦己者容”。许多女性在服饰、发型、容貌的美化上不惜耗资，很多男性也以名牌服饰、流行发式来增添风采。在生活中，人人都把自己当作审美对象，进行自我美塑。毫无疑问，现代人讲究自我美化是很自然的，是自尊的表现。但是，自我美化要讲究高品位、高格调、高情趣。盲目模仿不健康、不适宜的东西，比如浓妆艳抹、服饰发型怪诞、充满颓废意味，反而不美。人的美化，应当追求自然、雅致，不可损天真；要以外形美反映自己的心灵美。

四、科技时代的审美困惑

在短短的一个世纪，广泛而言，我国美学研究几乎涉及美学研究的全部领域：从美的本体到美的发生，从审美主体到审美对象，从审美心理到审美范畴，从艺术门类到艺术理论，以及美学与其他学科的关系。在研究方法上把西方的与本土的相结合：超验的与实验的、思辨的与经验的、理性的与非理性的、功利的与非功利的观点、方法同时运用，更显得观点混杂、体系林立、派别丛生，呈现出纷繁的多元化趋势。

这样看来，在美学研究上要提出一些新的东西和想法似乎是不可能的了，因为我们面对的是从国外译介进来的浩如烟海的美学典籍，也面对着国内不同的美学流派和汗牛充栋的美学论著。美学研究范围内的每一个细节差不多都被穷尽了，仿佛人们除了站站队伍以外，没有别的可以选择。美学研究的“完善境地”反而让我们觉得迷惑。实际上，不难发现，与表面上的繁荣景象相对的是美学在真正内涵上的贫乏与无力。特别是20世纪末的时候，由于在较短的时间内以迅猛的态势引进了各派现代西方美学理论，我国美学界理论研究的课题，出现了几乎与西方现代的美学研究同步的现象。由于没有较长时间的细嚼慢咽而缺乏更理性的选择、消化、吸收的自然程序。急用现学、追求立竿见影效应的居多，深入透彻的研究较少；宏观的大而化之的言论偏多，细致潜心的研究较少。在众多的美学研究文本中尽情炫耀的只是一些新鲜的、外来的新词汇，许多美学工作者在争辩与维护自己的美学观点的时候往往都缺乏深入的反思。

处在新世纪的美学理论研究要面临怎样的境遇与选择？

时代进入到21世纪，美学研究也必须面临新的挑战，必须接受现实生活的询问。作为关注人类生存之理想状态的思想形式，美学，在一个人类日益受技术制约的物化世界，更应该表现出其不可或缺的重要地位。面对美学研究本身的问题，“美学向何处去”成为学者谈论的热点话题。这种情形正是美学研究本身审视自身与谋求新变的合理反应。

实际上，在人类历史的发展过程中，美学随时都在面临着考验。在我国，各种美学问题的提出与探究，几乎总是同社会变革、文化冲突以及各种各样的社会和人生问题相伴，美学在回应社会和人生问题的同时也在寻求着自身存在的合理性解释。值得注意的是，现代的美学研究竭力想借助美学之精神力量，来引导甚至建构现代中国文化和国人的生命活动和生活希望。主宰当代中国美学方向的，始终是一种“审美救世主义”情怀。

而当今的时代是“技术至上的时代”，“技术”不仅改变了人类生活的外在，而且也深深地影响着人的内心世界。在这样一个时代，科技已经具有了某种意识形态的功能，成为某种普遍性的对现实进行思维和整理的方式，这是对包括美学在内的精神科学的根本挑战。海德格尔曾经说过：“如果有一天技术与经济开发征服了地球的最后一个角落；如果任何一个地方发生的任何一个事件在任何时间内都会迅疾为世人所知；如果人们能够同时“体验”法国国王的被刺和东京交响音乐会的情景；如果作为历史的时间已经从所有民族的所有在那里消失并且仅仅作为迅即性、瞬刻性和同时性而在；如果拳击手被奉为英雄，成千上万人的群众集会成为一种盛典……”①这位伟大哲人的猜测已经成为当前无可争议的现实。虽然在这样一个时代，我们仍然生产与销售着难以计数的“文化产品”，有众多的文化产业来表明人类的与众不同。但不难发现，那些所谓的“文化产品”本质上就是技术的产物，是技术至上时代思想与想象方式的结果，从批量化、大众化的文化消费成为时尚生活一部分的那一刻开始，距离对人的生命本身的叩问和反思却似乎越来越远。

这样一个时代给美学研究带来的影响是巨大的。从个体来说，我们已成为这个时代的“技术人”，面对空前丰富的物质财富，守望人类精神的家园却变得荒芜。就像本雅明所言：“我们变得贫乏了。人类遗产被我们一件件交了出去，常常只以百分之一的价值抵押在当铺，只为了换取‘现实’这一小铜板。”②另外，表面看来这个世

---

① 海德格尔．形而上学导论［M］．熊伟，王庆节，译．北京：商务印书馆，1996：38.

② 本雅明．经验与贫乏［M］．王炳钧，杨劲，译．天津：百花文艺出版社，1999：258.

界上的艺术好像无处不在，繁荣地充满了我们的生活场所，但这种艺术的泛化只是表明了艺术越来越工具化，这尤其体现在大众传媒的文化消费上。

不得不承认和正视这样一个现实：美学的古老问题尚未完全解决的现代，美学要面对新的问题。尽管在今天我们用到“美学”这个术语的时候已经在很大程度上远离了它最初的含义，但无论如何，美学都应该去追问人类获取“自由”的问题，特别是在这样一个技术似乎无所不能的时代。

回顾美学在中国的历史，我们不难发现，传统美学在面临重大的社会变革和社会现象时，曾经给了我们许多超越和逃避现实“异化”的乌托邦式的期许，我们也一度认为通过审美自由境界能够实现在现实生活中长久无法获得的真正自由。这种“审美救世主义”从某种理想的人类范型出发揭露了现实的丑陋与无奈，但历史的发展最终见证了这种承诺的虚妄，从而埋下了对美学的怀疑与不满。尤其在这样一个技术能满足人的感官欲望的时代，这种空无更是随处可见。美学能够和应该做些什么？它必须在这个技术至上的时代做出自己的回答。

美学应该首先确立自己的发问方式和范围，这样才能找到自身发问的依据。美学所要解决的问题不是一种美学派别取代另一种美学派别的争辩，美学应该立足于追问人类是否存在一种生存的可能性。它既不是以概念范畴和逻辑推理来获得一个思辨的体系，也不等同于专门以艺术美为研究对象的“艺术哲学”，它是关于诗意在人类生活中创造性角色的基本思考。它由于人的愿意倾听、思考、回答源于存在的呼唤而获得其独立性和重要性。美学要为人类的生存状态的某种可能性提供一种空间，这种生存的可能性就是生命的诗意状态、生命的独立状态、生命的畅想状态。它所关注的是人类生命的真诚与认真。

美学要对人的生存说话，美学要面对个体的存在及人的生命价值。

美学是我们的精神科学，它受我们整个人类思维方式的影响。世界上没有永恒不变的美学信条，但我们相信一个最根本的前提，美学关乎人类存在的精神特异性，从根本上与人的生存的理想状态相关联。从人类整体讲，整个人类是以对自身存在的领悟来获得其独特的规定；从人类个体讲，每个个体总要通过感性存在的独特性和自由性来确定自己的生活方式。因此，人类精神的某种向度是在建构中确立的，美学在这个意义上是维护人的精神的价值向度的一种形式。

在人类的生命结构中，蕴藏着审美活动的最终秘密。缺乏对“人”的深入认识，对美学的真正把握也就无从谈起。所以，美学也就是人学，研究美学实际上也就是取决于对人的真正深入的认识，由于人的不确定性，美学研究的困惑和疑难就显而易见。雅思贝尔斯说得好：“人是一个没有完成而且不可能完成的东西，他永远向未来敞开大门。”事实果真如此，迄今为止，人类的生活已经发生了无数次质的飞跃，但始终没有停止过对“人”自身的追问，关于我们自己，仍然有无数捉摸不定的谜团。那些试图用从一些既成事实中提取出来的关于人的界定，无一例外地在日新月异的新现象面前破碎了。但是，这并不意味着美学理论的一无所有。它让我们认识到，美与人同在，对美学的研究和分析必须也可以在新的生活格局中重新开始。美学作为一种哲学形态，根植于人的生存方式，它必须解答新世纪人类生存面临的根本问题。

无论我们是否意识到，对美的感受总是存在于我们的人生体验中，我们从大自然和社会生活的方方面面得到了最宝贵的馈赠。感受生活的美已经远远超出单纯的维持物种生存的需要，它成为人在自我意识下对存在意义的一种确认和把握。美因此成为人寻求解放的同盟者。这是美学研究的永恒价值所在。美学之所以不能脱离“人”而去构架虚无缥缈的所谓理论，其实质在于美学研究是对生命体验的把握。美学应该从各种伪理性的手中交还给活生生的生命感悟，这也应成为新时期美学研究的历史出发点。在继续大量地引进各种美学体系的生产流水线的同时，我们的美学研究者应该意识到，眼下最需要的，是让我们的美学研究再少一些天马行空的旁征博引和玄虚的高谈阔论，给美学领域一片明净的天空。

美学应该有自己的生存价值，她应该有永远鲜活的灵魂，因为美是人生中所能展现和欣赏的最大奇迹。所以，新时期的美学，既不能像古典美学那样，仅仅满足于对抽象普遍法则的研究，也不能步现代美学之后尘，将自己局限于艺术创造活动之中。它所面临的，是人类的存在和发展。它应该走向更为广阔的地平线，开始属于每一个存在主体。毫无疑问，这是美学研究的希望所在，它的中心不再是下定义，而是关注人生的每个角落的问题。它有必要去分析人生中的各种精神的困惑，有义务让人们通过美学之门而变得充实认真。

人类作为一种拥有非生物指令性的创造性生命现象这一事实，就意味着其存在本身永远不可能脱离“价值”范畴。而在现代流行的美学话语里，对美的追问是与对价值论的“超越”同步的。许多美学文章里充斥的是对别人的批判与“解构”以及莫名其妙的责难，几千年的学术传统可以轻易地被拉出来一顿暴打，有些研究者似乎有一种与生俱来的傲慢，而更有讽刺意义的是，这种傲慢也无法逃过被淹没的事实。问题恰恰在于，这正是研究者自身研究态度及方法的偏颇，归根到底是由于对“人”的忽视而脱离了美学研究的根本问题。回到人自身，去作对生命体验的把握，在更本原的意义上深思人的诗意栖息的可能性，美学才能拥有一份真实，美学的生命力也才会长久。

第三节 可持续发展与审美重塑

科学发展观的提出标志着我们对以往在发展问题上所付出代价的反思，也标志着我们对自然、社会、人类自身认识的深化。科学发展观使我们的战略发展目标从传统的追求“物的增长”转向注重“以人为本”，追求“全面、协调、可持续发展”。传统的美学理论和审美实践对社会和人的发展起到了怎样的作用？审美在可持续发展中充当着怎样的角色？审美在构筑人与自然的关系中应该担当怎样的任务？这些问题将是本节探讨的重点。

一、生态危机与可持续发展的理念

当前人类最为关注的话题之一是“生态”。何谓生态？生态是一个有机的整体，是一个系统，因此又叫作生态系统。生态系统是英国生态学家坦斯勒在1935年提出来的，他认为地球上的生命体与非生命体是一个相互联系、相互影响的有机系统，此后，美国的动物学家林德曼提出生物与非生物之间通过“食物链”建立能量流动与物质循环的规律。苏联的生态学家苏卡切夫提出了“生物物理群落”的概念。这样，经过许多科学家的努力，建立了比较完整的关于生态的理论体系。

生态作为生命的系统，着眼的是生命与生命之间、生命与非生命之间的联系，它强调的是生命的开放性、自组织性与整体性。这是一个层次丰富、动静结合、有机整一、极为严密的复杂系统。地球上的一切包括人都不可抗拒地被纳入这个系统。这个系统的任何部分遭到破坏，它就会失去平衡，其影响波及系统的其他部分。

无可讳言，一个关系到人类命运的严重问题突出地摆在人类面前。这就是：全球性的生态危机。造成这一危机的罪魁祸首不是自然，而是人类。自工业革命以来，人类对自然资源的无休止的掠夺造成了地球生态系统被严重破坏，于是，地球上出现了有史以来从没有过的“生态危机”。其中最主要的有：① 臭氧层被破坏。现已发现，南极上空的臭氧已消失40%～50%，臭氧空洞的面积近于美国国土面积。除赤道外，其他地区的臭氧层也遭到不同程度的破坏。臭氧层的被破坏，使人类无法抵挡太阳紫外线的辐射，严重威胁人类的健康。② 大气污染。地球每天有5600万吨二氧化碳、1500万吨含氯氟化烃排入大气层。光燃放化学燃料排放的废气每年就达200亿吨。③ 水污染。全世界每年有6000亿吨的工业和生活废水排入江海，水面大量被污染。整个地球的水资源，其中96.5%是海水，淡水仅占2.53%，其余为陆地咸水。随着水污染的加剧，人类的饮用水必将成为严重问题。④ 海洋污染。现在全世界每年向海洋倾倒各种垃圾200亿吨，排入海洋的石油达320万吨，石油污染物达650万吨。致使不少海洋生物灭绝，赤潮频频发生。⑤ 物种灭绝。全球每天有140种生物在消失，如果地球环境没有根本性的好转，按此速度发展下去，100年后，现有的植物品种将有30%～70%不复存在。动物品种也同样如此。⑥ 土地荒漠化。现在全世界每年有500

万～700万公顷的耕地在荒废，大片的草原在沙化，昔日的良田在不断地变成不毛之地或成为住宅区。人类的粮食供应将发生危机。除了以上这些主要方面的生态危机外，还有温室效应、人口爆炸、森林锐减等许多生态问题。特别应该提到的是这些生态危机的出现，呈现出整体性、持续性、不可逆转性的特点，对地球的破坏速度明显加快，其状态真令人触目惊心！

在全世界生态危机的背景下，中国的生态危机更为突出，这主要是因为中国人口特别多，底子薄，工业化进程中高科技的含量不是很高，往往是高投入、高消耗、低水平的开发。由于中国是世界上第一人口大国，国土面积大，海岸线长，因此，中国的生态危机对世界造成的影响不可低估。正因为如此，在全球的生态战略中，中国占据极其重要的地位。

我们只有一个地球，到目前为止，我们还没有找到像地球这样同样适合人类居住的星球。因此，地球是我们唯一的家园。保护好这个家园是地球上的所有公民的共同的责无旁贷的使命。在目前地球上的生态平衡被破坏的情况下，尽量减少污染、努力恢复地球的生态平衡则是保护家园的第一要义。为此，各国都以立法的形式采取了种种措施。国际组织也采取了不少积极的行动。1989年7月第15次西方7国首脑会议，第一次以环境问题为主题提出了“地球第一需要——一个更加洁净的地球——的任务采取行动”的口号。1992年6月在里约热内卢召开了有183个国家参加的联合国环境与发展会议，提出了“地球在我们手中”的口号，通过了《里约热内卢宣言》《21世纪议程》《森林问题原则声明》三个文件，以及《气候变化框架公约》《生物多样性公约》的开放签字。这次大会后不久，中国政府集中五十多个部委、三百多位专家，用了一年半的时间制订了《中国环境保护21世纪议程》。这一文件标志着中国政府对保护世界环境的庄严承诺。“洁净地球”这一口号成为全球人的共识，一个保护全球生态环境的行动在全球展开。

可持续发展就是在这样的背景下被提出、被关注的。它的基本含义是：要促进人与自然的和谐，实现经济发展与人口、资源、环境相协调，在谋划发展时要充分考虑资源和环境的承受力，统筹考虑当前和未来发展的需要，既积极实现当前发展的目标，又为未来的发展创造条件，不以牺牲子孙后代的利益获取眼前的发展。这一理念和目标给审美增添了新的使命，审美在实现这一理念和目标中担当了创造与创新的角色。

二、审美与生态平衡

在这种背景下，生态学的研究成为当今的显学。本来生态学是一门自然科学，但是，由于生态问题直接关系到人类的生存，关系到人类生活的方方面面，于是，在生态学的基础上形成了若干与生态相关的学科，诸如生态哲学、生态伦理学、生态政治学、生态经济学、生态美学。

生态美学与通常讲的生命美学有着根本的不同，它着眼于全球生态系统的平衡，而不是仅着眼于人的生命。生态美学以前所未有的宏观视野关注人类家园的保护与美化。生态美学提出生态美这一新的概念。生态美并不等于自然美，严格地说，它不是一种美的形态，而是美的一种基质，一种因子，一种本质性的因子。美无疑是肯定生命的，但是与以往的生命美学根本不同，生态美学说的生命不只是人的生命，而是包括人的生命在内的世界的活力，也就是“适生性”。从目前人们对火星、月球的科学认识来说，它们不具有这种“适生性”，因而按生态美学的观点来看，它们是不美的。

生态美学从宇宙和地球生命的立场去追问美的本质，反对把美的价值归结为人类主体的意志、理想和价值向外在世界的投射，而认为美是人与自然共同的创造，从本质上看是生态的产物。生态美之所以存在，其基础在于构成生态环境诸要素相互作用所达到的和谐运动和良性循环。保持物种的多样性是造成和谐运动和良性循环的基本条件。因此，体现着生态美的自组织进化图式只不过是无数生态因子运动形态的有机结合。正是生态因子的多样性和差异性，导致了生态运动的复杂性，也由此形成了地球生态景观的多样性。任何一个生态因子的片面发展，都会对整个生态系统造成威胁，而整个系统的危机也同样决定着个别生态因子的命运。

生态美学将和谐看作最高的美学形态。这种和谐是最为广泛的，它不只是中国古典哲学所说的精神上的和谐，而且首先是现实的和谐——自然界的和谐以及人类社会的和谐。这种和谐的核心是生命的存在与延续，是生命的网络系统。

生态美学认为，人拥有人的智慧，自然拥有自然的智慧——生态的智慧。许许多多的生命物种，植物、动物、菌藻类都有生存的办法和自我保护的策略，都有着一定的适应环境的智慧，有些智慧的精致和神秘，还远不能为人类现有的科学所破译。自然的美是神奇的，它既可表现为鹦鹉螺的形体那样的外在表象的完美，也可表现为更深沉内在的数理结构逻辑的美。这些美未尝不可以看成生态智慧的产物。自然的进化是一种自组织的进化。在这个过程中，美是自然进化的方向，是自然选择的目的。

生态美学的哲学基础是生态哲学。关于生态哲学，这里有五个与生态美关系密切的问题值得探讨。

1. 部分与整体的关系

这个世界是如何构成的，不同的哲学有不同的回答。按机械唯物论的看法，这个世界像是一部机器，它是由许多部件组成的。拆开就是部分，合起来就是整体。而按生态哲学看来，世界不是一部机器，而是有机的活的系统，它是不能分割的。事物的整体与部分的分别只具相对的意义，不具绝对的意义。离开部分，整体当然不存在，而离开整体，其部分也不成其为部分。

2. 主体与客体的关系

关于世界的构成，我们也经常将它分成主体与客体两部分，人为主体，其他为客体。这种分法突出了人的主体性，是有意义的，它是西方近代主体哲学的体现。这种主体哲学，以主客两分为前提。这种两分，是近代西方哲学的基本视角。主客两分，一是突出了人的主体地位，人为主，物为客，体现了人本主义的精神；二是有利于对世界做客观的考察与分析，强调了科学研究的客观性，从而体现了科学主义的精神。应该说，主客两分是有意义的。但是它也有局限性，主客两分，割断了主客的必然联系，并不符合生活的实际情况。生态哲学的立足点是主客不分。生态哲学认为在生态系统中，没有绝对的主体，也没有绝对的客体，人只是生态系统的一个环节，并非绝对的主体。人类中心主义是不存在的。美国后现代主义哲学家大卫·格里芬说，当代的生态学世界观认为人类的自命不凡不仅是错觉，而且也是毁灭性行为的祸根，“事实上，人种不过是众多物种之一种，既不比别的更好，也不比别的更坏。”①

3. **自然人化与人的自然化**

与主客关系有关的一个问题是“自然人化”。“自然人化”这个观点，出自马克思，其实也不是马克思最早提出的，黑格尔曾提出过。不过，黑格尔说的自然的人化是纯精神性的，是精神的对象化；马克思说的自然的人化是物质性的，是生产实践。自然人化除了生产实践的意义外，还有人自身进化的意义。人原本是动物，是自然的一部分，人通过生产实践使自身脱离了野蛮，文明化而成为人。这也是自然人化的意义。讲自然人化本不错，但如若只是讲自然人化一面，不讲人的自然化一面，就会走向片面，导致人的另一种异化。马克思说过，自然人化固然使人的感觉成为人的，但人的感觉也必须同人的本质和自然的本质的全部丰富性相适应。这就说了两个方面：人的感觉成为人的，是自然人化；人的感觉要与人的本质和自然的本质相适应，是人的自然化。

4. **人的价值与自然的价值**

价值是人看问题的基本出发点，按传统的哲学，只承认人有价值评判的能力和价值评判的资格，也就是说只有人才有价值。那么，自然有没有它的价值呢？我们过去没有考虑过。根据生态哲学，自然不仅也有它自身的价值，而且还有价值评判的能力。美国学者霍尔姆斯·罗尔斯顿就是这样认为的。他说：“野生动物之所以要捍卫它的生命，是因为它们有自己的利益。在它们的毛发或羽毛下，有着一种生命的主体。当我们凝视一个动物时，它也以关注的神情回视我们。动物是有价值能力的，即能够对其周围的事物加以评价。”② 不仅动物有价值能力，整个生态系统都是有价值能力的。

从价值与美的关系来看，过去，讲美是一种价值，这种价值也

---

① 大卫·格里芬. 后现代的科学：科学魅力的再现［M］. 北京：中央编译出版社，1995：135.

② 刘耳. 自然价值与价值的本质［J］. 自然辩证法研究，1999（2）.

只是对人而言的。根据生态美学，美作为价值，不能只是对人的价值，它应是人的价值与自然价值的统一。在美学史中，明确承认自然有自身价值的观点还没有，但相近的说法也还是有的。如歌德认为，美在完善。歌德说的完善是事物的形式合乎事物本性的意思。歌德举例说，生长在过于肥沃或过于贫瘠土壤上的橡树都不是完善的，只有长在既不过于肥沃也不过于贫瘠土壤上的橡树才是完善的。这就隐含自然物也有它自身价值的思想。

5. 整体上动态平衡

生态哲学认为，整个世界不是一个动态的平衡系统，任何具体的实在都处于动态的进化过程中，每一事物的进化过程或许会出现不平衡，但整个系统是趋向平衡的。所有的系统都具有自组织的进化功能，自组织进化趋向于有序的秩序。自然界在进化的过程中，它们之间存在极其复杂的关联；在人类对其干涉不那么显著、严重时，它具有整体的适应力与恢复力。

生态哲学是生态主义的理论基础。生态主义是堪与人文主义、科学主义相提并论的一种文化主义、一种价值、一种思维方式。这三种文化主义其实也是相交叉、相渗透的。相比较而言，生态主义的兼容性更强，它无疑有科学主义的内涵，但不能归结到科学主义。生态主义的终极关怀是人的命运，因此，骨子深处是人文的。

建立在生态哲学基础上的生态美学，严格说来不是众多美学的一种，而是一种视角，一种基本的视角。这个视角的基本点是重建人与自然的亲和关系。说是重建，是因为这些年来，这种本来存在的亲和性遭到了严重破坏。人和自然的富有美学意味的亲和性，海德格尔曾经天才地预想过。他提出“居住”与“拯救”的思想既是哲学的，又是美学的。海德格尔认为，“居住不只是住下来，还含有珍爱、保护和经营的意义，正像人的耕种土地和栽培葡萄。居住就是营造一个空间，在这个空间事物能够展现自己的本性，自由自在地生长”，这种思想与中国道家的“以物养物”“以鸟养鸟”很相似。居住是人类在大地上的存在方式。在人与自然的关系遭到严重破坏的背景下，重返大自然的怀抱，重返自己的本根，“诗意”地与大自然亲和相处，友好地“对话”，是人类唯一的“拯救之路”。

三、审美与人的自然化

人和自然有深厚的感情。陶渊明说过："久在樊笼里，复得返自然。"杜甫说过："我生性放诞，雅欲逃自然。"刘禹锡游九华山，有"奇峰一见惊魂魄"的诗句，盛赞它是"造化一尤物"。德国诗人、美学家席勒在《素朴的诗和感伤的诗》一文中，从理论上指出了诗人和自然的亲密关系。他说：人对于自然，总是充满了爱与尊敬的感情。一个具有优美感情的人，只要他在明朗的天空下散散步，就能体会到这一点。至于诗人，更是一直从自然那儿得到灵感，即使在现在，自然仍然是燃烧和温暖诗人灵魂的唯一火焰。

人和自然的关系，应是一种和谐、平衡的状态。随着人类逐步远离自然母亲而被封闭于水泥丛林中，人越发感觉到了自然的价值和意义，引发了一轮又一轮的保护自然的热门话题，同时，对技术进步、向自然进军的世界观提出了质疑。实际上，这不仅是一个可持续发展的问题，而且是一个完整的人类家园问题；它不仅关涉人类的物质生存，而且关涉人类的精神世界。保护自然家园以保护人类自身，在人化自然的同时实现人的自然化，在21世纪将更为突出。于是，在不断自然人化的同时实现人的自然化，就成为21世纪的重要课题。

如果说在20世纪以前科技相对落后的世纪里，人类生活的重心主要是向自然索取，那么经历了20世纪的惨痛教训，21世纪人类生活的主题将离不开人对自然的善待，而且这一主题将越来越突出。在这种情况下，审美理论和审美实践就要把培养人保护自然环境、维护生态自然、人与自然友好和睦作为目标，把自然作为人安居乐业、休养生息的美好环境来对待。这应该成为当代审美在可持续发展中充当的角色。

1. 培养人对自然景物和景象的欣赏意识

自然景观不仅有利用价值，还有欣赏价值。人不能仅仅从利用方面来看待它，而且要从欣赏角度来看待它。以利用价值来看待自然景物，必然把它当作满足人的欲望的工具，而从欣赏的角度来看待它，它就成为温暖人的灵魂的对象。

在21世纪，人仍然要把自然景物和景象作为欣赏、欢娱的对象，寄情山水、投身于大自然的需求将更加旺盛，和自然更加亲近，所以，景观一词在目前得到了较高的使用频率。可以根据不同的分类标准，把景观分为不同的类型。例如，从人类开发利用和建设的角度，可分为自然景观、园林景观、建筑景观、经济景观、文化景观；从时间的角度，可分为现代景观、历史景观；等等。但人们往往根据景观受人类活动影响程度的多少，将景观分为自然景观和文化景观两大类型。自然景观即天然景观，是指那些只受到人类间接、轻微或偶尔影响，原有自然面貌尚未发生明显变化的景观。如极地、高山荒漠、沼泽、热带雨林以及某些自然保护区等。文化景观也称人文景观或人为景观，是相对于自然景观而言的，是指那些在人类活动直接影响和长期作用下，使自然面貌发生明显变化的景观。文化景观是地球表面文化现象的复合体，它反映了不同区域的地理特性。人们往往能够从一幅风景画所表现的田野风光、建筑、人物、服饰、交通工具以及道路、店肆等所构成的复合体认出它是什么地方。

在21世纪，景观在人类生活中的价值，将体现在两个方面。①旅游。旅游是生活、居家之外的活动。旅游能满足人们回归自然的需求，旅游事业在21世纪将获得更大的发展。从生活环境方面来看，越来越多的人聚集在城市中，居住在钢筋水泥建造的丛林里。城市环境日益恶化，破坏着由人类自己建造的生活环境。在车水马龙的人造世界中，人们清晨听不到鸟鸣，看不到蔚蓝色的天空，更嗅不到绿意葱茏的大自然的芳香。于是，人们渴望回归大自然，感受大自然环境的清新。而到森林、海滨、河流、山川中去旅游，亲眼观看大自然的美丽景色，沐浴在大自然的清新环境里，投入大自然绿色的怀抱中，就正好能够满足人们的这种回归自然、回归本性的愿望。②景观房产勃兴。景观房产的含义是：景在房群中，房群在景中，景因房群而显灵性，房群因景而凸现优美。就像房产广告说的："城市里的自然山水。"景观房产，界定了生活、居家之内的活动。住宅是一种特殊的商品，其商品属性中具有"人格化"的内涵与"亲和力"的概念。从我国古代开始，人们就自己建设家园，希望在日常的起居中获得与大自然的亲近，中国住宅的古典园林与后花园就是较为成熟的景观住宅模式。随着社会的发展，工业化与城市化的进程加快，使得人们起居生活在钢筋与混凝土的丛林里，远离大自然，出于对自然景观“与生俱来”的亲和力，人们要求寻求一切与自然亲近的机会。在经历了极度的现代化洗礼之后，住宅建筑本身要求重新回归与自然的和谐与统一，因此，景观房产的产生是一种住宅建设发展的趋势与自身更替的要求。人们对居住空间、居住环境品质的需求不断提升，回归自然的愿望日益强烈，人们不仅需要一个可以遮风挡雨的“家”，还要求住房有“园”的感觉，即在家居范围内放松心情，回归自然。因此，随着人们生活水平的提高以及“以人为本”概念的社会渗透，以人文关怀与回归自然为主题的景观房产的市场前景也日益广阔。

旅游、景观房产的发展走势所体现的，都是从观赏角度对待自然，强调自然的大于实用的意义。这种意义的实现是现实生活发展的必然，它更需要通过审美活动来培养。

在历史上，对自然景观价值的认识，有不同的形式。

（1）从道德功利的角度来理解。认为自然可以比人的德，使人把对道德的追求转化为对自然的追求，在自然中找到道德的印证，以显示道德的无限性和可亲性。战国时期伟大的诗人屈原，把兰虔诚地奉为君子，深情地誉为美人，甚至要忘情地“纫秋兰以为佩”“浴兰汤而沐芳”“朝饮木兰之坠露”等。孔子把自然景观和人的品格相比附，发现了它们“异质同构”的特点。他说：“智者乐水，仁者乐山。”智者之所以乐水，因为水有“动”的特点，可以比智者的德：水有深有浅，浅可流行，深者不测，而智者却捷于应对，敏于事功。仁者之所以乐山，因为山有“静”的特点，可以比仁者的德：山阔大宽厚，可以使草木生长、鸟兽繁衍，财用增殖。仁者能够宽厚得众、稳重沉着，老吾老以及人之老，幼吾幼以及人之幼。孔子还说，君子看到大水，一定要前往观看。因为水可以看到君子的美好品格；它滋润万物而无所私，似德；它所到之处给万物带来生机，似仁；它由高向低流，舒缓湍急皆循其理，似义；它奔腾澎湃，冲过千山万壑之间，似勇；它有深有浅，似智。屈原、孔子把自然景观和道德品格相比附，是一种道德观念的“外化”，以自然美作为媒介使道德变成可观、可赏、可以体验把玩的对象，使人在对自然景观的崇敬和亲近中获得自然的切近感和道德情感的陶冶。这种思路在中国传统艺术中，体现为对梅、兰、竹、菊的欣赏，对松柏、莲的礼赞，它至今还是道德教育中常见的方法。自然从道德价值而言不仅是使人可亲，而且它不断地激发人的情感，给人以崇敬之感。康德认为，自然连接着无限性的道德律。他说：“有两种伟大的事物，我们越是经常、越是执著地思考它们，我们心中就越是充满永远新鲜、有增无已的赞叹和敬畏，那就是我们头上的灿烂星空和我们心中的道德律。”大自然充满了神性的光辉，作为终极性存在的道德律和它是一致的。康德从道德的角度提升了大自然的价值，又从自然的神性中发现了道德律的永恒性。

（2）从审美角度来理解。大自然的鸢飞鱼跃、草木向荣，云蒸霞蔚、景象万千，它本身就能使人对自然生机进行体验，在这种体验中应和自然的生命，光大人的个性，陶冶性情，使人心情舒畅、忘我忘物、怡然自得。

《世说新语》载简文帝入华林园，顾谓左右曰：“会心处不必在远，翳然林水，便自于濠濮间想也。觉鸟兽禽鱼自来亲人。”会心就是人对自然的心神领会，就是和自然的相通。

王维《辛夷坞》诗曰：“木末芙蓉花，山中发红萼，涧户寂无人，纷纷开且落。”在花的开落的瞬时中，使人体验自然生命的永恒。宗炳说：“山水质有而趣灵。”山水的灵性使人陶醉，使人留连忘返。晋人有“目送归鸿，手挥五弦”之说。郭景纯诗云：“林无静树，川无停流。”他们所说的都是这个意思。这种体验，是人和自然的精神交流、沟通。在这个过程中人用自己的精神光大了自然，同时，自然以其无言、无欲的生命提升了人的精神。

21 世纪的审美教育和审美实践要培养人对自然的热爱，需要从道德和审美两方面来进行。这两方面是互补共进的。

2. 培养人身心节律与自然节律相吻合呼应

人类起源于自然，又依赖植物而生存，绿色植物与人类不断地进行着物质和能量的交换，地球上的森林绿地每年可为人类吸收处理掉近千亿吨的二氧化碳，而空气中60%的氧气，又是靠森林绿地提供的。因此，人类和绿色结下了不解之缘，绿色成了生命力的象征。城市的发展，给现代社会带来了长足的进步。但是，这种进步是以牺牲生态环境为代价的：人类对自然资源的盲目掠夺性开发，使绿色植物大为减少，从而带来严重的环境灾难。巨量的垃圾堆积和严重的环境污染，使居民的健康状况受到危害。在这种生存状况中，人们认识到，缺乏绿地是一种城市危机，因而，一些发达国家提出“回到大自然中去”的口号。园林绿化能够给空气污浊、噪声喧哗、建筑密集的城市带来新鲜、清洁而富有生命力的环境，改善居住环境的小气候。据测定、分析，居住区绿地内比不绿化的空旷地的对照点，在夏季降低气温1.3～8℃，可减尘4.24%～27.2%，可减菌29%～65%。花木地带空气中的阴离子积累较多，有利于高血压、神经衰弱、心脏病人恢复健康。绿色植物还有一种奇妙的功能，对人的心理有镇静作用，使中枢神经系统轻松，并通过中枢神经系统对人的全身心起到良好的调节作用。经常处在优美、安静的绿色环境中，能使人的皮肤温度降低1～2℃，脉搏每分钟减少4～8次，呼吸慢而均匀，血流减慢，心脏负担减轻。同时，人的嗅觉、听觉和思维活动的灵敏性得到增强。此外，鲜花对人的健康是非常有益的。浅蓝色的鲜花对发烧病人具有镇静作用；红色的鲜花能增加病人的食欲；茉莉花的芬香能使人消除疲劳；绿色的花叶，能吸收阳光中的紫外线，减少对眼睛的刺激。“绿视率”的理论认为，如果绿色在人的视野中占到25%时，能解除眼睛和心理的疲劳，可使人的精神和心理最舒适。

从色彩学的角度来说，绿色本身就是一种安静的颜色，它能够使人安详、平静。康定斯基说：“由于组成绿色的色彩是活跃的，并且具有其自身的运动，因此，我们甚至可以在理论上根据这种运动确定（或假设）它们对精神的作用。”“纯绿色是最平静的颜色，既无快乐，又无悲伤和激情。它对疲乏不堪的人是一大安慰和享受……绿色是夏天的颜色，夏天大自然已由春天的万物争荣转向了平静。"① 从联想的意义上说，绿色能使人联想到如茵的草地、茂密的森林、平静的湖水……它对精神休憩的价值是很大的，无怪乎陶渊明在弃官归来、返回自然时，写下了"开荒南野际，守拙归园田"的诗句。它表达了陶渊明从宦海中回归大自然怀抱的惬意心情。

今天由于城市拥挤、现代生活的紧张而引起的城市生活的窒塞心理，会因由于接触自然环境而有所弥补。城市花园里植物种类的繁多会给人以多种质感，如草地总是像地毯一样宜人；墙上的蔓萝以其自然有趣，使冰冷的钢筋混凝土或砖石的建筑造型得以打破它的单调感，并增加建筑物的层次感和色彩感，以及空间环境的开阔感。各种植物随着季节的变更、朝夕的变化、风雨的浸润以及本身生长期间长期的代谢、姿态的变化等，给人以生机变化的美。水池山林、植树栽花使环境陡增姿色，给城市一个清新的面貌、一个健全的生态系统。而这个生态系统和人的生命节律是一致的。

自然有春夏秋冬，人有生老病死。人的生命和自然是同构的，这既是哲学观念，也是科学事实，还是文学艺术的表现方式。从哲学观念上来说，无论中国还是西方，都有着人和自然对应的观念。《周易》有"天行健，君子以自强不息"的话，君子的进取就是以自然之道为依据的。中国人把自然的阴阳五行和人的五脏进行对应比附，产生了中医理论；西方人认为自然是有生、老、病、死的，其早期的巫术、现代的文学艺术批评中都反映了这种观念。从科学的角度来说，人体是自然的产物，它适应自然的运行规律。大自然的风雨晴晦、四时变化，都会在人的心理和生理上发生作用。宋代画家郭熙说："君子之所以爱夫山水者，其旨安在？丘园养素，所常处也；泉石啸傲，所常乐也；渔樵隐逸，所常适也；猿鹤飞鸣，所常亲也。"（郭熙：《林泉高致·山水训》）人的身心节律和自然的节律是吻合呼应的。

21 世纪的审美教育和审美实践，不能仅仅局限于艺术领域。要充分发挥环境的审美教育作用，使人在优美的环境中、在生活环境中达到自然和生命节律的统一。城市环境美把人类所取得的科学技

---

① 康定斯基．康定斯基：文论与作品［M］．北京：中国社会科学出版社，2003：34－35．

术和文化艺术成就凝结在人造的环境中，使人通过感知和活动，和生命的节律达到一致，丰富个性意识。

一个良好的外部环境应该具有不受侵害的物理条件（温度、湿度、噪声级）和正常活动的个人空间、公共空间（减少感觉信息过载和保持适当的人际距离）。丰富多彩的生活环境可以提高人的感受力，调剂人的心情。如空间布局的明晰可以形成秩序感，使人容易把握环境而增加安全心理；建筑空间的开合，视景的分隔与联系、调和与对比可以形成不同的节奏韵律，伴以不同的色彩和质感从而丰富人的情感体验；阳光、绿地和水流可以使人获得安逸和松弛，感受清新的气息，恢复生命的活力。它能够培养人的审美感受力，丰富情感体验，从而造成心理功能的和谐。

人是通过行为接触环境的，人首先要对环境进行探索，以便对环境进行适应。人与环境的相互作用是以人的各种行为表现出来的。环境刺激可以引起人的接近或回避反应。在形成人的行为动机时，环境的影响会造成一种环境压力，对人的欲求产生调节和平衡作用。例如，一个清洁有序的环境就给人一种暗示，使人保持其清洁的秩序；在城市的广场和绿地中，可以促进人际间的交往，结构的自由布置可以使人们自由地交往。

陶渊明的田园之梦，对生命和自然节律的统一的培养，具有永恒的价值。郑板桥在描写一个理想的民间院落时说："十笏茅斋，一方天井，修竹数竿，石笋数尺，其地无多，其费亦无多也。而风中雨中有声，日中月中有影，诗中酒中有情，闲中闷中有伴，非惟我爱竹石，即竹石亦爱我也。"① 这也是自然节律和生命节律相统一的佳例。但是，在21世纪的城市化过程中，它们只能属于历史的记忆，而不是现实的存在。在21世纪生命和自然节律的呼应，是在包含了现代科技革命内涵的城市生活背景上进行的。这就需要在更广大的范围内进行审美教育和审美实践，实现人和自然的统一。

3. 审美在构筑人与自然的关系中担当的任务

人的自然化不是一个全新的命题。庄子就高扬"回归自然"的

① 宗白华. 美学散步［M］. 上海：上海人民出版社，1981：64.

理想，要克制人欲，以自然的“无为”为法，逍遥游于天地自然之间，是人的自然化；法国思想家卢梭也提出了这一口号，并成为近代浪漫主义的先导。人的自然化是人的自我意识的再觉醒，是人向自我的更高层次的回归。因此，从本质上说，人的自然化是人与自然的解放——使人与自然成为自身并向自身生成。由此，人与自然之间不再是单纯的主客体关系。作为实践的对象，自然是客体，但自然也是主体，它有自身内在的尺度。人是实践的主体，但同时也是自然的一部分。所以人必须尊重自然的尺度，必须学会走向自然。人的自然化使人与自然间的亲缘关系得以恢复，从而自然不仅是人的衣食之源，而且也是人的精神之源——在向自身的生成中，自然与人真正实现了统一：自然成为人的真正生命力的象征；人恢复了自然的对象和自然的感觉并在自然中关照到自身的真正生命力量。这样，人才能克服分离状态而作为整体的人全面呈现——人与自然合一，人的自然性与社会性合一，人与自身合一。这种合一，实质上是规律和目的的高度统一：“就主体看，人的尺度要体现目的的要求，应是体现了目的的尺度；就客体看，自然形式要表现规律，是显示规律的形式。这样，主体尺度和自然形式的统一就是主体目的和自然规律的统一的体现。”①

在认识上、伦理上建设的同时，对自然的热爱离不开审美教育和审美实践，审美培养和涵育人与自然之间的亲切情感。西方现象学美学家杜夫海纳批判技术的强暴性，力倡审美对人和自然统一的意义。他认为，当人欣赏艺术作品时，艺术品就成为审美对象，它自身就能够自动地和人进行对话，向人展示其无尽的有关人生、存在的意义和真理。在这个过程中，欣赏者也参与了存在的命运，他在艺术品中丧失了自身又得到了自己，他发现自己进入的艺术品的世界同时也是自己的世界。“这样他就认识到，他所是的存在现象和宇宙论现象同为一体，人性乃是他和现实所共有，现实和他在同一个先验体现在他们二者身上并用同一道光照亮他们的前途下属于同一类。于是一时间，他感到自己与现实是调和的，感到自己是清白

① 杨恩寰．美学引论［M］．沈阳：辽宁大学出版社，2002：157.

无辜的。”①

像婴儿和母亲之间的关系一样，人和自然本来是统一的。当文化割裂了这种原初的统一之后，人类就在审美的条件下和氛围中来保持和重建这种原初的联系，获得本我的愉悦。“人们接触大自然时突然兴起的审美态度可以说是人与自然这种原初连续的无意识重建，而艺术则是人类有意识地保持和重建人与自然的原初连续的一种形式。艺术借助其物质性的自然媒介恢复我们同自然的原初连续。”②这种原初连续，接近中国哲学所谓的“天人合一”，审美教育使受教者去除欲望，从个体性的需要、情感中超脱出来，升华出超越功利的、普遍性的情感，以它来对待自然，而不是单方面地对自然的摄取。这有利于人与自然的和谐，对保护环境、维持生态平衡具有重要的现实意义。

四、审美与保护自然家园

在21世纪，自然家园的保护，必然作为人类生活中的突出主题。要实现这一主题，审美实践特别是审美培育将发挥重要的作用。

1. 以自然景观的生命形态和人类生存的优美环境，化解和节制人的欲望，转换人的观念，使人从欣赏的角度来对待自然，保护自然家园

以浮士德精神为特征的近代精神表现为不断的进取和追求，这一过程实际上就是财富的几何等级增长过程中欲望的无限膨胀，因此，环境污染、自然家园的破坏，都和人的欲望膨胀相关。在通过守法、社会组织的形式保护自然，以国家和社会理性的方式善待自然的同时，培养人对自然的亲切感情，就是把外在的规范转化成内在的情感要求。

这种审美培育主要体现在自然环境和居住环境两个方面，要充分发挥城市自然景观的审美作用。在社会发展中保护并不断开拓城市自然风景地区，并发挥其特色。不能因为城市的发展、用地的缺乏等而丢掉城市的自然特色，防止杂乱的建设、缺乏规划或者水平

① 杜夫海纳．审美经验现象学［M］．北京：文化艺术出版社，1992：598.

② 叶朗．现代美学体系［M］．北京：北京大学出版社，1988：180.

不高的规划对城市自然特色的破坏。如要避免在风景区大办工业、砍伐林木、破坏景观、切断或污染水源、填没一些有风景价值的河流水面等。特别要避免为发展旅游业，在风景名胜区内建造高层旅馆，破坏自然景观。美国旧金山中心区的高层建筑遮挡了原有美丽的山峦的自然轮廓线，每为论者所惋惜，这些历史的经验都值得重视。

2. 以艺术的生命精神，涵化自然人化和人的自然化，落实为人的精神境界的提高、自然家园的建设

审美活动以社会实践为基础，实践活动体现着人的内在尺度，连通着人类社会的可持续发展，以及自然家园的保护。建立在实践基础上的审美活动把这种尺度转化为有生命意味的形象。反过来，作为有着生命意味的形象，作为审美培育媒介的艺术作品，必然要体现规律和目的的统一、真和善的统一，表征着社会历史的发展和人类文明的生成。

席勒以弥合自然与人、感性与理性之间的双峰对峙为基本哲学问题，认为审美是从感觉的被动状态到达思想和意志的主动状态过程中的一个不可缺少的桥梁。席勒指出：人类的审美冲动创造了游戏和外观的愉快的王国，在这里没有强制的东西，人和自然、感性和理性完全融合为“审美的外观”“活的形象”。艺术使人的想象力处于一种不受任何约束的自由自在的状态，仿佛游戏一般。陶醉在艺术和自然审美中的游戏是不同于其他游戏的特殊游戏，在这种游戏中想象力创造自由的形式，它完全同自然需要的枷锁割断了关系，摆脱了动物性本能的桎梏，使想象力在自由的活动中自然地符合了理性的要求，使人在这种游戏中处于一种高尚的情感快乐中。这种快乐既是感性的又是理性的，既是个别的又是普遍的。所以审美及审美培育是实现人性的完整自由的根本途径。

席勒从理论上解决了美育和艺术教育对完整的、和谐的、全面发展的人的培养问题。我们认为，全面发展的、高尚的人，是自然家园建设的必要条件。天地万物的自然美，不是毁弃机械文明所达到的，而是在自然人化和人的自然化相统一生成的社会历史中达成的。

因而，社会历史生成必然包含两方面的内容：一方面，自然人化——物质对象放弃粗陋的存在形式，变成人的实践力量的形式，变成人自身的自然状态向人的文化状态的生成；另一方面，人的自然化——人向自然的回归和对当下的超越，但并不是向人的原始蒙昧状态的回归或无条件的超越，而是在自然人化与人的自然化之间所形成的张力中，回到人的自然本性并达到对现实的超越，实现社会的文明进步，实现人和自然的和谐统一，实现人类社会的可持续发展，实现人的素质的全面发展和提高。

虽然在中国的老庄、山水画及田园诗中，以及西方的思想成果和艺术现象，不乏对人的自然化的呼吁、对人类文明破坏自然的痛心，以及在自然家园中的安逸、稳定、终极意义上的幸福，但是，由于在近代以前，人类在“自然人化”的过程中对自然的破坏程度相对较轻，这一问题尚不突显。近代以后，在自然环境遭到破坏、人类家园受到威胁的情况下，“人的自然化”理论显示出了它的重要性。从这一世界观来看，人与自然的和谐即人适应自然，同时自然适应并满足人，是这两者的统一。就可持续发展而言，人与自然的和谐是有方向性的，它是自然适应人而不是相反。从一定意义上说，自然适应人也包含着人适应自然的要求：因为人只有尊重自然规律，充分考虑自然的发展，才能使自然满足其自身的需要。要使自然适合人的生存发展，必须对其进行改造，只有改造与保护相结合，在改造自然的同时保护自然，才可能有人与自然的协调发展，才能真正促进人与自然的和谐。人的自然化的目的在于消解“自然人化”的片面性，对它进行必要的补充。但对自然人化片面性的消解和补充，并不是要完全抛弃自然人化，彻底否定实践，不是要毁弃工业文明，回到无知无识的自然田园。例如，在现代城市中，大片的绿地、树林成为人们必要的生存环境。但是，绿色也不是绝对的：同是植物绿色，在古代中国的农业社会并不以为美，因为蓬蒿满地、杂草丛生，意味着田园荒芜。北京故宫没有一片草坪。“绿满阶前草不锄”是文人出自一种逆反心理的雅趣。农民至今喜欢把自己的庭院打扫得寸草不生。只是在人口向工业城市大量集中以后，人们认识到植物对调节气候、净化环境的独特功能，“绿化”才成为美化环境的手段，才成为人们强烈的追求目标。对自然的追求，是“人化自然”达到一定程度的结果，它不能脱离“人化自然”，是自然的人化必要的物质基础和条件。

因此，人的自然化也必须以实践为基础。因为实践贯穿人类历史的始终，它本身即蕴涵着人与自然的最终统一，它的意义是在更高层次上扬弃人与自然的分离关系，实践不仅是达到目的的手段（中介），而且就是目的本身，是人的能力的一种有意义的表达。所以，人的自然化必然要求作为人的“感性活动”的实践彻底贯穿，表达在人的存在及人与自然的关系中就是：一方面要借助实践，不但根据人的尺度，而且从物自身固有的尺度出发，使自然从被占有、被破坏的困境中解脱出来，不仅向人生成，也向自然本身生成；另一方面，人向自然（外在自然与内在自然）的回归，既要去除过分的人化痕迹，全面肯定人的感性，使人立于现实与社会，又要超越人当下的现实性、社会性，不为物所役而趋向简明、自然。由此，作为人的自然化的结果，自然与人都直接的是其所是。所以，人的解放与自然的解放才真正构成了人与自然的统一。

第四章　审美积淀

第一节　审美视野

本节将探讨审美情结中的核心问题——美感。

美感的形成是在审美活动和审美实践中长期积累之后沉淀下来的精华，是人类情感中最美好的情结，是人心灵的和谐。

美与美感本不可分，没有美感就没有美，没有美也无所谓美感。不过，从逻辑上看，美感是审美活动中主体的心理状态和心路历程，美则是审美心理过程的结晶或果实。我们这里所讲的“美感”取广义，包括审美感受、审美意识，其主干是审美情感。

一、审美情感

1. 审美情感的重要性

在“知、情、意”三分法中，对应于审美文化领域的心灵能力是“情”；当然，确切些说是“感性”，包括表象直观和情感体验。事实上，审美活动中的情感与表象是不可或缺的两维，表象发展出美的形式，情感（广义，常指以特定情绪凝结在一起的各种心理内容）一方面构成美的意蕴，一方面还制约着美的形态的生成——使之在现实物象的基础上变异乃至重新组合。

诚然，人类所有的文化创造都需要情感，但情感在不同文化领域中的地位大不一样，追求真理需要热情，但科学活动一般只需要情感作为动力，在研究结果中则尽量排除情感成分，以期客观公正。道德活动中情感的地位相对突出一些，它被看作是维持某种人伦关系的纽带，不过道德旨在建立人的族类内部的秩序，群体性的利益压倒个体性的需求，所以情感在一定范围内又不能不受到贬抑。只有在审美活动中，情感不仅是活动展开的动力，不仅参与评价对象，而且最后与对象凝为一体，构成美的形象本身。在这种意义上可以说，审美王国是情感的王国。

中外很多美学家、艺术家都极为重视情感。《乐记·乐本篇》写道："凡音者，生人心者也。情动于中，故形于专声；声成文，谓之音。"先人已认识到，音乐实际上是情感的形式化表达（情形于声，声成文）。魏晋南北朝时期，陆机提出"诗缘情"说，刘勰强调情感是"文之经"，在理论上确认了情感在文学中的基础地位。应该承认，不同艺术形式中情感参与的状况不尽相同，例如尼采所谓的酒神艺术较之日神艺术一般说来情感更为浓烈。尽管如此，表现情感仍是所有艺术形式的共同特性。罗丹认为："绘画、雕塑、文学、音乐，彼此的关系比常人所设想的更要接近。它们都是表现站在自然面前的人的感情，只是表现的方法不同罢了。"① 列夫·托尔斯泰更是从艺术世界的整体立论，认为艺术起源于一个人为了要把自己体验过的感情传达给别人的需求，他甚至将能否引起欣赏者的共鸣看作区分真假艺术的标志。

即使在狭义上把握情感，将它看作主观感动的形式，也无可否认情感是审美诸因素的黏合剂。优秀的艺术品之所以没有一处是多余的或游离的东西，就在于真挚的情感流注于有时看似散漫零乱的意象之中，使之凝为一个整体，温庭筠写下"鸡声茅店月，人迹板桥霜"的诗句，罗列的事物各自独立，由于凄清情调的贯串而形成和谐统一的审美意象。

2. 审美情感的复杂性

在心理学中，感情的研究一直是一个相对薄弱的领域。到目前为止，人们对感情发生的生理机制、心理过程仍不甚了了，有的论者干脆把感情称作"一种黑暗的感觉"，有的论者则愤愤不平地把它比作"灰姑娘"，虽然常被人们驱遣却不被重视。应该说感情研究的落后状况主要由研究对象本身的复杂性所致，感情的发生兼容生理与心理、本能与偶得、自然与社会诸因素，不像认识外部现象那样具有确切的逻辑形式和物化（符号）形式。

对于审美情感，人们更是觉得难以把握。莱布尼茨认为："鉴赏

① 罗丹．罗丹艺术论［M］．北京：人民美术出版社，1987：79.

力和理解力的差别在于鉴赏力是由一些混乱的感觉组成的，对于这些混乱的感觉我们不能充分说明道理。"① 在他看来，美感是无数微小感觉的结合体，这些微小感觉在结果上产生的效力，比我们想象的要大，形成的印象在全体上是明晰的，在部分上就很难分析了。别林斯基也认为，审美感是构成我们人类天性内在本质的虚无缥缈的不定型的感情，它"震撼诗人灵魂犹如微风吹动风神琴一般"②，的确，当我们把心灵的构成也看作云与钟的统一的时候，情感是属于云一侧的。

把握感情之难不仅在于它本身缥缈不定，而且在于它与意识（知性）在心灵统一体中含有矛盾关系。感情与知性不在同一层次上，它不能直接为意识所反映，往往是朦胧而不可名状的。人们力图通过切身体验描述它，可是当有意识地要将自己某一顷刻的感情定格而加以考察时，心灵便理智化，作为对象的感情即时隐遁或至少是变态了，这就产生了严重的"测不准"问题。无怪乎实验心理学界对人类的感情活动作了艰难的探索，现有的一些成果远远不能圆满解释各种感情现象。

3. 情绪与情感——审美情感研究的切入口

此处有必要将情绪与情感区分开来。我们将感情看作二者的总称，情绪和情感属于同一感情性活动过程的两面，情绪是较为原始的方面，情感是文化的方面；情绪是机体的感觉，情感则有观念的因素；情绪是抽象的、形式的，情感则是具体的、充实特定内容的。情绪为人类与部分动物所共有，情感可以说唯人类才具有。对于人类来说，情绪与情感仿佛一枚银币的两面，实际上不可分离。

仅就情绪而言，正如黑格尔指出的，它"纯粹是主观感动的一种空洞的形式"，"在这主观感动里面，具体的内容消逝了，就像跻在最抽象的圆里的一样"③。东西方思想界对情绪有近似的类型划分，主要指兴趣、愉快、惊奇、悲伤、厌恶、愤怒、羞愧、恐惧和

① 北京大学哲学系美学教研室. 西方美学家论美和美感［M］. 北京：商务印书馆，1980：84－85.

② 别林斯基. 别林斯基选集：第3卷［M］. 上海：上海译文出版社，1979：11.

③ 黑格尔. 美学：第1卷［M］. 北京：商务印书馆，1979：41.

轻蔑等形式。其中我国古代的“六情说”归纳得非常精要，以“喜、乐、好”为肯定性情感，“怒、哀、恶”为否定性情感。然而这种划分不能成为区分人类情感类型的基础，至少在功利领域和道德领域，它们都是所共有的形式。情绪形式也许犹如造物主在人类身上安放的一张六弦琴，它形成变化万千的曲调的关键在于被以何种方式弹拨。因此，区分情感类型首先必须考虑情感的指向领域，这样才有可能抓住各类情感的一般性质和特点。

就人类的活动领域来看，我们可以把人类情感区分为功利感、理智感、道德感、宗教感和审美感五种基本类型，它们与人类的心灵结构的诸方面基本上是对应的。

二、人类情感基本类型剖析

1. 功利感

这是一种从人的感性需要出发，指向感性客体的情感，它一般以意欲占有的方式表现出来，其内在特质在于趋利避害，其表现特征为反应直接、或即或离。由此形成正负两极：肯定形式表现为欲占感，见到美食，想吃，见到美色，想娶，只要是能满足自己感性需要的东西，就想据为己有；其否定形式表现为恶拒感，凡是见到威胁或不适于己的东西，都想排除它或逃避它。功利感异常丰富，七情皆具，其正负两极恰好体现了“欲、恶之两端”。它主要是基于人的生物本能而存在，“食、色，性也。”在这里，人的生理欲望几乎压倒一切，人“沉湎于肉体之中，局限于感官之内的快感，就使我们感到一种粗鄙和自私的色调了”①。人的功利感也有社会性，食欲、性欲等已不同于动物的类似感情，后者的发生完全是基于本能，前者则含有观念因素；并且，金钱欲、权力欲等也属于功利感，已经具有较多的精神性品质，几乎为动物所没有（高等动物，如狒狒，只有权力欲的萌芽）。

应该承认，功利感是人类社会进步的最直接的驱动力，社会的经济杠杆正是通过人们的功利感而起作用，在现代社会，正视功利尤为必需。我国古代长期存在着“义利之辨”，论者多扬义抑利；其

① 桑塔耶那．美感［M］．北京：中国社会科学出版社，1982：25.

实二者同样重要。利是事物对人的感性需求的直接满足，体不得利不能安；义是人认为自己所当履行的价值观念，心不得义不能乐；利与义的对立和统一构成个体的现实人生。俗谚说："人为财死，鸟为食亡。"这反映了一种可悲的但很普遍的情况，许多人成为功利的牺牲品。理智感、道德感等使人能从功利感中超拔出来。

2. 理智感

理智感是人在进行智力活动时所伴随的情感体验，指向对象的抽象的本质和内部联系。理智与情感本来近于水火不容（人们有时也将道德评判包含在"理智"中，我们这里把它限定在认识方面），但人是一个活生生的感性存在物，即使在知性活跃时仍有某种情感相伴随。毫无疑问，比较其他诸类情感，理智感当然只能算是一种"低度"情感。墨子说得对："平，知无欲、恶也。"（《墨子·经上》）任何激情都不可能直接来自理智，人们追求真理的热情，遇到挫折的抑郁，获得成果的喜悦，都只能来自知性之外的志性领域或功利（感性）领域。譬如获得成功而狂欢，本身就是不理智的，因为就认识而言，任何成果都是相对真理，都只是人类认识长河的一滴；之所以狂欢，无非是由此看到人生的意义与价值，抑或联想到它可能带来的功利价值。理智活动的极处是几乎没有情感，谢切诺夫曾经谈到，善于高度集中思想的人们，对外界影响的迟钝性有时达到惊人的程度。例如：传说因酷嗜某种思想的人，在这种思想的影响下，好像便不觉得冷，不觉得饿，甚至感觉不到剧烈的疼痛。一些普通心理学教科书把惊喜感、惊奇感等单独归入理智感是值得商榷的：惊喜是一种情绪，功利活动、道德评价中都有它存在，而"艺术观照、宗教观照（毋宁说二者的统一）乃至于科学研究一般都起于惊奇感"①。

理智活动对对象的心理反应方式是认知，因此在活动中产生的情感体验的特质是超越直接功利，不觉对象利害。对象一旦成为理智活动的对象，它与主体的直接感性需求便脱离开来，如一尾鲜鱼并不引起研究者的垂涎，一条毒蛇也不能使研究者逃避。理智感的表现特征是心平气和，不即不离。理智感的一面是距离感，对象是

① 黑格尔．美学：第2卷［M］．北京：商务印书馆，1979：22.

客体，思维着的自我是主体，主客体之间界线分明；不能设想“吞食”对象，因为既然“吞食”了，也就满足了，不必深入探讨了；必须把对象放在一定的距离（心理的）上，这样方能进行知性解析，对于食品、对于情人甚至对于自身的解析均是如此。理智感的另一面是执着感，知性要把握对象，又不能距离太远，总是把它从广阔的背景中抽取出来，相对独立、相对静止地观察它、解剖它；即使对象在运动，主体也要跟踪着同步运动。与之保持相对稳定的距离，主客体仿佛两个始终平行的平面。

3. 道德感

道德感是将人的举止、行为、意图、思想等对照社会道德准则、人的“类”要求而产生的感情体验，指向人的价值。道德感总是关于人（类）自身的评价，是就生活在群体中的人而发的。人对动物没有道德苛求，老虎吃獐子，甚至大鱼吃小鱼，都不会引起道德责难。道德感是一种典型的评价性体验，其参照系统有二：一是人的族类要求，按人作为“人”而“应该怎样”来思考评判，是人的类本质的体现；二是现实社会的道德规范，按某一阶级、阶层的人群所认为“应该怎样”来思考评判，人的异化突出地体现于此。由于有两个参照系统，道德感往往以矛盾冲突的形式体现出来，即使人格高尚的人物也不能避免。人生最深刻的悲剧往往来源于这种冲突。托尔斯泰笔下的安娜·卡列尼娜，参照人的类要求并没有错，人应该自由恋爱，获得幸福，可是从当时的社会道德准则来看，她又不能不是一个“伤风败俗”的妇女。安娜生活在这种矛盾旋涡之中，最后只能以死来结束，她的死含有一种象征意味：躺在大地上，是大地的女儿；碾在车轮下，是一定阶段的人类文化的牺牲品。

由于道德感指向人的价值，对对象的反应方式（即所由产生和宣泄的渠道）是按人的整个族类或人的某一群体的要求来评判的，所以这种情感的特质是讲求正义，不计利害。其表现特征是褒贬鲜明，“若即若离”：某人的行为合乎尺度就予以肯定，并要求自己仿效；否则，就予以否定，并警戒自己不要蹈袭。道德感的正面体现是责任感，人从人的族类要求出发，愿为自己的亲人割肉疗疮，为人的价值和尊严抛颅洒血；人从现实社会道德准则出发，愿为他人的安宁而牺牲自己的爱情、幸福，为一定阶级、阶层的利益赴汤蹈火，等等。其反面体现是羞愧感，当意识到自己或他人的思想、行为不符合人的类要求或现实的社会道德规范时，就产生自责和他责、内疚或替人羞愧。道德感并不像功利感那样一泄无余，在现实生活中它往往连结着一种“忧患”的心理状态，桑塔耶那认为：“道德决不是主要地关心获得快乐的；在一切更深刻更可信的道德格言中，倒更为关心避免痛苦。”① 范仲淹的“进亦忧，退亦忧”，“先天下之忧而忧”可谓准确地描述了这种心态，中国文化中的“忧患意识”，是几千年占统治地位的儒家伦理哲学的必然果实。

4. 宗教感

宗教感是一种指向超验的无限之物的情感。它植根于人类的志性追寻，是人的深层无意识浮现而激起的心理体验。

宗教感所由产生和宣泄的渠道是憧憬、渴望、祈求皈依上帝（如犹太教、基督教）或一种无影无形的超自然力量（如印度教、佛教）；这种情感的特质在于摆脱现实的痛苦，寻求精神的寄托；其表现特征是心灵净化、回归自然。宗教徒或通过忏悔，宣泄负罪感，灵魂获得一次洗礼，似乎变得纯洁无瑕，如某宗教徒做完礼拜后所说：“感到身体非常健康，心情非常宁静，因为你各方面都好，从来没有堕落过，从来没有玷污过自己。”②或者通过冥思，摆脱日常功利的烦扰，卸却道德责难的负荷，希冀“心灵突然的闪光”（铃木大拙语），感悟人生的真谛，所谓“放下屠刀，立地成佛”。不管是哪一种方式，都是通过对现实感性欲求、知性规范的摒弃而使人的心灵恢复到它原始的自然状态，实现人的本真生存。这样，从人与人的关系上看，似乎实现了人向自己的类回归，把人提高到他“应该有的样子”；从人与宇宙的关系上看，似乎实现了人向自然的回归，主体与客体、人与自然的对立状态在臆想中消失。

一般认为，宗教感的肯定形式是仁爱感，新教神学家说过“没有爱就不能接近充满爱的神”；宗教感的否定形式是恐惧感，根据对乌克兰的罗夫诺州的调查，三分之二以上的人讲他们在神面前感到恐惧，东正教神学家弗洛连斯甚至说：“宗教首先就是对神的恐惧，

---

① 桑塔耶那．美感［M］．北京：中国社会科学出版社，1982：16．

② 乌格里诺维奇．宗教心理学［M］．北京：社会科学文献出版社，1989：119．

如果有谁愿意深入宗教的圣地，那他就要学会恐惧。”①我们依据对人类心灵构成的总体看法，倾向于在更高层次上将宗教感分为积极的情感与消极的情感，积极的情感包括对超自然力量的敬仰感和相关的仁爱感，消极的情感则是与之对应的恐惧感和绝望感（有些宗教，如佛教，一般并不要求教徒恐惧，但仍须教徒有某种对现世的绝望感作基础）。人的自由意志作用于知性-感性层面，产生英雄激情，而自性原型作用于知性-感性层面，产生爱恋激情，这两种源自志性的心理体验对象化在“超验实体”上，就是敬仰感和仁爱感；反之则形成消极情感。宗教活动中感情变化的规律是由消极的体验转向积极的体验，正如美国心理学家 P. 约翰逊所指出的：“信仰和爱驱散了恐惧和绝望，变有害的情感为和谐、信任及平和的精神力量。”②

广义地说，宗教感其实不限于一些宗教徒在礼拜或冥思中的特殊心理体验，而可以看作人类精神生活中普遍存在的追寻无限之物的一种心理体验形式。爱因斯坦在谈自己的世界观时说：“我们所能有的最美好的经验是奥秘的经验。它是坚守在真正艺术和真正科学发源地上的基本感情。……我们认识到有某种为我们所不能洞察的东西存在，感觉到那种只能以其最原始的形式为我们感受到的最深奥的理性和最灿烂的美——正是这种认识和这种感情构成了真正的宗教感情；在这个意义上，而且也只是在这个意义上，我才是一个具有深挚宗教感情的人。”③ 雕塑家罗丹也曾表述过类似的看法，他还感慨道：“伟大的艺术家，到处听见心灵在回答他的心灵。什么地方找得到比他更信宗教的人呢？”④

5. 审美感

无论是功利感还是理智感、道德感乃至宗教感，都有自己特定的心理领域，并且它们之间存在一种有序的关系：功利感与宗教感以分居最表层和最深层而相对照，理智感与道德感在并列层次上相

---

① 乌格里诺维奇．宗教心理学［M］．北京：社会科学文献出版社，1989：104.

② 乌格里诺维奇．宗教心理学［M］．北京：社会科学文献出版社，1989：115.

③ 爱因斯坦．爱因斯坦文集：第3卷［M］．北京：商务印书馆，1979：45.

④ 罗丹．罗丹艺术论［M］．北京：人民美术出版社，1987：92.

对应，这四类情感合在一起刚好占领了心灵的全部领域。

审美感处于怎样的位置？英国美学家夏夫兹博里最早提出审美判断出自“内在的感官”“内在的眼睛”，他说：“我们一睁开眼睛去看一个形象或一张开耳朵去听声音，我们就马上见出美，认出秀雅与和谐。我们一看到一些行动，觉察到一些情感，我们的内在的眼睛也就马上辨出美好的、形状完善的和可欣羡的。”① 后来有人把夏夫兹博里所谓的“内在感官”称作“第六感观”。其实，“第六感官”并无实体性的存在，不过是人们的比喻性说法。它的要义是强调仅有感官的动物性部分并不能审美，而审美又具有视、听感官作出判断的那种直接性。因此可以说，审美感发生于感性领域但绝不停留于、局限于这一领域。

一方面，从整个人类心理体验来说，审美感是与功利感、理智感、道德感、宗教感相并列的一种情感类型；另一方面，审美感又不像人类其他情感那样占有自己特定的心灵领域。这种矛盾铸就了审美感的特殊性，使它与各类情感都有相通相洽之处，它的活动涉及心灵的全部领域。

三、审美感体现心灵的和谐

1. 审美感的剖析

审美感指向客体的感性形式。这使它与功利感接近，二者都是直接在感性对象的刺激下引发的心理体验。但是它们又有本质的区别：功利感指向对象的感性实体，产生于生理需要，是一种带有较多生物性的快感或不快感；审美感则只限于对象的感性外观，对象其实只以一种符号形式存在，例如一束玫瑰作为审美对象，其所指绝不是一种植物的生殖器，只有这实际所指被抽象掉，它才能成为寄寓人的本质丰富性的符号。康德指出：“凡是我们把它和一个对象的存在之表象结合起来的快感，谓之利害关系。因此，这种利害感是常常同时和欲望能力有关的，或是作为它的规定根据，或是作为和它的规定根据必然地连结着的因素。现在，如果问题是某一对象

① 北京大学哲学系美学教研室．西方美学家论美和美感［M］．北京：商务印书馆，1980：95．

是否美，我们就不欲知道这对象的存在与否对于我们或任何别人是否重要，或仅仅可能是重要，而是只要知道我们在纯粹的观照（直观或反省）里面怎样地去判断它。……如果说一个对象是美的，以此来证明我有鉴赏力，关键是系于我自己心里从这个表象看出什么来，而不是系于这事物的存在。”①

席勒也谈道：“事物的实在是事物的作品，事物的外观是人的作品。”人从对象中直观到自身，寄予自己的本质，因此，这外观虽然脱离“事物的实在”，但又有充实的关于人自身的内容，这就决定了审美感的指向对象中含有人的价值成分，因之与道德感关联起来，康德甚至说：“鉴赏将发现我们的评判机能的一个从官能享受到道德情绪的过渡。”② 审美感中潜藏着对对象抽象结构成分的认同，如格式塔心理学美学的大量实验所证明的同构现象，因此与理智感有接合之处，而且理智感也开始于对对象的感性直观，不过理智活动一旦把握抽象，便舍弃了具体的表象。审美感通过对象的感性形式特别指向无限之境（认知－评价层面只是审美感须穿越的“篱笆”），只有出现诗意的人生境界才标志着美感的最后形成。在这里，人与自然契合无间，人生之原与宇宙之原仿佛拥抱在一起，因此审美感与宗教感密切关联；但是宗教感并不关注现实对象的感性存在，它只追求一种超验的绝对之物，虽有审美因素却不能等同于审美感本身，如一位神学家所说：“宗教感情像审美感情一样，对自然界中的美、对人类精神的表现和显示中的崇高不会无动于衷，但是我们心中的宗教感情不是由对美和崇高的观照本身激起的，而是由关于一切美的无限的创造原因的最高观念和概念所激起，这种感情不表现在对美本身的虔敬中，而表现在对造物主的无限伟大的虔敬中。”③

审美感所产生和宣泄的心理渠道是观审。狄德罗认为，演员流的是眼泪，但那是从大脑流出的眼泪。前苏联著名心理学家维果茨基提出“能量单极省耗规律”，认为：“情绪中能量消耗在外周或中

① 康德．判断力批判：上卷［M］．北京：商务印书馆，1964：40－41.
② 康德．判断力批判：上卷［M］．北京：商务印书馆，1964：142.
③ 斯托洛维奇．审美价值的本质［M］．北京：中国社会科学出版社，1984：107－108.

枢两极中的一极，一极活动的加强导致另一极活动的减弱。”① 这是一种值得继续探讨的假说。审美感由观审产生，由观审宣泄。这不同于功利感的占有欲望，法国美学家库申曾举例说，在一张肴馔美酒的筵席面前，享受的欲望油然而生；假如我不去羡想眼前的丰馔行将给我的欢乐，只打量它如何安排，桌上如何陈设，美感就可能在某种程度上产生。但是应该承认，审美感也有一种精神的“占有”倾向，心理学家米尔纳曾描述自己的切身经验：“一天傍晚我注意到尘土满地的路旁有一排长着半透光树叶的大树……似乎暮色里灰白的天际显出一幅图案，就像旧铁门上的花格，又像古代抄本上的装饰图案。我突然冒出一种难以遏制的欲望，要想攫取这一图案，使它成为己有——或许绘上几笔能占有它。”② 这种“占有”既是主体占有客体，又是客体占有主体，但二者均未消失，只是在想象中交融。这种观审的方式也不同于理智感的认知方式，它并不寻求对对象作确切把握，且始终不离开事物表象；但认知与观审都是由对象的感性外观转向精神的把握，因此它们都要求超越直接功利关系，与对象保持一种“心理距离”，且它们都要求对对象形式格局的认同，有的美学家（如叔本华）甚至认为，审美是作为“认识”的纯粹主体的无阻碍活动。观审中必有评价，二者密不可分，以至许多论者认为审美关系就是一种价值评价关系，几乎与道德活动无别。应该说审美主要是评价，但不只是评价，因为它还暗含认知因素；就是作为评价，它与道德感中的评价亦有不同，一般来说，审“崇高”、审“英勇”时道德评价的比重较大，而审“优美”、审“秀丽”则几乎“不具有任何伦理意义”（斯托洛维奇语），确切一点说，后者一般不具有明显的伦理意义。观审中必有憧憬，二者甚至可以被看作审美感活动的两个端点：审美感总是从对有限之物的观审向对无限之境的憧憬转化。桑塔耶那说：“审美的欣赏和美在艺术上的体现，是属于我们暇时生活的活动，那时我们暂时解脱了灾难的愁云和忧惧的奴役，随着我们性之所好，任它引向何方。”③ 雨果

① 维果茨基．艺术心理学［M］．上海：上海文艺出版社，1985：276－277.

② 马斯洛，等．人的潜能和价值［M］．北京：华夏出版社，1987：430.

③ 桑塔耶那．美感［M］．北京：中国社会科学出版社，1982：17.

在他的名著《悲惨世界》中描述了主人公冉阿让观赏夜空时的憧憬：“他在那里，独自一个人，虔诚、恬静、爱慕一切，拿自己心中的谧静去比拟太空的谧静，从黑暗中去感受星斗有形的美和上帝的无形的美。那时候，夜花正献出它的香气，他也献出了他的心，他的心正像一盏明灯，点在繁星闪闪的中央，景仰赞叹，飘游在造物的无边无际的光辉里。”

审美感的特质在于超越直接功利，不觉责任负荷，自由而有寄托。审美感有潜在的功利性，车尔尼雪夫斯基曾经举例说，当我们欣赏“黄熟的田畴”时，尽管没有一己的功利之念，却可能有这样一种思想起潜在作用：这田畴长出了人间的幸福和欢乐。人们特别爱听布谷鸟的鸣唱，不能说与它传达春的信息无关。但是审美感只有超越直接功利才能产生，马克思说得好：“忧心忡忡的穷人甚至对最美丽的景色都没有什么感觉；贩卖矿物的商人只看到矿物的商业价值，而看不到矿物的美和特性。”① 审美感与理智感的相似之处在于，前者把实体对象形式化了，后者把实体对象抽象化了，因此都达到了对直接功利欲念的超越。审美感，特别是以人为对象的审美感，是暗含道德意义的，“情人眼里出西施”，这时的“西施”不只是形体美丽匀称，而且一定被看作善的化身、高洁人品的体现者，但道德感总是与人的利益、与人的实践联系在一起的，基于一定社会群体的利益的道德感往往与审美感相冲突，故历史上不少优秀的文学艺术家被指责为“不道德”（我国有“文人无行”之说）；基于全人类利益的道德感才是与审美感相通相洽的，如神农植五谷、大禹治水、普罗米修斯盗火等。不过人的道德评价伴随着相应行动的要求，具有责任的负荷，明知利害却不计利害去履行自己的职责，审美感虽伴有内模仿，但一般并不要求随即行动，因为这里不涉及直接而明显的利害关系，所以不觉责任负荷。审美感总是自由的，一是因为它摆脱了功利欲念乃至某些道德观念及逻辑规范的束缚，摆脱了“外在必然性”的羁绊；二是因为自由意志积极活动，基于“内在必然性”，它追寻着人生的诗意境界，获得精神的寄托。这一特质与宗教感相似，日本禅学大师铃木大拙认为，“禅就其本质而

① 马克思. 1844 年经济学哲学手稿［M］. 北京：人民出版社，1985：83.

言，是看人自己生命本性的艺术，它指出从枷锁到自由的道路，……我们可以说，禅把储藏在我们之内的所有精力做了适当而自然的解放，这些精力在通常的环境之中是被挤压、被扭曲的，因此它们找不到适当的通渠来活动。”①但审美感并不像宗教感那样皈依于一种恒定的超验的绝对之物，它使人向自己的“类生活”（马克思语）回归。

由审美感的指向性、所由产生和宣泄的渠道及内在特质等所决定，这种心理体验的特征是反应直捷，有即有离，心灵净化。审美感一般从直觉中产生，人们因之提出人有专司审美的“内在感官”或“第六感官”。如果说“反应直捷”为审美感与功利感的共同特征，那么“心灵净化”则是审美感与宗教感的相通之处。宗教心理学家认为，宗教活动中感情变化的“规律性”是从“出现消极的体验变成带有情感舒坦、缓和的积极的体验”，由此而获得“净化”效果（乌格里诺维奇语）。审美并不以消极的体验为前导，其心理效果与宗教活动的积极体验却相仿佛。柳宗元在《始得西山宴游记》中描述道：“悠悠乎与颢气俱，而莫得其涯；洋洋乎与造物者游，而不知其所穷。引觞满酌，颓然就醉，不知日之入。苍然暮色，自远而至，至无所见，而犹不欲归。心凝形释，与万化冥合。”审美感由于超越直接功利，因而与对象有一种心理距离，瑞士心理学家布洛认为，心理距离是美感的显著特征，美感与“适意”的区别在于它是一种有距离的快感，但是如前所述，理智感也存在着心理距离；德国心理学家立普斯认为审美感是一种“同情感”，审美离不开“移情”，但不能不承认，道德感也是一种同情感，一般基于“人同此心，心同此理”而进行价值评判。由此可见，审美感在这方面也与理智感、道德感关联着，如果说理智感的特征之一是“不即不离”，道德感是“若即若离”，那么审美心理体验中主体与对象的关系可以说总是“有即有离”：主体抛却了功利欲念及某些观念枷锁（离），向对象投注了丰富生动的心灵旨趣（即）。

2. 优美感与壮美感

审美感可以大致分为优美感与壮美感两类。严格意义上的“美

① 铃木大拙．禅学入门［M］．北京：生活·读书·新知三联书店，1988：100.

感”其实只考虑优美感；但“审美”是以整个“人的尺度”判断客观事物，因而也包括审壮美、审丑等，我们这里以壮美感作为审美感的另一极。优美感和壮美感同功利感的正负两极——欲占感与恶拒感、宗教感的正负两极——仁爱感与恐惧感基本对应而又有所不同。优美感有一种在精神旨趣上“占有”对象的态势，表现出对对象的依恋，达到物我为一；壮美感则有一种“霎时的抗拒”作前导，由对对象“恐惧”转化为“崇敬”，转化为将自己提高到对象的高度，达到心理和谐。优美感中有距离感，但它更多地体现为对对象的执着；壮美感在一定阶段上虽有执着于对象的情况，但一般要求与对象有较大的时空距离，以保持一定的心理距离。优美感虽然潜在地含有关于人的价值评价，但不觉责任负荷；壮美感则往往体现为由羞愧感到责任感的转化：开始在对象面前感到自我的卑微渺小，然后在震惊中唤起人的类本质，心理上以顶天立地的“人”的形象站立起来，仿佛能运掌乾坤。与优美感的中和的心理体验比较，壮美感偏向于道德感一侧。

3. 审美感是心灵的和谐

就人类各类情感作用的领域来说，功利感基本上停留于感性层面，连结着人的生理、感官的需要，因此带有较多的生物性；理智感与道德感主要涉及知性层面，与人的观念活动相伴随，是纯粹的社会性情感；宗教感主要涉及人的志性层面，超越了语词、逻辑等人类创造的符号系统的局限，追求对永恒、绝对的存在物的皈依，是一种纯粹的精神性情感（亦可归入社会性情感）。审美感则既有生物性，又有社会性。就其是由事物的感性形式而产生的快感而言，与鸟类、灵长类及哺乳类中的海豚等非常接近，马斯洛认为：“即使在高峰体验中，美感作为‘超越性快乐’，也并不是超自然或非自然的，同样可视为一种‘生物上的’体验。”① 就其中所蕴涵的“意味”“心灵旨趣”而言，则与动物的类似快感有着天壤之别，即使承认动物有“美感”，即也只是由美的单面形态——形式美——引发的初级美感，唯有人类才有真正的美感，能够观审和创造美的典型形态——艺术美。人类美感跨越感性、知性、志性三个心理层面，

---

① 马斯洛，等. 人的潜能和价值［M］. 北京：华夏出版社，1987：228.

它是无私的（区别于功利感及某些道德感），又是丰富的（区别于理智感与宗教感），它执着于感性对象，同时穿越知性层面深入到志性领域，携载了人所“应该有的”一切有价值的东西，因此不像宗教感那样以丧失自我告终，而是对人的全部本质的肯定。

审美感的最基本的特征是心灵的和谐。所谓和谐，即多样性有机统一，各种情感冲动获得中和。桑塔耶那指出：“美的主要特权，在于综合自我的种种冲动，使之集中在一个焦点上，使之停留在单一个形象上，于是伟大的和平降临于那骚乱的王国。我们的美感享受和美的一切神秘意义都是以这些暂时和谐的经验为基础。”①

卡西尔说过，在每一首伟大的诗篇中，例如莎士比亚的戏剧、但丁的《神曲》、歌德的《浮士德》等，我们在欣赏时都要经历人类情感的全域。对于优秀的长篇作品这是显而易见的；其实即使对于小型的文艺作品，例如一首奏鸣曲、一幅山水画等，人们同样可能得到全方位的愉悦感。

综上所述，审美情感既是人类各类情感冲动的平衡与中和，使人的心灵从骚乱走入和谐（杜威），另一方面，它又确实超越个人的日常情感，是一种“人类普遍情感”（苏珊·朗格）。它植根于人类心灵中的志性层面，总是在要求自我实现和要求和谐整一的张力结构中运行，把个体性的趣味与全人类性的评判交融在一起，是人的本质丰富性的唤醒或激活。

第二节 审美律动

具体的审美感产生于美的形象的形成过程中，所谓美的欣赏，既是对审美客体的欣赏，同时也应该理解为对主体自我的欣赏，即个体的人站在族类立场上的孤芳自赏。美的欣赏（其实也是美的形成）展现为一个由浅入深的过程。

一、审美心胸

1. 审美对象的存在

① 桑塔耶那．美感［M］．北京：中国社会科学出版社，1982：160.

(1) 审美不能脱离具体对象、从形成美的形象的可能性出发，审美对象主要有三类：艺术品、人、自然物。当这三者在逻辑上说不包含审美主体对象化的成分时（事实上这是不可能的），我们称之为审美客体。审美客体进入审美关系中便是审美对象，任何具体客体都有可能成为审美对象，因为审美是人以自己的尺度衡量对象，对象可以是不同的形态，因而形成不同的审美形态。若以优美形态为取向，审美对象一般须具有下述品格：一是现实性，幻想中也能产生美，但缺少现实的对象，尽管它可能有现实的原型；二是具体性，科学公式、图表等具有现实性品格，却缺少具体性品格，因而几乎不可能形成美的典型形态；三是有序性，无序的东西易于形成丑或壮美的形态，有序才直接激发人的美感。

(2) 主体的资质对审美感的产生至关重要，关系到它的丰富程度、活跃程度乃至它的有无。对于审美主体来说，一是要有健全的社会化感官。对于不辨音律的耳朵，最美的音乐对它也毫无意义；对于患有色盲的眼睛，自然界及艺术品中的绚丽色彩形同虚设；感官不健全使相关领域的审美客体不可能转化为审美对象，审美感因而无从激发。二是要有必要的文化修养。对面前的审美对象，主体有一定的知识储备才能消除隔膜，例如欣赏中国戏曲，如果对它的程式一点也不了解，感情上就可能与之格格不入。三是要有活跃的理想憧憬。主体热爱生活，富于幻想，就易于接受有生气的对象的感染，对于无生命的对象也能灌注生气使之活起来；相反，忧心忡忡的人对于名胜风景也会觉得不值一顾，绝望者眼中的世界几乎没有美可言。所以，具备理想憧憬也是审美主体方面的恒常条件。

(3) 审美客体与审美主体在审美活动中走向统一。审美活动是具体的，它的发生的关键在于审美主体的确立。具有审美主体恒常条件的人还必须具备一些特定条件才能以审美的眼光看世界；事实上，对于大多数人来说，以审美的眼光看世界较之以实利的眼光看世界在时间上要少得多。缺少这些特定条件，主体即使具有高超的审美能力也还不是真正的审美主体。

2. 审美主体的审美心胸

在审美客体具备了一般条件的情况下，审美感的发生特别有待于审美主体在特定时刻抱有审美心胸。审美心胸是一种空明澄澈的胸怀，它对外物仿佛鉴照而无隐，外物自然而然地呈现其玄与妙，魏晋南北朝的著名山水画家宗炳所谓的“澄怀观道”即此意。审美心胸来源于涤除心灵在日常生活中充斥的感性欲念与知性观念，用庄子的话说就是“坐忘”，忘掉了礼乐、仁义才能同于大通；用陆九渊的话说是“剥落”，剥落得一番就是一番清明。朱自清曾记述了他欣赏荷塘月色前有一段心境的变化：这几天心里颇不宁静。今晚在院子里坐着乘凉，忽然想起日日走过的荷塘，在这满月的光里，总该另有一番样子吧。……路上只有我一个人，背着手踱着。这一片天地好像是我的；我也像超出了平常的自己，到了另一世界里。我爱热闹，也爱冷静；爱群居，也爱独处。像今晚上，一个人在这苍茫的月下，什么都可以想，什么都可以不想，便觉是个自由人。白天里一定要做的事，一定要说的话，现在都可不理。这是独处的妙处；我且受用这无边的荷香月色好了。（《荷塘月色》）

摆脱日常功利的烦扰，心胸恢复了宁静平和，一片空明澄澈，仿佛进入另一个世界，这时的主体才成为自由的审美主体。

需要说明的是，心胸虚静并不等于空无。它至少有两重因素在潜在地发挥作用：一是人的类特性，审美主体超出日常的自我而自发地以类的尺度观照和评判外部事物，所以诗人能以一己之心总天下之心；二是个体的气质，即心理动力特征，它是人与生俱来的定性，很大程度上制约了审美意象的特定形态。按笔者的理解，人的类特性与个体的气质都恒存于个体心灵的第三层面，所以心胸虚静特别意味着心灵第三层面的敞亮。人的类特性与个体的气质合成了既有个体性又有全人类性的“自己”，这自己的显现与积极活动，意味着自由。

审美心胸触及外物而形成审美态度。审美心胸是广阔无垠、平静恬和的心理空间，审美态度则是主体以这心理空间为背景的对待客体的方式。也许可以比喻说，审美态度是审美心胸接触外物的前锋，审美活动的最初的微妙就蕴涵于其间。英伽登曾谈道：“如果一个审美过程始于纯粹的感觉（实际情况并非总是如此），那么，这一过程的最有趣的部分、最难于把握的部分就是人对一个实在对象的感觉向审美经验的诸方面的过渡阶段。这是一种从我们日常生活中采取的实际态度、从探究态度向审美态度的转变。"① 这里所谓"实际态度"是指功利态度，它主要体现为感性欲念，而所谓"探究态度"，即科学态度，主要体现为知性观念；审美态度是主体摆脱了这两种态度后出现的第三种对待外物的方式。

对于同一客体，用不同的对待方式去看，主体得到的是大不一样的东西。朱光潜先生曾举了一个很好的例子："假如你是一位木商，我是一位植物学家，另外一位朋友是画家，三人同时来看这棵古松。我们三人可以说同时都'知觉'到这一棵树，可是三人所'知觉'到的却是三种不同的东西。你脱离不了你的木商的心习，你所知觉到的只是一棵做某事用值几多钱的木料。我也脱离不了我的植物学家的心习，我所知觉到的只是一棵叶为针状、果为球状、四季常青的显花植物。我们的朋友——画家——什么事都不管，只管审美……只在聚精会神地观赏它的苍翠的颜色，它的盘曲如龙蛇的线纹以及它的昂然高举、不受屈挠的气概。"②

三者中商人是功利态度，唯物学家是科学态度，唯有画家抱审美态度，古松对于他才是美的。商人、植物学家若想见出松树的美，就必须放弃功利的或科学的态度，实现向审美态度的转化。

审美态度的基本内涵是：超越直接功利，超越逻辑概念，与对象保持心理距离。

3. 审美的"距离"说

审美中的"距离"问题早为中西方美学家注意到。康德的美学著作显然涉及距离问题，其中认为，鉴赏时应当摒除一切现实的利害与欲求，以"纯粹漠然"的态度"无所为而为地观赏对象"。叔本华进一步强化了这种观点，认为审美的心理状态是个体暂时摆脱了实际生活的羁绊，从意志和欲求中"超脱"出来，以"静观"的态度纯粹客观地观察事物。中国美学也早有近似观点。苏轼指出："君子可以寓意于物，而不可以留意于物。寓意于物，虽微物足以为乐，虽尤物不足以为病；留意于物，虽微物足以为病，虽尤物不足以为乐。"（《宝绘堂记》）"留意"是沉溺于直接功利，不能超拔；

---

① 李普曼．当代美学［M］．北京：光明日报出版社，1986：289.

② 朱光潜．朱光潜美学文集：第1卷［M］．上海：上海文艺出版社，1982：448-449.

“寓意”则只取外物的形式，寄寓自己的心灵旨趣，这才是审美态度。

瑞士心理学家布劳于1912年发表了《心理距离》一书，在美学史上首次明确提出“距离”说，并作了较为全面的阐释。

布劳认为，适意是一种无距离的快感；美，最广义的审美价值，若没有距离的间隔就不可能成立，所以存在心理距离与否是区分普通快感与审美快感的标尺。此外，他创造“心理距离”术语还有一些重要理由：一是这个概念可以作为艺术理论中常被人们谈到的“客观”与“主观”、“现实主义”与“理想主义”、“肉感”与“精神”等相反术语的合题，因为实际上没有完全一边倒的艺术和艺术家；二是“距离”标志着艺术创作过程中最重要的步骤，是通常所谓的“艺术气质”的一个显著特征。在他看来，艺术家处理他的题材要有适当距离，较近的是现实主义，较远的是理想主义，如此等等。

“距离”说的主要含义是指审美时主体对客体须保持一种无功利、非实用的心理距离，用“纯客观”的态度去观赏那“孤立”的物的形象。这里所谓“纯客观”和“孤立”，都指割断对象对于主体的利害关系。布劳举了一个有名的例子：当一艘客轮在海上航行遇上大雾时，旅行者也许既怕触礁又怕耽误航期，于是焦灼不安。如果把这些顾虑统统悬搁起来，“忘掉”这些焦虑和恐惧，换一种欣赏的观点看，海雾其实是一种绝妙的景致，围绕着你的是仿佛“由半透明的乳汁做成的看不透的帷幕”，你或许在这帷幕中看到很多意趣横生的影象。这一实例表明，从日常功利中超脱出来是审美活动得以开始的前提。

既是“距离”，就涉及一个远近的问题。太远或太近都会超过某一“极限”，导致距离丧失，不能产生美感。一个不懂中国文化的外国人在游园时偶然见到舞台上演出京剧剧目，对其中的唱、念、做、打一点也不理解，处于隔膜状态，也许会感到索然无味，这是距离太远的缘故。距离太近也会带来负面效应。1909年，美国演员威廉·巴文在纽约大剧院中扮演莎剧《奥赛罗》中虚伪狡诈的伊阿古，因演技高超，活灵活现，在苔丝德蒙娜被丈夫奥赛罗扼死时，观众席上一位年轻军官豁地举枪击毙挑拨他们夫妻关系的舞台上的“伊阿古”，造成剧场大哗。当青年军官明白过来这是在演戏时，为自己的行为悔恨不已而开枪自杀。这起可悲事件就起因于观赏者过度介入剧情。

表面上看，“距离”说与“移情”说是相互矛盾的，移情要求达到与对象合为一体，距离要求对象“若即若离”；实质上二者并无冲突。“距离”说在消极意义上是要求摒弃实用态度，在积极意义上是要求专注于对象的形式，合而言之即实现从实用态度到审美态度的转变，只有这样审美活动才能发生。“移情”说着重说明审美过程中的心理活动，当主体专注于对象的形式，才有可能使对象寄予自己的心灵旨趣，这也就是移情。保持心理距离与移情于物，其实是审美过程中的不同环节。

二、审美的心理过程

1. 审美过程的层次确认

审美过程究竟包含哪几个层次？今人说法不一。这里不妨参阅一下前人的有关论述。

审美既然与哲学和宗教归指同一境界，那么它的深入就与哲人悟道及佛徒参禅相仿佛。庄子称自己的悟道过程是“心斋”，他描述道：若一志，无听之以耳而听之以心；无听之以心而听之以气。耳止于听（据俞樾校改），心止于符，气也者，虚而待物者也。惟道集虚。虚者，心斋也。（《庄子·人间世》）

“一志”才能听气，实即“心斋”，它意味着要实现两重超越：超越耳目感受，超越心智思虑，所以又可以说是“坐忘”的结果，其状态是“用志不分，乃凝于神”。超越了感性与知性两个层面，心灵万缘俱寂，唯有一志在自由活动，通过它能听体内之纯气，而谙通天下之一气，道就蕴涵在这气中，所以听气可以得道。

禅宗传灯录有一则有名的“公案”：“老僧三十年参禅时，见山是山，见水是水；及至后来亲见知识，有个入处，见山不是山，见水不是水；而今得个休歇处，依然是见山只是山，见水只是水。”① 这段记述也表明了感悟外物的三个阶段：第一阶段是感性印象；第

① 普济，苏渊雷．五灯会元：卷十七［M］．北京：中华书局，1987.

二阶段由于进入认知层次而肢解了对象；第三阶段超越了知性认识，把握了对象内在之真，恢复了对象外在之貌，即物即真，有限与无限达到统一。第三阶段对于第一阶段不是简单的重复，而是否定之否定。

从艺术鉴赏中更容易辨析审美的层次性，因为艺术鉴赏过程本身就是一种审美过程。张彦远在《历代名画记》中写下了自己欣赏顾恺之人物画的感受和体验："遍观众画，惟顾生画古贤，得其妙理。对之令人终日不倦，凝神遐想，妙悟自然，物我两忘，离形去智。身固可使如槁木，心固可使如死灰，不亦臻于妙理哉!"不难看出，这段话无论在精神上还是在言语上都受到庄子之学的深刻影响，庄子所讲的"心斋""坐忘"被直接借用来描述欣赏艺术的体验。它的第一层次是观赏顾画时流连，第二层次是离形去智、凝神遐想，第三层次是物我两忘、臻于妙理。表述最明确的当算蔡小石的《拜石山房词序》，其中谈读词的体验有三境：始读之则万萼春深，百色妖露，积雪缟地，余霞绮天，一境也。再读之则烟涛项洞，霜飙飞摇，骏马下坡，泳鳞出水，又一境也。卒读之而皎皎明月，仙仙白云，鸿雁高翔，坠叶如雨，不知其何以冲然而澹，倏然而远也。宗白华先生认为这段描述极为精妙地形容出"从直观感相的模写，活跃生命的传达，到最高灵境的启示"① 三境层。

所以，完整的审美过程总是从感性开始，穿越知性层面而抵达志性领域，因此可以划分出悦耳悦目、悦心悦意、悦神悦志三境层面。如果说哲人悟道在穿越感性、知性后可以摒弃它们（如所谓"坐忘"），那么审美的特殊性在于心灵三境层面的同时占有。

2. 审美三境层试析

（1）悦耳悦目。审美开始于对对象的感性直观，并始终不抛弃感性的形色。这一特点决定了审美活动具有某些不可替代的优势。其一，人作为具体的感性存在物，往往因娱目悦耳而心旷神怡，事物感性外观的生动性、丰富性最易激起主体的身心快感；快感虽不等于美感，却是美感产生的基础。况且，审美的快感是由对象形式的合规律性引发的，是判断在先而快感在后，与普通的适意有质的

---

① 宗白华．艺境［M］．北京：北京大学出版社，1987：155.

区别。其二，感性的东西有丰富的包蕴性，“言不尽意”而“立象以尽意”，是因为“象”可以容纳种种道不完、理不清乃至说不出的意蕴。正因为审美对象的感性形式有丰富的包蕴性，仿佛是“千眼的阿顾斯”，主体才能很方便地以之寄予自己的心灵旨趣，作为自己的“全息”投影，从中直观自身。由此不难理解，审美感知为何主要涉及视觉与听觉，因为眼睛和耳朵是最为社会化的感官，视、听快感是最富有文化内容的快感，易于激发丰富的联想与想象，而触觉、味觉、嗅觉等，由于它们的相对简单性、生物固习性以及与精神旨趣少有联系，在审美中多只具有间接的意义。

（2）悦心悦意。审美实即赋予对象以诗意，将对象诗化。诗学家严羽说：夫诗有别材，非关书也；诗有别趣，非关理也。然非多读书，多穷理，则不能极其至。所谓不涉理路、不落言筌者，上也。诗者，吟咏情性也。(《沧浪诗话·诗辨》)

一方面，审美必须穿越知性领域。一个初生婴儿很难想象一个玲珑满目的世界，一个不学无术的人不会有心灵深层的觉醒，所以多读书、多穷理是必要的，人的眼睛、耳朵之所以是主要的审美感官，特别在于它们联结着知性，文化符号是通过它们传达交流的。毋庸置疑，审美中包含有认识和评价因素，如斯托洛维奇所说，“在对世界的审美掌握中，理智起很大作用。……如果一个人不理解某种生活现象或艺术作品，那么对它的审美关系就不会发生，或者形成歪曲的审美感知。”① 事实上，对于理解了的东西，人们能更细致、更深刻地感知它。另一方面，审美必须超越知性领域。首先，知性离不开语词、概念，而除了专有名词外，其他语词、概念都是指向类的属性的，具有抽象性，很难传达审美对象所体现的个体性的生命情调；其次，知性离不开逻辑，逻辑形式具有封闭性，它总是将对象规范在一个有限的圈子里，是对心灵自由的限制，也是对无限之境的障隔。语言、逻辑在审美体验中的负面作用不容忽视，如谷隐禅师所说：“才涉唇吻，便落意思，尽是死门，终非活路。”(《五灯会元》卷十二）虽然没有知性就没有美，但知性不能把握美。这是一个悖论，也许应该这样说，在审美心理体验中，知性因

① 斯托洛维奇．审美价值的本质［M］．北京：中国社会科学出版社，1984：232.

素如盐浴之于水，只有其味（文化意味），不见其形（逻辑形式），因此，人们既有心意的愉悦，又不觉外在的限制。

（3）悦神悦志。神与志处于心灵深层，按照先哲的理解，其中蕴藏着人生的奥秘和人的族类的内在目的性，人类是大自然的产儿，神、志又可以被看作联结人类与自然母体的脐带，是天人合一的枢纽，审美指归于天人合一的诗意境界，这是一个无限的领域，言语道断，思维路绝，主体感觉、体验到上下与天地同流的自由和游心于物之初的乐趣，它由领悟而获得，竺道生说：“悟发信谢，理数自然，如果就自零。”（《梁·高僧传》卷七）审美之悟也是对宇宙的本体论之悟，主体在与自然的拥抱与契合中感应着自然母体脉搏的律动；审美之悟又是对人生的价值论之悟，人的诗意追求、人生的价值与意义仿佛在这境界中获得感性显现。它与宗教中的妙悟极为相似，同样呈现出所谓“天地境界”，梁启超描述文学欣赏的最深感受时道：“夫既化其身以入书中矣，则当其读此书时，此身已非我有，截然去此界以入于彼界，所谓华严楼阁，帝网重重，一毛孔中万亿莲花，一弹指顷，百千浩劫……”①

当审美主体进入悦神悦志境层，意味着美的形象最终形成。审美的过程与美的形成过程是同步的，审美活动从感性直观开始，穿越知性层面而抵达志性境界，美的形象也就按第二世界的结构样态孕育成熟。波兰美学家英伽登写道：“一旦我们最终构成了质和谐，审美对象也就随之形成。这时审美经验的最后阶段开始了，这阶段可以说是审美经验的登峰造极。”② 我们赞同审美对象（实即美的形象）在审美经验中随之形成的观点，但是不同意在美的形象形成后还有一更高阶段的说法，如果审美主体反身对美的形象进行价值评价也算一个阶段的话，那么他是从审美的高峰体验中降落下来了。

3. **审美的直觉性质**

前述审美三境层是对审美过程作知性的、逻辑的分解，实际上它们常常是在瞬间实现的，也就是说，审美通常是以直觉形式完成的。钟嵘写道：至乎吟咏情性，亦何贵于用事？“思君如流水”，既

---

① 梁启超．饮冰室文集：卷十（论小说与群治之关系）［M］．北京：中华书局，1989.

② 李普曼．当代美学［M］．北京：光明日报出版社，1986：301.

是即目；“高台多悲风”，亦惟所见；“清晨登陇首”，羌无故实；“明月照积雪”，讵出经、史？观古今胜语，多非补假，皆由直寻。（《诗品序》）

这里所谓的“直寻”即指审美直觉，历史上许多刻画出美的形象的诗歌名句由此得来。

汉语的“直觉”一词由“直观”与“觉察”两重意义构成，指在对事物的感性直观中直截把握到其底蕴的能力。直觉具有深刻性、瞬间性、潜意识性的特点，几乎看不出精神活动的行程，将深邃的结果呈现于瞬间的感知，借用佛家的术语，即是“现量”。

审美直觉不同于科学直觉，首先在于它执着于对象的感性外面，后者则只关注内在东西的觉察。其次，科学直觉尽量忠实于客体对象本身的实际样态，审美直觉则赋予对象以主体的心灵旨趣，可以形成不同的生命情调。再次，审美直觉指归于人的理想生存，近似于宗教的妙悟，这是科学直觉不可能到达的领域。

简言之，审美直觉是一种依据事物的感性外观，瞬时间直接把握其生命情调乃至体验到人的理想生存境界的能力。

美学家们关于审美直觉有不同的理解，他们的观点各得千秋，也反映出审美直觉（广义）存在不同形式。

（1）初级形式。这种直觉只是抵达知性的边缘，基本属于感知层。克罗齐是著名的直觉主义者，不过他所谓的直觉只局限于前逻辑层次。朱光潜先生对直觉的理解也倾向于这一路径，他在早年写的《文艺心理学》中认为，最简单、最原始的“知”是直觉，其次是知觉，最后是概念；后来在注释克罗齐《美学原理》时又写道：“见到一个事物，心中只领会那事物的形象或意象，不假思索，不生分别，不审意义，不立名言，这是知的最初阶段的活动，叫做直觉。”① 这种直觉形式在审美中是常见的，外部事物的形色或声音作用于主体的感官，主体即时产生美的感受。当然，这只是一种浅层次的把握。

（2）次级形式。黑格尔的美学著作中译本将“直觉”称为“敏感”，黑格尔说：“……‘敏感’一方面涉及存在的直接的外在的方

① 克罗齐．美学原理·美学纲要［M］．北京：外国文学出版社，1983：164.

面，另一方面也涉及存在的内在本质。充满敏感的观照并不很把这两方面分别开来，而是把对立的方面包括在一个方面里，在感性直接观照里同时了解到本质和概念。”① 他还以歌德为例，认为歌德以卓越的智力，用朴素的方式对自然事物进行感性观察的同时也预感到它们符合概念的联系。这种形式近于科学直觉，所不同的是对感性方面较为执着，它在塑造人物典型的艺术创作中也是常见的。

（3）终极形式。柏格森认为，知性是人们分解、认识事物的工具，它能帮助人们获得一些外在的、相对的知识，但不能把握生命和宇宙的整体，后者只有通过直觉才能获得。按他的理解，“所谓直觉就是指那种理智的体验，它使我们置身于对象的内部，以便与对象中那个独一无二、不可言传的东西相契合。”② 这可以称作是一种“本体直觉”，它要求不落言筌，与中国古代美学观颇多融通之处。我们无意于肯定它在现代认识论上的意义，但是对于审美心理学至少是很有价值的，因此颇受艺术界的欢迎。

三种直觉形式有深浅层次之分，它们各自打开了心灵的不同层面；而心灵是一个统一体，因此三种直觉形式在心灵敞开过程中可以一体化。事实上，在审美活动中，它们正好对应于悦耳悦目、悦心悦意、悦神悦志三境层。

审美直觉的瞬间性、深刻性源于它直接连结了有限与无限，因此而实现美的创造。柏格森写道：“无论是绘画或雕刻，无论是诗或音乐，艺术的目的，都在于清除功利主义的象征符号，清除传统的社会公认的类概念，一句话，清除把实在从我们障隔开来的一切东西，从而使我们可以直接面对实在本身。”③ 从宇宙学角度看，这种观点似有神秘之嫌；但从心理学上把握，它揭示了真实的心灵体验。罗丹在其艺术论中列有专章谈“艺术的神秘性”问题，他认为名副其实的艺术家，应该表现自然的整个真理，心灵总是向着无限、永恒跃动。瑞士诗人阿米尔在《日记》中形象地描述了自己的体验：“现在又一度享受到过去曾经享受过的最不可思议地幻想的时候。例

---

① 黑格尔．美学：第1卷［M］．北京：商务印书馆，1979：167．

② 洪谦．西方现代资产阶级哲学论著选辑［M］．北京：商务印书馆，1964：137．

③ 伍蠡甫．西方文论选：下卷［M］．上海：上海译文出版社，1979：278．

如：早上坐在芬西尼城的废墟之中的时候；在拉菲之上的山中，在正午的太阳下，横在一株树下，忽然一个蝴蝶飞来的时候；又某夜在北海岸边，看到横空的天河之星的时候；似乎再回到了这些壮大而不死的宇宙地梦。在此梦中，人把世界含融在自己的胸中；而觉得满饰星辰的无穷，是属于我的东西。这是圣地瞬间，是恍惚的时间。思想从此世界飞翔向另一世界……心完全沉浸在静地陶醉之中。”①

这也许是一种有普遍性的心理体验，是美感的高潮时刻，主体往往仿佛微末见大千，刹那悟永恒。

三、道德危机与审美重建

我国当前正处于一个前所未有的转型时期。在经济持续高速增长的同时，固有的社会价值体系出现了全面的动摇，所以有人说，我们目前正面临一场严重的道德危机。

如何拯救这场危机，重建道德秩序，是随着改革深入发展，我们所面临的一道重大的难题。这个难题的解决需要全社会的共同努力。目前，对这个难题的解决主要是从以下方面进行的。

1. 加强德育

为解决目前的道德危机，有些人呼吁加强德育。作为这种呼吁的具体落实之一，即是在所有的高等院校开设思想品德课或人生理论课。然而加强德育的结果，并没有增强人们的道德意识，反而激发了人们对道德教育的反感。思想品德课或人生修养课，成了高校学生最讨厌的课程之一。不可否认，学生对这门课程的厌烦情绪，与课程的内容和任课教师的水平有关。今天的德育，实际上是过去的政治教育的翻版。从小学、初中到高中的政治课的空洞的说教，到了大学，没有了升学的压力，学生对这种空洞的说教自然毫无兴趣。

即使德育课成了真正的道德教育，我们也不能期望因此而普遍增强人们的道德意识。有一个非常普遍的问题，即当我们说道德危机、重建人文关怀、拯救精神等的时候，我们似乎很少去反思什么

---

① 徐复观．中国艺术精神［M］．沈阳：春风文艺出版社，1987：74．

是真正的道德，什么是真正的人文关怀，什么是真正的精神等问题。我们只是简单地把过去的东西，当作现在的理想；而没有去思考在当今社会的现实情境中，我们究竟需要或者说究竟能生长出怎样的道德和人文精神。这就必然会造成这样的问题：我们所强调的道德和人文精神，因在当今社会中缺乏生存的根基而与现实生活格格不入。前一阶段热闹一时的道德理想主义和对传统文化的迷恋等，都存在这样的问题。在我看来，他们所推崇的道德，就是一种没有经过理性反思的道德，要么不合时宜，要么空洞无物。

再一个问题就是，课堂教学的方式也不适宜于道德修养。中国古人早就认识到入“仁言不如仁声之入人深也”。直截了当的教育，远不如潜移默化的熏陶那样有效。这里的原因非常复杂。一般说来，道德更多地强调规范、约束，从而与人的自由心灵相抵牾。因此，正面的道德教育，因容易引起人的逆反心理，而不能收到预期的效果。更重要的是，道德不是一个知识问题，而是一个修养问题。不是有了知识，就一定有道德；甚至不是有了对道德的知识，就有道德。道德需要的是养、是行，这是课堂教学无法达到的，也是学术讨论、著书立说所无法达到的。道德养成，需要的不是知识的渊博，而是更宽泛和现实的社会氛围；需要的不是传授知识的教师，而是有人格力量的榜样。

2. **依法治国**

一些人认为加强德育之所以收效甚微，一个更重要的原因是，在社会生活越来越复杂的今天，伦理规范已经失去了约束的力量。所以有人主张要用法律代替规范。如赵汀阳就指出：“我们一直错看了规范。规范不仅不代表价值，而且不是必需的。它只不过是一种约束行为的措施，仅仅是诸种措施中的一种，而且不是最好的，事实上它是比较落后的一种，它意味着不够健康不够完善的社会生活。随着社会生活的健全，伦理规范将被法律取代，而且我们有理由要求这一取代。当规范被法律取代，‘规范生活’就将消失，但并不意味着只剩下‘法律生活’，相反一种不同于‘规范生活’的单纯的‘道德生活’将被加强，并且成为‘法律生活’的基础。这正是‘法律生活’的要求，因为法律不足以为自身辩护，不足以对自身作出解释，简单的说，无论是什么样的法律，它都需要某种道德理由，否则得不到足够的支持去保证它的有效实施。”①

据称这种道德与法律结盟的最大的好处，就是不自由的地方绝对不允许自由，允许自由的地方绝对不干涉自由。

这种道德与法律的结盟，不仅在理论上存在许多问题，更重要的是，这种构想在目前很难付诸实践。用法律代替规范，或通俗地依法治国，首先要培养一个适宜于法制的社会环境。当前不利于法治的因素主要有两个方面：一是大众缺乏法律意识；二是各级行政部门和官员的干预。可以通过加强法制教育来提高国民的法律意识，但制止行政干预的问题只有通过政治体制改革才有可能解决。

很多人认为，政治体制的改革，不仅能为“依法治国”创造良好的环境，而且也能从根本上解决当前社会的道德危机问题。他们认为，当前各阶层官员的腐败，是导致全社会道德危机的根蒂。腐败的盛行，不仅与个人的道德修养有关，更重要的是，与社会政治体制有关。要从根本上铲除腐败，就必须改革孳生腐败的政治体制。

有了健全的法制和政制，当前社会所面临的道德危机问题，是否就可以得到解决了呢？笔者认为也并非如此。很多外国朋友已经指出，当今中国面临的问题，尤其是道德危机问题，在发达资本主义社会同样存在。而发达资本主义社会，常常被看作拥有较完备的法制和政制的社会。有鉴于此，当前的法制建设和政制改革，并不能从根本上解决当前社会的道德危机。更重要的问题是，如果今天仍然把发达资本主义社会看作人类文明的发展方向的话，要通过完善这种文明来解决道德危机，不啻南辕北辙。因为越来越多的思想家意识到，以当今发达资本主义为代表的人类文明，是造成人类道德危机的最终根源。

3. 普及审美

由于法制教育和道德教育并没有达到预期的效果，于是一些人呼吁普及审美，试图通过审美教育，来加强人文教养，重塑道德心灵。经过他们的呼吁，美育终于被正式地、明确地列入了国家教育方针。

然而普及审美是否就能解决目前的道德危机呢？正如上面指出，

---

① 赵汀阳. 二十二个方案［M］. 沈阳：辽宁大学出版社，1998：162－163.

如果停留在对美和善的表面理解上，它们之间是有矛盾的。美的不一定善，善的不一定美，这就使人们在进行价值判断的时候常常左右为难。如出于对中西部地区贫穷落后的同情，我们帮助他们开发资源、建立工厂，以解决当地人民的温饱问题，并使他们逐渐富裕起来。但这样的扶贫措施，往往会给当地优美的自然环境和具有独特地域特征的风土人情造成无法弥补的破坏。如果在不从理论上解决美善矛盾的情况下，普及审美不仅不能解决目前的道德危机，相反会在具体的价值判断上造成不必要的混乱。

美和善的内在关系只是建立在它们的根源部位上或最高境界中。因此，从美学角度来谈道德重建，就必须将美和善都还原到它们的根源部位上，必须对现在究竟需要怎样的伦理规范、道德秩序进行批判性的反思。不能把以往现成的伦理规范，当作今天的道德要求。因为，现在整个人类的生存环境已经发生了很大的变化，德育应该适应这种变化，或者说，应该是从这种新的生存环境中具体生长出来的。道德，不管怎么定义，总应该是人类心灵的真实要求的体现。这里所说当今道德的审美重建，并不是说审美经验对某些无根的德育有什么帮助；相反，审美经验可以帮助人们放弃那些无根的德育，为适应现代生活的新的德育的生长厘清地盘。

审美在当今的道德重建中的作用就在于它能够帮助人们认识到什么是自己内在心灵的真实需要，并进一步培养这种真实需要。这种内在心灵的真实需要，是任何真正意义上的道德赖以生长的基础。

普及审美不仅可以帮助人们发现道德生活的基础，而且也是我们这个时代的特殊要求。按照前面的分析，当今的时代是一个大众匆忙活动的时代。大众时代的基本特征是，能指吞并所指，居于文化的主导地位。这种能指优势的大众文化实际上是一种审美文化。因为审美文化就是一种注重能指价值的文化。因此大众时代的游戏规则（实际上是一种广义的伦理规范），就不能依据自然科学（考察质量）、经济科学（考察价格）来确定，而应该根据美学（考察符号能指的意义及其如何实现交换）来确定。也就是说，大众时代的游戏规则、伦理规范，应该服从整个符号消费和体验的游戏规则。而有关符号消费和体验的游戏规则，以往的美学和艺术理论已经有了一些比较成熟的思考，它们可以为我们寻找大众社会的道德基础提供方向。

总之，我们所处的时代，是比以往人类历史上任何一个时代都更为特殊的时代，它那越来越快的“新奇”令人目不暇接。我们只能在这个时代里营造我们的美好生活，而不能退回到历史上某个过去的时代。当我们谈论当前的道德改造的时候，一定不能忽视这个社会存在的重要性。我们需要从一个更新的视野着手，来思考当今的道德问题，而不是仅仅去恢复某些已失去生命力的道德规范。

第三节 审美理想

审美理想在美感中潜在地发挥制导作用，使美感从对现实刺激的感受开始自发趋向于和谐、完满的诗意境界。

理想问题是审美的核心问题。理想学说是康德美学思想的一个最重要的部分。在黑格尔看来，“理想”与“美”是可以互换的范畴，其美学巨著就是致力于考察理想的历史展开的。车尔尼雪夫斯基也明确意识到，美是“表现出我们的理想、目的和我们所愿望、所热爱的”那种东西。美学研究之难集中体现于把握理想之难。

一、审美理想的由来

人们都渴求生存的完满，然而人们的具体憧憬又各有不同。这表明审美理想的形成既以先天的生理因素为基础，又在后天的生活实践中获得具体形态并且不断变化发展。

1. 审美理想以先天的生理因素为基础

理想总意味着一种完善性，体现了秩序与和谐。它植根于人体的生理结构。人们赞赏女性形体的曲线美，古希腊雕塑多呈 S 形，画家荷加斯认为一切线条中波状线最美，何以有这种共同的对“曲”的钟爱呢？耐人寻味的是，作为生命基础物质的 DNA 分子就是一种卷曲的螺旋或双螺旋结构。音乐美的内在秩序也与生理密切相关。聂耳的《义勇军进行曲》是严格符合黄金分割比例的数列结构，甚至可以按这种比例作多级划分，其鬼斧神工之妙当是表达了生命的节奏。另据介绍，有的科学家把 NDA 分子的四种碱基 T、G、A、U 按照配对原则构成的螺旋结构进行处理，以每个碱基代表一个音符，结果发现竟是一首极为优美的乐曲。

人类是大自然的产儿，人体的生理结构源于宇宙的普遍秩序。“曲”可能是万物形成和变化中的一种普遍状态，我国先哲以“太极图”非常精妙地表示出生生不息的宇宙图景。现代科学中的相对论证明，时空是弯曲的或卷曲的；弦理论揭示，基本粒子不是点状而是弯曲或卷曲的小弦。宇宙大化也许是无声的乐曲，毕达哥拉斯早就推测宇宙存在一种音乐的和谐，中国哲人也曾意识到“大乐与天地同和”。大大推进了“日心说”的著名天文学家开普勒，坚信宇宙存在着“数的神秘性”，据传他甚至按照天体运行的规律而谱成一些乐曲。在这种意义上，我们赞同庄子的说法：“天地有大美而不言。”

既然如此，那么就没有理由回避人类与某些动物对美的形式有相似选择的事实。航海者发现，当轮船在海上停泊，甲板上演奏轻快的华尔兹旋律时，附近的海豚闻声而至，安详浮游；一旦改播刺耳的爵士乐，它们霎时间逃之夭夭。有两位画家在1981年清明节前后去山西某地写生，傍晚外出散步时看到令人惊奇的一幕情景：“一对激烈追逐的鸡突然从他们身边穿过，被追者是一只羽毛洁白、造型很美的母鸡，穷追者是只像‘二赖子’般的瘦瘦的秃毛公鸡。母鸡见前面有只毛色光泽动人、尾羽大而漂亮的雄鸡，径直腾跳到它旁边，这只健美的大雄鸡立刻充任了保护神，把那只秃鸡给赶走了。大雄鸡回到母鸡身边后，两翼擦着地面刷刷作响，围着母鸡兜圈子，作出通常的求情姿态，母鸡很顺从，不动声色地啄着食，后来尾随大雄鸡消失在远处。”①

人们还看到，新几内亚有种橙冠园丁鸟，用草围着小树干建造自己的窝棚，很像半坡人的中心柱式建筑：“在中心柱上，鸟先将一层墨绿色的苔藓蒙在树干上，然后把装饰物嵌在苔藓上，左边总是蓝色的甲虫，右边总是蜗牛壳碎片。中间用一列黄花隔开。在棚子前面，是精心照料的花园，撒满了鲜花，四周以篱笆围护，篱上还点缀些黄或红色的果子。”② 就形式而言，这种雄鸟为求爱建的窝棚

① 刘骁纯．从动物快感到人类美感［M］．济南：山东文艺出版社，1986：54.

② 刘骁纯．从动物快感到人类美感［M］．济南：山东文艺出版社，1986：86.

与审美创造物相去不远。

2. 审美理想滋生于人类生命与文化的中介点上

尽管理想的形成有着生物学的甚至物理学的依据，我们仍然只能说唯独人类才有审美理想，它既是文化的基因，又是文化的成果。有的论者将审美问题还原为生物学或物理学的问题，这种极端倾向是不可取的，因为照此推论，人类的爱情也可以还原为生物的雌雄交配活动，甚至物理学的正负相吸法则，人于是被还原为动物乃至一块磁铁。应该说，生物的发展和文化的建构都具有一种不可还原性，审美理想的形成包含着生物性的和文化性的双重规定。

达尔文的进化论将有机界理解为一个连续不间断的生命之流，认为某一物种的出现是一些偶然因素决定的。这固然沉重打击了传统的目的论体系，但是它并没能否定每一物种自身潜藏着内在的目的性。事实上，不只是环境选择有机体，有机体也在选择环境，以使其潜能成为现实。生物进化过程中的基因突变产生新的物种，一个新物种的产生即意味着一种新尺度的出现。人类从动物界中分离出来至少是一次物种的质的飞跃，从此世界的发展便有了意识的因素和自由的定向。人类的尺度与其他物种的尺度虽然有某些潜在的相通，但同时还有着质的不同——既有生物学意义的不同，更有文化学意义的不同，因为唯有人类才是“文化的动物”。

在人类与动物的临界点上，在人类先天的生物性与后天的文化性的中介点上，当是由灵长类突变而出的人类的基因。正如一粒小小的橡籽决定了在适当的条件下它将成为参天大树一样，人的基因包含着人的一切潜能。现代人本主义心理学家马斯洛写道：“看来只有一个人类的终极价值，一个所有人都追求的遥远目标。……这个目标就是使人的潜能现实化，也就是说，使这个人成为有完美人性的，成为这个人能够成为的一切。”① 审美理想就是这遥远目标的具体呈现，就是人的族类内在目的性见诸感性形态。人们以之为尺度衡量外部对象即是审美。人类的实践活动总是力图依据现实条件使这些潜能成为现实。

由此不难理解，审美与性爱密切相关，因为性爱包含传递基因

① 马斯洛，等．人的潜能与价值［M］．北京：华夏出版社，1987：73.

的本能，是生命力旺盛的体现。古希腊时代的人们认为，爱神最美、最善、最智慧，爱神降生，于是人就有了对美的爱好，这是一种很有意思的猜想。近代一些美学家抱有相似观点，如桑塔耶那写道："由于性欲的放射，美才取得它的热力。正如一个竖琴，手指一弹就振动，向四面八方传出音乐，男人的天性也是如此，只有对女性多情，他才能变得同时对其他影响也敏感，而且对每一对象都能够有温情。恋爱的能力给予我们的观照一种光辉，没有这光辉，观照往往不能显示美……"①

能否以性爱解释所有审美现象，我们不敢妄断；然而可以肯定，性爱至少是审美的基本动力之一。这里的确有生物性因素，如达尔文指出的，雄鸟在雌鸟面前经常炫耀自己漂亮的羽衣和婉转的啼唱，而一旦它们被阉割，"雄性的这种种媚惑或招致雌性的构造""即行消失或决不出现。"② 我们也看到，一个幼稚无知的儿童或生命衰竭的老者一般来说都相对缺少追求美的敏感和执着。不过，人类性爱中的文化因素同样是显而易见的，人们不只是迷恋对象漂亮的外貌，还倾慕对象善良与智慧的心灵，二者兼之才是真正的审美。我国先哲认为人的心灵存有"通天下之志"（《周易》），而志相关于生殖系统，"肾藏精、精舍志"（《黄帝内经·灵枢》）。志从根本上为人的生命活动和生活实践定向，故叶燮将"志"看作佛家所谓的"种子"。志就是目的，就是理想，它将生命与文化融为一体，从根本上决定了人们对完善性的仰慕和追求。

3. 审美理想伴随文化的发展而获得丰富多样的具体形态

人类的基因包含着创造诸种文化形式的潜能，人类在创造文化的实践进程中自身也发展起来。于是审美理想以人的族类生存的内在目的性为内核，获得了丰富多样的具体形态。这里，本能的选择与经验综合交织在一起，因而可以无穷生发。

毋庸置疑，在人类历史上，审美理想千姿百态。首先是存在地域的差异，如古代中国的绘画与埃及、欧洲的绘画就有显著的不同，这可以归因于不同的地理环境、不同的民族气质、不同的文化氛围

① 桑塔耶那．美感［M］．北京：中国社会科学出版社，1982：39－40．

② 达尔文．人类的由来及性的选择［M］．北京：科学出版社，1982：741．

等所致。其次是存在着时代的差异，就西方艺术中人的形象来说，古希腊时代是活泼的，中世纪是忧伤的，文艺复兴时期是恬静的，巴罗克时代则是躁动的。这样的变易也有某种规律可寻。再次是存在阶级的差异，正如车尔尼雪夫斯基曾指出的，对于女性的人体美，有闲阶级倾心于娇弱，劳动人民则更愿意选择健壮，这或许是经济或政治因素的介入。甚至可以说，每一个人都有与他人不尽相同的审美理想，而且即使是同一个人，在不同时期也出现审美理想的变化，因为它受制于特定的生理条件、生活阅历和文化修养。审美理想问题的复杂性似乎特别来源于此，要对不同时空环境中审美理想的不同形态进行具体描述，在基本原理层面上几乎不可能，须留给历史学家去完成。

不过我们也应看到，理想中的个性乃至特定群体性因素既可因时因地形成，又可因时因地脱落。例如中国人一开始看不惯欧洲人的鹰钩鼻，直率的军人觉得文雅的大学教授不顺眼，等等，然而相处日久，便习以为常乃至以之为美了。唯有理想中的全人类因素，如对均衡、和谐及自由、平等、仁爱等的追求，作为“通天下之志”，普遍而稳固地贯穿于一切民族、一切时代之中，无论是古希腊还是文艺复兴的艺术，无论是陶渊明梦想的桃花源还是莫尔设计的乌托邦，都概莫能外。这些因素在现实生活中虽多有欠缺，但它们构成不熄的火把，一直照耀着人们改造自然和改造社会以达到完满生存的历史征程。很多论者将审美理想仅仅理解为“审美经验的概括”，结果看不到其恒久性一面，被其易变性弄得眼花缭乱，经验的概括由于受主客体两方面偶然因素的作用而变化不息。俄罗斯诗人亚历山大·勃莱克沉吟道：“如果将偶然的枝蔓删夷，你会发现，世界那样美好整齐。”（《报应》）应该说这是很有哲理的诗句，只是我们还当补充：“多亏这些偶然的枝蔓，人类理想才如此丰富多彩。”

二、审美理想的形态

通常人们将理想区分为审美理想、社会理想、道德理想等，就现实各个文化领域的考察来说是必要的，因为各领域的出发点不同；然而就人类活动的最终指向看，理想是一种无限延伸之境，是一个完满生存的极点，很难作类型划分。审美理想固然非常注重形式，但是仍然关乎人生；社会理想体现历史趋势，同时也见诸感性形貌；我国古代士人多为道德理想主义者，其追求也是内在道德修养与外在“圣贤气象”的统一。德国美学家、教育家洪保德认为，人类的生活天性倾向于同一的理想。美国学者丹汉姆在《锁住的巨人》中也指出过，理想应该很大，足以囊括一切，它位于最遥远的将来之外；如果我们认为许多理想可以结成一个统一体，那么最高的理想也许具有那种可见而不可即的极限的性质。因此，我们这里不妨对理想进行一般性的探讨。

1. 理想的基本特征

特别在德国古典美学中，理想的基本特性得到比较明确的揭示，值得我们借鉴。

（1）它是感性与理性的统一。审美理想体现着人的族类生存的内在目的性，是我们孜孜以期的“完人”形象，是一切可能的存在中之最完善者，因此必然是人对自己本质的全面占有。不过，与表现为抽象意识的审美观念不同，审美理想是具体的存在，理想之所以是理想，在于它溶解抽象观念于具体形象之中。康德试图划分出“理性之理想”与“感性之理想”，认为前者来自先验的理念，授予我们以规律和完人之范本；后者则来自经验的直观，为想象之所产，不给我们以规律，仿佛是“由杂驳经验而来之暗昧速写图形”①。而在写《判断力批判》的时候，康德又意识到在审美活动中二者不可分割，因此他将理想确定在“依存美”而不是“纯粹美”上。所谓“纯粹美”，是指纯粹的形式美，如花、鸟、贝壳、图案画、无歌词且无标题的音乐等；而“依存美”则是指依存于一定的内容意义的美，它是趣味与理性的统一，如人体、园林和普通的艺术品等。理想可以说是最高的依存美。它“是一个适合于理念的个体存在之表象”，必须以理性观念，以“人类不能感性地被表象出来的诸目的作为判断外在形象的原则”②。

（2）理想是真与善的统一。在康德等思想家看来，求真是要认识自然，并且要求服从必然；持善则是坚持遵循内在的道德律令，

---

① 康德．纯粹理性批判［M］．北京：商务印书馆，1960：412－413.

② 康德．判断力批判：上卷［M］．北京：商务印书馆，1964：74.

要求实践的自由。理想将必然与自由统一为一体，既体现了合规律性，又体现了合目的性，这两者结合于心灵呈现的表象中，溶化于活泼灵动的富有诗情画意的形象世界中，因此几乎看不出它们的独立存在；而这富有诗情画意的形象世界本身就是美。卢梭描绘他所憧憬的理想国家，那里热爱公民，法度适宜，充分自由，人民和睦，再加上“温和的气候”“肥沃的土地”“美丽的风景”，他希望在这样的国家里自由地生活，自由地死去①。这种真、善、美融为一体的理想生存境地，其实是人类的普遍祈求。

（3）它是有限与无限的统一。理想是在现实条件下形成的有关未来的憧憬，现实是有限的，未来是无限的。今天的理想可能成为明天的现实，而明天又会产生新的更高的理想，如此延伸，以至无穷。从共时性看，审美理想表现出的感性形态是有限之物，作为其内核的人生最高的目的性则是无限之物。康德认为，内在地支配着人的道德观念必须有看得见的表现，美又可以说是道德的象征，“它和一切我们的理性与道德的善在最高合目的性的联系中相结合着”②。康德将理想理解为“个体的理念”，即由理念已经规定或所能规定的个体事物。黑格尔更是将美直接界定为“理念的感性显现”，这与他对理想的把握——“符合理念本质而现为具体形象的现实”③ 是完全一致的。如果说在康德那里，理想只是审美判断中的内在尺度，那么，在黑格尔看来，理想其实就是美本身，就是他所谓的“心灵的那种美”。不难看出，无论是康德还是黑格尔，都意识到审美理想是无限之物显现于感性具体。

2. 理想的基本结构

理想的基本特性反映出理想的基本结构。理想的基本结构也许首先应该从心灵角度来考察。黑格尔指出，理想的本质在于“使外在的事物还原到具有心灵性的事物，因而使外在的现象符合心灵，成为心灵的表现”，只有这样，“理想才真正是美的，因为美只能是

① 卢梭．论人类不平等的起源与基础［M］．北京：商务印书馆，1985：51－55.

② 康德．判断力批判：上卷［M］．北京：商务印书馆，1964：74.

③ 黑格尔．美学：第1卷［M］．北京：商务印书馆，1979：92.

完整的统一，但也是主体的统一。”① 温克尔曼和莱辛等都认为，理想与完美和谐的人性观念相关联；可以换一句话说，理想是人在精神上全面占有了自己的本质，也就是占有了整个心灵空间，大无外而细无垠，因此，心灵的结构决定了审美理想的基本结构。

与美一样，审美理想是具有三层面、两系列的结构体。它显现为具体形象，这具体形象一般来说符合形式美的法则，能使人愉悦，因而既有直观成分又有体验成分，这是感性外观层。它含有知性因素，体现对真的认识和对善的评价，因而是合规律性与合目的性的统一，这是文化观念层，尽管这一层通常不露痕迹。最深层是佛家所谓的“种子”，中国哲学所谓的“志”，西方当代人本主义思想家所谓的“自己”，笔者称之为“志性”，它包含人的族类的基因，是人类生命的始基并联结着宇宙秩序，构成了审美理想的胚胎和内核。我们认为它存在自性原型和身由意志两个维面，并从根本上制约和统帅着知性层面的认识和评价以及感性层面的直观与体验，使审美理想成为必然与自由的统一体。这里的关键在于承认心灵或理想的第三层面，其实，中西方的美学家们都不约而同地强调通过“心斋”“澄怀”“妙悟”“灵感”“去蔽”等名称不同而实质相近的活动以“呈现”它、“敞亮”它。现代美学不应该只是在神秘面前一味逃避，而应该尽可能地尝试揭开那神秘的面纱。

由于汉语的“志”一词本身包括了“理想”的含义，因此审美理想源于志性是顺理成章的。然而从志性层面滋生的理想何以本身就是三层面、两系列的结构体？它吸纳了感性、知性材料固然是基本原因之一，是否涉及更深层次的原因——譬如志性本身又内含这种结构的原始样态？我们对此不甚了了，只好留着“俟解”了。

意识到审美理想的基本结构，我们就可以从其本体意义上解释：它植根于人类的生理结构，连结着宇宙的普遍秩序，寄寓了文化内涵，见诸现象形态；它统一了必然与自由，包容了科学活动和道德活动各自具有的不同倾向，因而全面体现了人的类本质。

3. 理想的突出特征

终极意义上的审美理想，其突出特征是和谐。作为一种潜在的

---

① 黑格尔. 美学：第1卷［M］. 北京：商务印书馆，1979：201－202.

完人形象（自然物显现理想其实已人化），外在地看是体貌各部分的和谐，内在地看是心灵诸因素的和谐。古希腊的克吕西普的看法也许不无道理，他说："人体的美就是构成相互间关系以及对整体关系的各部分之间的对称，而心灵的美则是精神及其对整体关系和相互间关系的各种因素的对称。"①还有一重规定是内在精神与外在形象的和谐，形象体现美好的心灵，心灵见诸美好的形象。黑格尔指出："形式的美一般说来并不是我们所说的理想，因为理想还要有内容（意蕴）方面的个性，因而也就还要有形式方面的个性"，"理想之所以有生气，就在于所要表现的那种心灵性的基本意蕴是通过外在现象的一切个别方面而完全体现出来的"，外部形式因而"不剩下丝毫空洞的无意义的东西"②。

从历史发展看，审美理想的和谐是一种动态平衡状态。它的诸要素不仅相互对峙、相互关联，而且相互消长。如果心灵及体貌的各部分仅仅是一种静态的对称、均衡，即使符合法则也只是一种平庸或古板的形象，缺少生气与活力；历史的发展因时因地呼唤人们某一方面的潜能凸现出来，这便造就鲜明的个性，从而也造就审美理想与其变体（宽泛意义上也被称作审美理想）的交替流转。这种动态平衡对个体来说植根于生命的本性，对社会来说植根于历史的必然，审美理想于是从一般形态进而获得更具体的品格。

基于上述不难看出，较之通常所谓的美，理想不过距离现实对象稍远，在形态上较为一般和模糊些罢了。它在审美活动中悄然无声地将自然物提升而有自然美，其物态化就是艺术美。

对于理想，正如丹纳所说，"似乎只能以诗歌咏叹"：一个人提到理想，必然充满感情；他会想到流露真心的那种缥缈美丽的梦境；他只能以不胜激动的心情，低声细语的诉说；倘若高声谈论，就得用几句诗或一支歌；一般只用指尖轻轻地接触，或者合着双手，像谈到幸福、天国和爱情的时候一样③。

知性不能把握美，同样也不能把握理想。我们只是为了理解理

---

① 克留科夫斯基．人是美的［M］．北京：国际文化出版公司，1989：237.

② 黑格尔．美学：第1卷［M］．北京：商务印书馆，1979：221.

③ 丹纳．艺术哲学［M］．北京：人民文学出版社，1963：337.

想并作传达交流，才对它进行了强行切割，其实要真正把握它，须得每一个人自己细加体味。

三、审美理想的功用

审美理想是潘多拉匣子里的“希望”，是人生旅途上的烛光，是历史征程中的灯塔。

1. 审美理想导引着人们的审美体验

理想总是潜在地导引人们体验瞬时的“现在”，使其得到诗意的呈现。

杜威曾谈道：“由于我们常常不考虑现在而考虑过去与将来，把对过去的回忆与对将来的期望加入经验之中，这样的经验就成为完整的经验，这种完整的经验所带来的美好时期便构成了理想的美。”① 应该说，是理想的美在这种经验中得到体现，而理想自身又在这种经验中得到丰富。审美理想将过去、现在、未来融为一体，将感性、知性、志性合于一身，人们既参照它评价和改造外物，又自发地指向它，以期顷刻间成为“自己”，这就是审美生存。时间无限，空间无限。个体的人总是生活在一个个特定时空点的序列之中，这特定时空点就是“现在”。事实上，没有纯一的“现在”，人的意识之流的每一顷刻既映现着“过去”——过去的东西以经验形式存留于现在，同时也孕育着“未来”——未来的东西以憧憬形式浮现于现在、牵引着现在。王夫之指出：“过去，吾识也；未来，吾虑也；现在，吾思也。天地古今以此而成，天下之亹亹以此而生。其际不可紊，其备不可遗。”（《思问录·内篇》）他又说：“瞬有养，息有存，其用在继，其体在恒，其几在过去、未来、现在之三际。”（《尚书引义·多方一》）“几”者，此即人的瞬时存在，若刹那间体验到永恒，就是人生诗意化。这一哲理，莱布尼茨、海德格尔等也指出过。

如果说人对“现在”是一种直感的把握，对于“过去”主要是一种知性的积累，那么既包蕴遥远的“过去”，又特别指向无限的“未来”的则是人的志性心灵能力。因此，当一个人在某一瞬间直觉

① 伍蠡甫．现代西方文论选［M］．上海：上海译文出版社，1983：226－227．

到“自己”，也便是在精神上全面占有了人的本质，也便是“上下与天地同流”（《孟子·尽心上》）。我国先哲普遍注重日常生活的诗性体验。儒家崇尚“孔颜乐处”，道家追求“逍遥游”，在禅宗看来，更是“青青翠竹，尽是法身”，“运水搬柴，无非妙道”。这种情形虽然不能直接推动社会进步，但无疑有助于人格修养。

2. 审美理想导引人们的文化创造

从更为积极的意义上看，审美理想总是潜在地导引着人们改造现实，使文化世界趋于完善。正是基于它，人们对受压抑的状态总希望予以解放，对残缺不全的东西总希望补足，并力图使混乱无序的状态达到有序与和谐。

审美理想指引着认识活动，科学家阶层对此体验最为深切，已如前述。

审美理想也导引着道德活动。我国古代哲人从不同方面对此作了揭示。首先是促进内在修养的充实，孟子认为，仁、义、礼、智等善端人皆有之，只要促其生长，使之充实胸襟便是美。其次是促进人格的完满，孔子认为理想的人格是内在修养与外在容止的统一，“文质彬彬，然后君子”。再次是促进群体关系的和谐，孔子向往“天下归仁”，墨子要求“兼爱”，都是对于至善境界的追求，而至善境界其实就是理想境界。

审美理想最直接地体现于艺术活动。艺术是审美成果的物化，审美实即理想对现实的提升，艺术中诗意的东西就是理想，正如狄德罗在《沙龙随笔》中所说：“没有理想就没有真正的美。”瓦莱利指出，人类现实生活是杂乱的，诗人使用这杂乱状态所提供的语言材料，却要努力“创造一个虚构的、理想的境界”①。西方马克思主义者布洛赫认为，乌托邦理想以其真实的客观可能性环绕着现实，它虽为呈现于遐想中的空中楼阁，却是人们以整个生命为底蕴加以建造的，因此非常瑰丽壮观，优秀的艺术品创造性地使理想超前呈现。

终极意义的理想是一种完满、圆足。列夫·托尔斯泰指出：“理想，只有当它‘完整无缺’时，才是理想。它的方向，只有当它指

① 伍蠡甫. 现代西方文论选［M］. 上海：上海译文出版社，1983：29.

着在现实中并不存在的数学直线时，才能表示出来。”① 在审美创造中，它既是一个强大的磁场，为人们的活动定向；又仿佛一座海市蜃楼，人们总是企求接近它却永远不能达到它。

围绕着托尔斯泰所谓的“数学直线”形成的中轴，不同的历史阶段必然出现两极摆动。一般说来，审美理想的终极所指是美的极致，在优美领域；不同时期、不同环境中人们审美理想的实际所指，则可能上行于壮美，下行至弱美。艺术追求和体现审美理想，往往经历一种螺旋式的行程。席勒认为，“美的最高理想要在实在与形式的尽可能完善的结合与平衡里去寻找”，但是，“这种平衡永远只是一种理想，它在现实中决不可能完全达到。在现实中总是某一种因素比另一种因素占优势，经验界所能达到的最高成就只是在这两个原则之间摇摆，时而实在占优势，时而形式占优势。”② 席勒这里所讲的理想实际上是审美理想的终极所指，他从客体（实在）与主体（形式）两方面探究平衡态的成因和变化是有道理的。我们知道，心灵的认识性系列要求服从必然，靠拢客体，而心灵的意向性系列则要求实现自由，充分发挥主体性。不过席勒所注意到的意向性仍在认识领域而不是道德领域，这也许是其表意的不确切之处。在他看来，经验中的美总是围绕美的理想作两极摆动。一极是“振奋性的美”，这种美不能使人抵制粗鲁和僵化的某些残余，实为崇高或壮美形态；一极是“融合性的美”，这种美不能使人防止某种软弱和无能，实为介于优美与弱美之间的过渡形态。显而易见，席勒对基本审美形态围绕审美理想的中轴嬗变的规律已有所认识。

我们有理由相信，审美理想如同一轮明月，无论有多长时间的或陷或缺，它必然会回复自己完整的本来面目，再度展现出明净、圆润的身姿。

3. 理想在审美研究中的核心地位

在一定意义上说，审美学原理的核心是讨论理想本身及其历史展开。我们在前面的章节中虽然较少提及理想，但是潜在地是以理想为参照系统进行阐述的。理想是审美活动得以进行的基础，是人

① 列夫·托尔斯泰．最后的日记［M］．上海：上海文艺出版社，1955.

② 席勒．美育书简［M］．北京：中国文联出版公司，1984：92.

们作出审美判断的最高尺度，因而是审美的灵魂所在。如果没有它，美丑就没有界限，至少是没有价值品位之分。

现代美学的一种通病是忽视理想。在西方，人们由于种种历史原因，感到理想犹如阳光下色彩斑斓的肥皂泡，在坚硬而粗糙的现实面前不堪一击，因此视陶醉于理想者为天真。这是有道理的，种种悲观主义思潮都不失其深刻性，在特定历史阶段确有存在的理由；然而摒弃理想而导致现代艺术流派中常常有人跃跃欲试要埋葬美、摧毁艺术本身的后果已显而易见，它从反面表明，没有理想就没有美，轻视理想就取消了审美。在我国，人们比较普遍地重视理想，整个精神文化领域都有浓重的理想色彩，可是偏偏在美学理论中竟没有理想的位置。究其原因，外在方面是20世纪50年代的美学大讨论使致力于在“现实”基础上建立新美学的观点占了上风，20世纪80年代的美学大讨论又只限于向西方当代美学思潮开放大门，这种思潮正好与学界不少人厌恶“假、大、空”式理想主义的心理不谋而合；内在方面是传统美学精神的失落，特别遮蔽了心灵的第三层面，在认识上使理想成为无源之水、无本之木，虽然注意到它的普遍存在和重要作用，却无力说明和阐释它。

审美活动是具有理想性的活动，这里不仅有理想的潜在导引，而且有理想的直接体现，它营造出一个被称为“第二自然”的乌托邦。尽管乌邦不能直接改变人们现实生存的缺陷，却能给人以精神寄托，并且指引着人们改造现实的方向，其价值不容忽视。正如西方有的论者所指出的，世界地图如果少了一个乌托邦国度就不值一瞥。审美文化的独特地位就在于此。

审美之所以有益于人生，特别在于它感发了人心中的理想，使之摆脱了尘封，保持着鲜活。而人之所以不同于动物，就特别在于人有理想。雨果分析道：“人有了物质才能生存；人有了理想才谈得上生活。你要了解生存与生活的不同吗？动物生存，而人则生活。……生活，就是知道自己的价值、自己所能做到的与自己所应该做到的。”① 这是一位艺术家兼思想家的经验之谈，其实中国传统哲学中有着更深刻的分析。《周易》中说：“天行健，君子以自强不息。”

---

① 维克多·雨果．雨果论文学［M］．上海：上海译文出版社，1980：169.

嵇康明确提出："无志非人也。"（《示儿》）王夫之在比照了人与动物在能力上的异同后指出："呜呼！小体人禽共者也。虑者，犹禽之所得分者也。人之所以异于禽者，惟志而已矣。不守其志，不充其量，则人何以异于禽哉？"（《思问录·外篇》）蔡元培先生继承了传统文化的这一宝贵遗产，他谈到："理想者，人之希望，虽在其意识中，而未能实现之于实在，且恒与实在者相反，及此理想之实现，而他理想又从而据之，故人之境遇日进步，而理想亦随而益进。""惟理想与实在不同，而又为吾人必欲实现之境，故吾人有生生不息之象。使人而无理想乎，夙兴夜寐，出作入息，如机械然，有何生趣？"① 这可谓是中的之论。连身处西方现代思潮之中的罗素，在其《社会改造原理》中也认为人的生活必须有某种目标，不然就会类同动物，没有人的真正价值。

由于理想广泛参与文化的建构，各个文化领域的发展都指归于理想，所以可以说它是人的价值之所在，整个人类的历史就是向着理想境地坚韧攀登、不断改造现实的历史。

"五四"时期的思想前驱——蔡元培、陈独秀、鲁迅等都非常重视理想，分别写过专文进行探讨，这也许是因为他们意识到，面临新时代，必须塑造新人格。重视理想是一个时代精神面貌朝气蓬勃的表现。今天我们正处于又一次文化转型期，理想问题应当引起人们的普遍关注。重振审美理想，必将使人们努力加强修养，充分发挥潜能，造就全面发展的自由和谐的个性。

---

① 张志国，等．理想论［M］．上海：上海人民出版社，1987：227.

第五章 审美浸润

本章我们将探讨美育问题，美育是“润物细无声”的过程，故我们称之为“浸润”。

通常人们讨论美育问题，多就实际操作的方法、途径进行描述，脱离了“美学原理”的固有含义，对于一般科学来说，原理是基础科学，操作是工程科学，人文学科也有近似情况。席勒最早明确提出“美育”一词，他以一系列书信形式在美学史上第一次较为系统地建立了美育理论，这一理论的主旨是强调培养完美的人性，造就审美的人。它要求把爱行动的人引回到爱思索方面来，即从客观方面转回到主观方面来，简言之，“由美的对象产生美，这就是美育的任务”。我们这里还原席勒的初衷，仍着重从理论上阐述审美教育问题，而不是致力于行动措施的泛泛列举。

第一节 审美趣味

审美心理活动犹如一棵大树，研究审美理想是从种子、根系方面出发的探索，研究审美趣味则是从叶片、枝条方面入手的探索。比较而言，探究审美理想多涉及形而上的领域，考察审美趣味则多为形而下的描述。按我们的理解，审美理想的基本样态是由志性层面滋生的，审美趣味处于感性层面而有着无限丰富的体现形式和鲜明的个体性特点。

一、审美趣味的含义

1. 审美趣味的个体性与多样性

西方有句成语：“谈到趣味毋争辩。”它一直被奉为至理名言。的确，就人们的日常趣味而言，不仅不能强求一律，而且无所谓品位高下。四川人喜欢辣，江浙人喜欢甜，菜肴是辣些还是甜些好，谁也不能得出有取舍而又公允的结论。我国俗谚说，“萝卜白菜，各有所爱”，也充分肯定了人们日常趣味丰富多样的合理性。

审美趣味与日常趣味一样，具有个体性与多样性的特点。人们的着装似乎有无穷无尽的样式与色彩：有的喜欢长袍马褂，有的喜欢西装革履；有的喜欢拖地长裙，有的则喜欢紧绷的短裤；有的喜欢花花绿绿，有的喜欢洁白淡雅……审美趣味的多样性给人类生活带来勃勃生机，让世界变得更加多姿多彩。特别是在艺术领域，“万紫千红总是春”，不同情趣的成功表现营造出艺术的春色、艺术的百花园。中国文学尤其以诗歌最得风流，在这诗的王国中，先有《国风》的质朴与屈赋的奇幻，后有汉魏的高古与南朝的妍艳，唐诗的兴趣与宋诗的理趣也如双璧辉映。它们都各领千秋，让后人流连忘返。自然不免有人爱“风”而有人崇“骚”，有人尊唐又有人尚宋，只要不是片面贬抑其余，也就无可厚非。

历史表明，审美趣味的单一化是人类的悲哀。如我国 20 世纪 60—70 年代的十年动乱期间，人们几乎一律穿黄色或灰色的中山服；所有文艺作品都必须体现“三突出”的原则，以一非现实的“高、大、全”的人物为轴心组成金字塔形的结构，那种万马齐喑、百花凋零的情景简直让人不堪回首。某一时代审美趣味单一化，一方面是由于极“左”的政治压制，另一方面是由于愚昧的从众心理，人类在走向文明的过程中，就是要抛弃野蛮和告别愚昧。

审美趣味之所以具有个体性与多样性的特点，基本原因在于它是人们感性官能的选择，并且直接联系着外部无限多样的感性世界。人与人之间的感性官能既有一致性，又有差异性。这首先要考虑生理因素，有的人天生地喜欢海蓝色，而有的人则本能地选择土黄色，二者大约存在感官感受的差异；郭沫若扬李抑杜，很可能与他同李白在气质上接近有关。其次要考虑环境习俗因素。在日常趣味中，习惯的作用不可低估，一个地方的美食可能让另一个地方的人感到作呕。人是具有可塑性的，尤其以少年时代最易接受某一习俗，以后习惯成自然，保持了某种特定趣味，在北京的四合院成长的人从小就可能喜欢京剧，而在维也纳宫廷出生的人更早就对交响乐感兴趣。甚至自然环境也有不可忽视的潜在作用，除了不同的食物来源（它直接影响人的生理）外，自然景色的耳濡目染也会影响人们形成不同的趣味，生长在河北白洋淀的人较爱清纯，而生长在山西黄土地的人较尚质朴。再次，要考虑时代精神的因素。它是一种文化气候，影响着人的精神风貌，也影响着艺术风格。例如我国在跨入21世纪时也许处于一个时代交替的上升期，人们的普遍心态是躁动而雄豪，更多将目光投向未来而不是留恋过去，这样的时代一般使人们更倾向于奔放而不是沉静，崇尚粗犷而不是优雅。

个体的差异、地域和时代的差异等从整体上看已构成审美趣味的多样性，并且，以个体的人为中心，审美趣味在时空环境中变化不息，因为人本身其实有无穷多样的感性需要。可以说，没有任何一种审美趣味具有当然的永远独霸天下的地位，无论它多么纯正、多么高雅，因为人的生命在不息运动之中，只有变化才能保持其动态平衡。李白与杜甫的诗作可谓后人不可企及的范本，然而，“李杜诗篇万口传，至今已觉不新鲜。江山代有才人出，各领风骚数百年。”（赵翼：《论诗》）文艺诠释往往因不同时代的人们有不同的审美时尚而不断变化，例如，公元400年到1000年之间的欧洲，人们几乎让欧里庇得斯在悲剧的王国里驱逐了埃斯库勒斯和索福克勒斯；到了1840年批评界却将欧里庇得斯看作一个拙劣的剧作者和笨伯；当今他又被恢复名誉，被看作古希腊三大悲剧诗人之一。

2. 审美趣味的普遍性与一致性

审美趣味尽管有浓重的个体性和无限的多样性，然而也包含有普遍性和一致性的因素。只是强调前者而忽视后者就会走极端，反之亦然。事实上，整个美学史贯穿着两种基本倾向，有的人通过描述人们审美趣味的差异性而力图证明审美的主观性，有的人则通过肯定人们审美趣味的一致性而力图表明审美的客观性。如果我们只择其一端，就否定了审美是主客观的统一的基本观点。

应该承认，人类的感官感觉的差异性中含有共同性。即使是对于饮食，如果将它作为一种文化看待，也还是存在某些评价的尺度，不然的话，何以有“美食家”的称谓呢？在烹调大赛中，美食一般要求有色、形、香、味、意几方面的相应条件。其中，“色”“形”为形式美，“意”指意蕴和意趣，色、形、意三者使一盘菜肴可以当作一尊工艺品看待；“香”给人以嗅觉快感，“味”不仅是快感，而且涉及对象的实体。只是由于美食落实于“味”，不仅关系于对象的形式，而且以主体占有客体为目的，才使它与真正的艺术品隔着一层。

真正的艺术品是由社会化的符号构造起来的，包含较多的文化内涵，它所体现的人们审美趣味的普遍性和一致性最为明显。当屈原创作《九歌》时，他肯定不只是在一味表达自己所感兴趣的，而且也在表达人们所共同感兴趣的东西。正如康德所指出的，许多事物可能使某人觉得可爱和快适，这是没有别人管的事；“但是如果他把某一事物称做美，这时他就假定别人也同样感到这种愉快：他不仅仅是为自己这样判断着，他也是为每个人这样判断着，并且他谈及美时，好像它（这美）是事物的一个属性。”① 美本来离不开人，可是日常生活中人们往往误将它看成是自然物的属性，将自然物艺术化而不自知，这一现象充分证明，人们千差万别的审美趣味中确实蕴涵有普遍性与一致性因素。

现在的问题是：审美趣味中普遍性因素存在于哪里？我们知道，世界上没有两片绝对相同的树叶；但是同一棵树上的枝叶的形态尽管不同，它们不是仍包含有共同的基因么？前面我们已把审美心理比作一棵大树，事实上，从种子出发者首先着眼于理想，从枝叶出发者首先着眼于趣味。如果说讨论审美理想需要充分借鉴黑格尔的观点，那么讨论审美趣味时就应该倾听休谟的意见了，他曾写道：

尽管趣味仿佛是变化多端，难以捉摸，终归还有些普遍性的褒贬原则；这些原则对一切人类的心灵感受所起的作用是经过仔细探索可以找到的。按照人类内心结构的原来条件，某些形式或品质应该能引起快感，其他一些引起反感；如果遇到某个场合没有能造成预期的效果，那就是因为器官本身有毛病或缺陷。发高烧的人不会坚持自己的舌头还能决定食物的味道；害黄疸病的人也不会硬要对颜色作最后的判断。一切动物都有健全和失调两种状态，只有前一种状态能给我们提供一个趣味和感受的真实标准②。

就是经验主义者，只要他思想深刻，同样将审美趣味的普遍性

① 康德．判断力批判：上卷［M］．北京：商务印书馆，1964：49.

② 中国社会科学院文学研究所．古典文艺理论译丛：第5册［M］．北京：知识产权出版社，2010：6.

依据追溯于人类健全的心灵结构或心灵结构的健康运行。

具体一些分析，审美趣味的普遍性道德源自人类感官结构的大致相同，因此能大致确认一些感性形式美的法则，这是先天的本能因素；其次源于人类心灵结构的基本一致，因此联系着审美标准与审美理想，它特别有待于后天的实践开发和文化熏陶。

3. 审美趣味的含义

概括地说，所谓趣味，是指人们对现实生活中的某些事物、某些现象表现出的一种富有感情和个性的喜爱和癖好。而所谓审美趣味，则是人们在社会的历史发展中形成的对审美对象进行审美判断时的一种带有特定倾向性的主观爱好形式，它既有个体性与多样性的特点，又蕴涵着普遍性与一致性的因素。它体现于审美感兴趣的最外层，是审美理想的前景化、审美标准的具体化。

作为本能与文化相结合的产物，审美趣味一般是社会性的偏爱，尽管有无限丰富的表现，却仍有品味高低之分，反映出人们的审美水平，因此应该摒弃庸俗的、病态的趣味，培养良好的、健康的趣味。

二、良好趣味的培养

1. 脱离低级趣味

严格说来，审美趣味与庸俗趣味或低级趣味是矛盾概念，在逻辑上互不相容；然而现实生活是复杂多样的，庸俗趣味中可能包含有某些审美成分，审美趣味中也存在等次之别，因此有必要强调我们所讲的审美趣味是良好趣味。

庸俗趣味有多方面的表现。最令人注目的是某些人不惜破坏身体以满足某种畸形趣味。例如文身、穿唇之类或许是为了求美，可实在不值得提倡。不过，现代整容当不在此列，特别是有些人因为意外伤害造成五官的扭曲，他们整容是要恢复人的正常样态，与我们所指的情形恰恰相反。有些畸趣能成为某一时期的时尚，却给人们带来不尽的痛苦。女性脚小些也许较能表现出步履的娉婷，可是我国封建时代强迫所有女性裹脚则正好走向审美趣味的反面。据说是南唐李后主最先想出女性用布帛缠足的主意，为的是让宫廷舞会的身姿显得轻盈，结果广为传播和仿效，“先是娼会尖，后是摩登女郎尖，再后是大家闺秀尖，最后才是‘小家碧玉’一齐尖。待到这些‘碧玉’们成了祖母时，就入于利屣制度统一脚坛的时代了。”①为了求得“小脚一双”，不惜让人“流泪两缸”，它不仅破坏身体，而且伤害心灵。

缺乏内容或与内容不协调是庸俗趣味的又一个重要表现形式。桑塔耶那曾举例说，一位装扮着金黄色头发的老太婆，一只带满了金玉珠宝的脏手，没有尊严的浮华铺张，没有说服力的修辞讲话等现象令人感到厌恶。的确，当人们见到满头珠翠、涂脂抹粉、忸怩作态而专事在街头邀宠的某些妇女时，持功利眼光者也许欣赏其“美貌”，持审美眼光者则不免感到肉麻。这些对象未尝没有美的因素，但是不能构成美的整体形象；某些美的因素由于是矫揉造作的产物，因此实质上成为丑的一部分。在这种意义上，我们同意狄德罗的“美在关系”的观点，形式与内容、形式要素之间搭配不当往往形成滑稽，以滑稽为美便是低级趣味。

还有一种百无聊赖的“雅趣”也是畸趣的变体形式。它看似超越了世俗的利害关系，实际上在审美中有意清除出善的因素，沉溺于对象形式特点的想象中，将明显有害人类的恶事物加以美化。清人沈复在《浮生六记》中记述了一则“闲情逸趣”：“夏蚊成雷，私拟作群鹤舞空，心之所向，则或千或进果然鹤也。昂首面之，项为之强。又留蚊于素帐中，徐喷以烟，使其冲烟飞鸣，作青云白鹤观。果如鹤唳云端，怡然称快。”对这种情趣作出评价确实较为困难：审美要求超越功利，与对象可保持心理距离，专取对象形式而寄寓主体的心灵旨趣，以此衡量它似乎都吻合；然而审美只是超越直接功利，同时肯定人生有价值的东西，如果对明显具有负价值的东西加以美化，同样越出了审美的界限，成为病态心理的表现。举一个极端的例子也许更容易看到问题的实质：抗战期间，如果将日本法西斯的黑夜空袭看作放焰火般的绚丽，人们会作怎样的评价？以审美眼光看当时的情况，更应该以之为魔鬼在吼叫。

不管是哪一种情形，庸俗的趣味都意味着美丑不分甚至以丑为美。它直接导因于为某些美的形式因素所迷惑，未能注意对象形式

① 鲁迅．鲁迅全集：第4卷［M］．北京：人民文学出版社，1981：505．

与意蕴的脱节乃至悖离，以及形式自身的不协调。由此可见，掌握审美学知识对于脱离低级趣味具有重要意义。个体要有良好的趣味，就必须有人的族类的眼光，并且注目于美的形象的整体。

2. **克服审美趣味的单一化**

审美趣味虽然是一种社会性的偏好，但是偏好不能流于偏见，否则将造成趣味单一化之弊。由于生理气质、生活环境、文化教养等方面的原因，一个人在审美活动中有所偏爱不可避免，重要的是不要画地为牢，形成门户之见。

常有这样的情形，一些人的审美追求超越了庸俗的趣味，他们以历史上公认的典范之作为楷模，潜心仿效，例如崇尚秦汉的散文、盛唐的诗歌，这是值得赞赏的，可是一旦他们将自己的偏好定格，"文必秦汉""诗必盛唐"，则不免显得偏执。一个偏食的人难于摄取多方面的营养，一个趣味偏执的人难于领略丰富多彩的审美王国。时运交移，文质代变，即使自己所推崇的是某一艺术领域的范本，如果对不合此范本样式的其他作品横加挑剔，不能容忍它们的存在，则违背了审美形态嬗变的规律，暴露出审美视野的偏狭和审美观念的僵化。

趣味单一也可能由一时风尚转化而来。某一时期人们普遍推崇当代某一艺术流派，很容易使身处其间的个体误以为审美文化发展的最高阶段就在于此，进而对历史上曾有过的辉煌年代不屑一顾。个体的审美趣味合乎时代风尚并非坏事，它克服了僵化而跟上了"新潮"，不过若因此而一叶遮目，不见泰山，则同样是令人遗憾的。时下大多数人所崇尚的审美倾向所结出的果实，未必经得起今后历史岁月的筛选；即使它们中有的经得起筛选也只是文艺百花园中的一株花朵，我们有什么理由对广袤的百花园的其他部分视而不见？

好高古者将趣味定格于某一历史时期，追时髦者将趣味定格于当代某一流派，他们都以部分代替了整体，让特定的审美形态遮盖了自己的审美视野。朱光潜先生有段话较有说服力：文艺上一时的风尚向来是靠不住的。在法国17世纪新古典主义盛行时，16世纪的诗被人指责得体无完肤，到浪漫主义时代大家又觉得"七星派诗人"亦自有独到境界。在英国浪漫主义盛行时，学者都鄙视17、18两世纪的诗，现在浪漫的潮流平息了，大家又觉得从前被人鄙视的作品，亦自有不可磨灭处。个人的趣味演进亦往往如此。涉猎愈广博，偏见愈减少，趣味亦愈纯正。从浪漫派脱胎者到能见出古典派的妙处时，专在唐宋做功夫者到能欣赏六朝人的作品时，笃好苏辛词者到能领略温李的情韵时，才算打通了诗的这一关。好浪漫派而止于浪漫派者，或是好苏李而止于苏李者，终不免坐井观天，诬天渺小①。

良好的趣味要求有开放的心胸和开阔的眼光，摒除门户之见和江湖习气，审美欣赏犹如蜜蜂采花，只有广泛采集，才能酿出蜜糖。尤其是艺术工作者，应该向杜甫学习，一方面要有高远的追求，“别裁伪体亲风骚”“恐与齐梁作后尘”；另一方面又要有广博的涉猎，“不薄今人爱古人”“转益多师是吾师”。

美的具体形态是多姿多彩的。对于自己所偏爱的某些艺术品，我们只有在与其他不同形态的艺术品的比照中才能深入体会其特质和特色；并且，只有广博涉猎各种艺术形式、各种艺术风格的作品，我们才能逐渐领略美的基本结构及其嬗变的规律性。这两个方面都呼唤人们克服趣味的单一化，培养趣味的广博性。

3. 良好趣味的来由

良好的趣味一方面基于人的生理，一方面来自社会文明。

一个体魄健康、心灵自由的人应该有自己的直觉。古希腊艺术出自人类审美趣味的天然，这是其可贵之所在。马克思曾指出：“为什么历史上的人类童年时代，在它发展得最完美的地方，不该作为永不复返的阶段而显示出永久的魅力，同它在其中生长的那个不发达的社会阶段并不矛盾。”② 也许可以说，古希腊艺术是人类童心的纯真体现。

童心很少娇饰、伪装，保持着天然情趣，我国明代美学家李贽极为推崇童心：夫童心者，绝假纯真，最初一念之本心也。若失却童心，便失却真心；失却真心，便失却真人。……

童子者，人之初也；童心者，心之初也。……盖方其始也，有闻见从耳目而入，而以为主于其内而童心失。其长也，有道理从闻见而入，而以为主于其内而童心失。……夫道理闻见，皆自多读书

① 朱光潜．朱光潜美学文集：第2卷［M］．上海：上海文艺出版社，1982：487.

② 马克思．马克思恩格斯选集：第2卷［M］．北京：人民出版社，1972：114.

识义理而来也。古之圣人，曷尝不读书哉！然纵不读书，童心固自在也，纵多读书，亦以护此童心而使之勿失焉耳，非若学者反以多读书识义理而反障之也。(《杂述》)

童心之可贵从安徒生的《皇帝的新装》中可以清楚看出。全城的人都因为害怕说自己愚蠢而被两个骗子蒙住了，不敢相信自己的眼睛，假装看到了赤身裸体招摇过市的皇帝穿着华贵的新装，唯有一个在场的小孩一语道破那真实面目。

童心与文化确实存在着矛盾，文化一方面使人“人化”，一方面又可以使人“非人化”，使人失去本来的“自己”。历史上一些人陷于某种片面追求而形成各种各样的畸趣，多是文化的产物。李贽深刻地认识到童心与文化的矛盾，同时也看到二者统一的可能，关键在于在接受文化的同时对童心守之勿失。良好的趣味以童心为基础，审美活动又最容易使人恢复童心。

事实上，文化修养也是培养良好趣味的重要条件。社会在发展，人们的生活在不断注入新的文化内容，必须吸取新的文化财富才能适应时代的要求。审美在人类历史征程中的作用在于召唤人们摆脱野蛮，走向文明，而正是文化铺出了走向文明之路。

在文化世界中，以艺术文化突出体现美，尤其以读诗最有助于审美趣味的提高。诚然，一切艺术以音乐为指归，但是音乐的意味朦胧，诗则是以言语唱出的音乐（歌）。人一旦有了诗心，也就有了良好的趣味，周围的生活环境常常被诗化，即使身处陋室，也有无穷的乐趣。刘禹锡描述道：“山不在高，有仙则名；水不在深，有龙则灵。斯是陋室，惟吾德馨。苔痕上阶绿，草色入帘青。谈笑有鸿儒，往来无白丁。可以调素琴，阅金经；无丝竹之乱耳，无案牍之劳形。南阳诸葛庐，西蜀子云亭。孔子云：‘何陋之有？’”（《陋室铭》）在日用之常中寄寓高洁的旨趣，得力于诗情洋溢的心灵。而一旦心中诗情殆尽，生活就毫无趣味，真是“哀莫大于心死”了。

对于艺术特别是对于文学的欣赏，诗趣同样居于核心地位。朱光潜先生曾指出：一部好小说或是一部好戏剧都要当作一首诗来看。诗比别类文学较谨严，较纯粹，较精微。如果对于诗没有兴趣，对于小说、戏剧、散文等的佳妙处也终不免有些隔膜。不爱好诗而爱好小说、戏剧的人们大半在小说和戏剧中只能见到最粗浅的一部分，就是故事①。

在他看来，近代第一流的小说、戏剧中的故事大半只像枯树搭成的花架，用处只在撑持住锦绣灿烂、生气蓬勃的葛藤花卉，这些葛藤花卉就是诗。人们所以喜爱白居易的《长恨歌》、王实甫的《西厢记》和莎士比亚的剧作，就在于其中洋溢着陈鸿的《长恨歌传》、元稹的《会真记》及兰姆的《莎氏乐府本事》所缺少的诗意。所以诗是培养良好趣味的最好媒介。

从另一个角度看，我们应该重视古典艺术的熏陶。按黑格尔的观点，古典艺术是美的直接体现。的确，古希腊艺术成为后世难以企及的范本，文艺复兴时代致力于“复兴”古希腊艺术样式而再造一代辉煌。从历史的总体上说，以这种完美的艺术来校正人们的审美趣味常常是必要的，18 世纪德国两位伟大的艺术批评家——文克尔曼和莱辛，通过自己的卓越工作将人们的注意力引向古希腊艺术，促进了德国国民审美趣味的改造，产生了深远的影响。

不过，历史是在辩证否定中发展的，人类心灵也总是在有序与无序两极中波动，人们不可能也不应该永远追求古典化。事实上，17—18 世纪曾有过新古典主义的出现，但是却没有持久的生命。在美的形态推陈出新的过程中，我们完全应该为超越古典倾向的“奇趣”留下一席之地，特别是艺术家阶层，有奇趣者往往能充当艺术发展的开路先锋。苏轼说过“诗以奇趣为宗”（释惠洪，《冷斋夜话：卷五》，他创豪放词即是成功的一例。

良好的趣味既执着地追求古典，又开放地接受新奇，这是其内在的矛盾方面，又是其发展演变的内在张力。

第二节 审美标准

审美标准介于审美理想和审美趣味之间，它既是审美理想的凝练，又是审美趣味的综合。如果说终极意义上的审美理想是全人类的，那么，审美标准一般来说总是打上特定群体的印记，而审美趣味则具有鲜明的个体性特点。

① 朱光潜．朱光潜美学文集：第 2 卷［M］．上海：上海文艺出版社，1982：488.

一、审美标准的基本内涵

是否存在审美标准？怎样理解审美标准？二者都是美学界一直争论的问题。

有些人否认审美标准的存在，认为在审美活动中无尺度可言，如果存在审美标准，就意味着审美趣味可以争辩。前面我们已经谈到，审美趣味不可能杜绝个体差异性，因此有无可争辩的一面；审美有社会性的规范，体现群体乃至人的族类的审美需求，因此存在品位之分，有可争辩的一面。从一个广阔的时空角度看，“超文化”现象的存在是毋庸置疑的，不同时代、不同种族的文化之间可以相互融通，中国人能欣赏贝多芬的交响曲，西方人也有可能欣赏宋元时期的写意画，如果没有一定的客观标准，这种现象便是不可理解的。另外，如果没有任何具有权威性和普遍性的标准，就不可能有任何值得信赖的艺术批评，艺术批评就没有存在的必要；然而古今中外它一直存在着，并且有些艺术家自己就是批评家。

就其直接性而言，审美标准来源于人们生活实践中的经验概括。人们在特定的生活环境中自觉或不自觉地形成关于审美对象（核心是人）的一般样态，认为它就是对象应该有的样子，于是以之为审美尺度。应该承认，这种尺度是很不确定的。经验告诉我们，两位看起来都很美的人，无论身材高矮、皮肤色泽、五官特点都可能是不同的。18 世纪英国艺术家和艺术理论家越诺尔兹谈道：“只是由于习俗，我们才偏爱欧洲人的肤色而不爱非洲人的肤色，同理非洲人也偏爱他们自己的肤色。我想没有人会怀疑，如果非洲画家画美女神，他一定把她画成黑颜色、厚嘴唇、平滑的鼻子、羊毛似的头发。……我们根据什么标准能说它的观念不恰当呢？我们固然常说欧洲人的模样和肤色胜过非洲人的；但是除掉看惯了之外，我们找不出任何理由。”① 白人和黑人是不同的人种，他们各自由习惯形成起来的审美标准在同一人种中得到认同，但是对于其他人种来说则带有偏见性质。

---

① 北京大学哲学系美学教研室．西方美学家论美和美感［M］．北京：商务印书馆，1980：117.

不过，在全人类中存在着共同的审美尺度，人们在严格意义上讲“审美标准”，多是就此而言的。获得这样的标准有两条可能的途径：一是经验的归纳，人的完美形象应该包含于一切人的总和之中，可是通过经验我们永远不可能完成这样的概括，不仅时空跨度大，而且历史在发展；二是个体从自己身上寻觅和呈现人所应该有的样子，这是一条便捷的途径，没有理由怀疑它的可靠性。桑塔耶那指出：“人的天性，虽然有变化的余地，却具有一个不变的坚实核心，这正如人体具有一个这样的构造，失掉它人体就会消亡。”① 在他看来，每一件艺术杰作表现得极为高妙、不可模仿的人性都是一样的，只是在不同环境中要求有不同的表现方法。由此可以说，一个人的生命力勃发时期正是形成他一生审美标准的重要时期：“在生活的某些时期中，经常出现这种对美的直觉。在这个时期中，一个人会积蓄起审美趣味和理想以备余生之用而绰绰有余。”② 因此，对于形成审美标准来说，青年期比成年期更加重要，对异性的初恋甚至可能发挥基础性的作用。

依据经验进行概括形成审美标准的相对性，依据生命的健全生发使审美标准包含有绝对性，前者连结着审美趣味，后者连结着审美理想。审美标准是人们作出审美判断的尺度，审美理想为它提出了最高范本和参照系统；又由于旨在评价对象，所以审美标准在一定程度上将审美理想观念化、知性化，力图将它用言语“读认”出来，并且在评价对象过程中出现对审美理想的抽绎和拆析，形成一些衡量对象的条条框框。审美标准又是在广泛的审美经验中熔炼而成的，它是审美趣味的概括化、抽象化，审美标准一经形成，又为趣味提供内在规范并作潜在定向。理想、标准、趣味三者在审美主体心灵中处于不同的层次，在审美活动与批评活动中发挥不同的作用。

一言以蔽之，审美标准是参照审美理想和熔炼审美趣味而形成

---

① 桑塔耶那．审美趣味的衡量标准［M］//美学译文：第1期．北京：中国社会科学出版社，1980：38.

② 桑塔耶那．审美趣味的衡量标准［M］//美学译文：第1期．北京：中国社会科学出版社，1980：29.

的评价审美对象的规范系统。它植根于审美理想，是存在于五彩缤纷的审美趣味之中的具有同一性的观念，是人们在进行审美判断时所自觉或不自觉地秉持的尺度。

二、审美标准的展开运用

人们对于“审美标准”常有误解，以之与“历史标准”或“政治标准”及“思想标准”等并列，作为文艺批评的一个子标准。这种误解建立在内容与形式的二分法上，似乎审美标准只适宜于衡量作品的形式，对于作品内容则必须运用其他尺度。从实践上看，这类二元批评标准都存在准确把握的困难，往往使对文艺作品的评价向历史、政治、思想方向倾斜，可能造成离开审美的轨道而曲解作品；从理论上看，它们将审美仅仅局限于形式方面，显然违背了审美学原理——难道审美不包含社会历史或思想文化的内容吗？艺术品既然是人们审美旨趣的物化形式，文艺批评的根本标准就应该是一元的审美标准，否则的话，便是将艺术与其他文化形式（自然科学、人文学科等）混同对待。

以审美标准作为批评的根本尺度绝不同于历史上出现过的唯美主义。唯美主义对“美”的理解是极为偏狭的，他们认为美在外观，美在形式、风貌，它像飘忽不定的“去雾”，像“空中楼阁”（法朗士）。我们认为，美是人的本质丰富的对象化，美的本体构成与人的心灵构成是同一的，它是一个多维的结构体，审美是人的心灵对外物的整体观照，审美标准因而包含着心灵多维面的规范。

由美（艺术品）的本体结构或真的心灵结构的各个维面产生出审美判断的四个基本标准：由感性层面产生“外观完善标准”，主要着眼于审美对象的外部形式的完善、生动；由知性的评价方面生成“评价—价值标准”，主要参照人类或某一特定群体的功利需要和道德要求；由知性的认识方面生成“认识—规则标准”，着重评判审美对象（特别是艺术品）的内在结构法则、形式规范等；由知性层面滋生出“哲学意味标准”，要求洞察人生奥秘，显现人类生存的诗意。所以确切地说，审美标准是四个基本标准的有机合成，或是四个基本标准尚未分化前的规范系统。

特别是在艺术批评中，我们容易看到审美标准的展开运用。艺术批评的标准既是一元的，又是多元的。它像一张网，“一元”是指它的根本标准，即网的根本点、纽结点；“多元”指网的四条纲线（或称“二级标准”），又指网的无数细目（从二级标准衍生出各种子标准）。批评家可以手握纽结，大张网的四角在艺术的海洋里捕捞，也可以只伸出一角去钓取。由于四角纲线之间又有许多经纬交织，艺术批评的实际方式方法因而异彩纷呈。

由四个基本标准产生出四类艺术批评的基本模式，它们古今长存。① 印象—欣赏式批评。批评家的目的是为了自娱或邀人共赏，批评被当作一种艺术创作活动，注重直观感受，排斥知性解析，不要求普遍适用性。我国古代经久不衰的“诗话”，往往熔欣赏、批评、创作于一炉，大致属于这一模式；19 世纪末到 20 世纪初西欧盛行的印象主义批评，旨在让人们“感觉”到审美快乐，可算是这类批评的典型代表。② 社会—道德批评。批评家从社会角度考察文艺现象，艺术家的身世备受重视；历史的真实性和思想倾向性是批评的焦点，形式研究居于次要地位；按某种价值尺度分析评价，判断具有特定群体性、时代性。孔子评《诗经》为“思无邪”，柏拉图对荷马的批评等都属于这一模式，19 世纪俄国的别林斯基等更是将这类批评推向高峰。③ 文本—规则批评。批评家把艺术品看作独立自足的结构体，以之为批评的唯一对象，致力于寻找其中的某些恒定的规则，对具体题材弃之不顾，抱着科学研究的态度，力图客观、细致地剖析对象。这一批评模式的典型形态出现于 20 世纪，俄国形式主义、英美新批评、法国结构主义等均可归入此类。④ 冥思—顿悟式批评。批评家重视个体的本真生存，把艺术世界看作理想的家园，尽力发掘艺术品中的诗意成分，重在欣赏主体心灵的攀缘领悟。我国古人受庄学和禅学影响，评诗评画常有这类文字；被韦勒克称为 20 世纪六大批评主潮的存在主义批评也大致属于这一模式，如海德格尔评凡高的《农鞋》、荷尔德林的诗作，便常常注目于“远去诸神的行踪”。

不难看出，艺术批评其实是一种美的解析活动，所谓审美批评只是形而上的存在，在具体的批评活动中从未以完整的面目到场。同样道理，审美标准也只是在美的欣赏中作为审美趣味和审美理想的合成系统潜在地发挥作用，一旦它从趣味和理想之间凸出，直接出现于对对象的明晰评价中时，它就逐渐失去审美的性质。这样理想是与“知性不能把握美”的观点相通相洽的。

三、审美标准的内在矛盾

以上主要从共时角度剖析了审美标准的不同维面，它们特别在艺术批评中凸现出来。现在我们回到审美活动中来看审美标准的历时性变化，它与审美理想的变化相仿，只是还需将审美趣味的变化考虑在内。

人们常说“一个时代有一个时代的审美标准”，这话不假。欧洲近代以来审美观念的变迁呈现出明显的阶段性，就文学而言，17 世纪的古典主义将文艺复兴时期“复兴”古典文化的势头几乎推到极点，18 世纪的启蒙主义着手摇撼僵化的教条，19 世纪初的浪漫主义更明确地亮出反叛古典主义的旗帜，不久又被批判现实主义所取代，而当批判现实主义发展出自然主义的观念时，意味着自己将要走到尽头。于是有现代艺术思潮的兴起。事物发展到极点，就要走向它的反面。人们的审美标准受时代的主流文化的制约，社会文化思潮、统治者的审美趣味等都对该时代的审美标准有着显著的影响。我国初唐至盛唐国力空前提高，经济逐渐繁荣，疆域不断扩大，士人普遍要求建功立业，“宁为百夫长，胜作一书生”，社会文化弥漫着一种英雄主义精神。唐太宗酷爱王羲之书法的优雅自如，唐玄宗赞赏李白、吴道子、张旭等的狂放不羁。皇帝的宠幸是臣子的追求。可以说，豪放而不失优雅是该时代的审美标准。宋代抑武崇文，以“郁郁乎文哉”而自豪，但至南宋，边患不已，江山半壁，统治者无力回天，蛰居一隅而耽于安乐，不免小家气，艺术中缺少壮阔的境界，虽然山水、花鸟画成就突出，但多见玲珑纤巧风遥遥貌。

人们多以古典主义与浪漫主义的不同倾向来表述审美标准的内在矛盾。古典主义要求继承传统，贯通古今，恪守法则，形式典雅；浪漫主义要求呈现个性，变异手法，反对约束，形式新奇。离开特定时代而从根本的意义上讲审美标准，一般来说更倾向于古典主义。如桑塔耶那认为，“各个时代中的卓越的人物保持着古典的传统，使其永燃不熄。这些人自有高超的智力方面的优势，因为各个时代的少数人加在一起可能多于任何一个时代追随一个短暂时尚的多数人。"① 这种观点是有道理的，古典形态的作品是人类终极意义上的审美理想的直接体现，是各个时代不同审美标准的真正出发点和归宿，人们对美（狭义）的追求也就是对古典形态的追求。然而我们不能不说，桑氏所表达的是一种学院派的观点。不是任何时代执着地保持传统的人都能代表历史的必然性；相反，他们中的人可能充当了历史的绊脚石。事实上，一些艺术天才们既努力继承传统，同时也致力于超越前人，创造新的审美趣味，确立与古典标准不尽相同的新的审美标准，以适应艺术发展的必需和新的时代要求。他们开始时一般人数很少，但逐渐赢得大众，是值得称赞的帮助人们克服惰性的先驱者。从这种意义上说，是艺术家创造了欣赏者。当然，艺术家并无任意立法的权利，他们的"冒险"同时包含着成功的希望和夭折的可能。

就审美标准的历史演变看，我们认为还是刘勰的持论较为公允：变则其久，通则不乏。……望今制奇，参古定法。（《文心雕龙·通变》）

参照古典传统确定一些规范，艺术创作才有根底气力；结合当代情况敢于追求新奇，艺术的生命才能延续。对二者可以有所偏重，但绝不可偏废。

从心灵角度看，古典主义倾向体现了心灵的平衡态；浪漫主义倾向体现心灵两系列的不平衡，其中尤其指意向性系列压倒了认识性系列。古典的标准固然体现了人类的终极追求，浪漫主义倾向亦为人类的心灵实现动态平衡所必需。且尤其得力于后者，人类的审美王国才如此丰富多彩。

最后，我们打一个不太恰当却易于理解的比方来说明审美标准变化的必然性及其与趣味和理想的关系：审美趣味的变化犹如钟摆在不息地运动；我们在观念上确定的钟摆运动的关节点形成审美标准；钟摆每一轮摆动都要触及一中心点，这一中心点就是人类终极的审美理想。

---

① 桑塔耶那．审美趣味的衡量标准［M］//美学译文：第1期［M］．北京：中国社会科学出版社，1980：39.

第三节 审美能力

所谓审美能力，是指主体在审美活动中进行审美判断和形成美的形象的心理能力，主要包括感知力、理解力和想象力。在审美活动前它们以潜能形式存在于主体身上，审美过程凭借这些能力而展开，通过审美及相关的活动，这些能力又得以发展和提高。

一、审美感知力

“感知”是我国当代美学界所创造的一个新词，实际上是普通心理学所讲的“感觉”与“知觉”的统称。

1. 审美感知的特点

我们知道，审美活动不同于科学和道德活动，首先在于它始终不脱离感性。感性包括对客体外部形式的直观和主体自身的情感体验，科学活动开始时注意直观事物的表象，但对主体相关的情感体验则持摒斥态度，随着研究过程的深入，事物的表象也被抛弃了；道德活动注意面对事物时的情感体验，但对事物的具体状貌则不太关注；审美活动将事物表象与主体情感融合在一起，保持了感性能力的完整性运用。

与日常的感知相比较，审美感知一般具有下述特点。

① 整体性。按心理学的区分，感觉是对事物个别属性的反映，知觉则是对事物各种属性、各个部分所组成的整体的反映，审美感知的整体性落实在知觉层次上，它获得外部事物的完整的表象。一方面，人有一种本能，即按照一定的结构图式使杂乱无章的现象秩序化、“完形”化，完形心理学对此作了大量的研究，并取得了一些令人信服的成果，我们在介绍“同构”说时已经谈及；另一方面，审美感知要求将人的五官感觉尽可能调动起来，立体地把握对象。如被苏轼赞赏为“有奇趣”的柳宗元的诗句“烟消日出不见人，欸乃一声山水绿”，使人的听觉与视觉感受互相加强，浮现出声、形、色一体化的动态景象。王蒙曾以春雨为例说明审美感知的特点：“春天，下雨了，是春雨。下雨了，对一个普通人来说算不了什么。一辈子见过的雨也够多了。……但我们仔细观察一下，‘下雨了’这样

一个现象，它给予人的是一系列多么复杂、多么微妙的感觉。你怎么知道下雨了呢？首先，或者你看到了雨丝，这是一种视觉的形象。……也可能感觉到一种凉意，一般地说，下雨总是要凉一点吧。有时你也会闻到由于下雨泥土潮湿的气息。甚至下雨以后连树叶连花，它们的颜色、它们的气味都会发生变化。”① 有的人甚至认为审美知觉应当称为“统觉”②，强调其整体把握对象的特点，不过那是将所有审美能力都纳入其中了。

② 情感性。审美感知在把握对象的外部形式时必然伴随着相应的情感体验，按格式塔心理学关于美学的解释是事物外在形状的力的式样与主体情感的力的式样的吻合。除此而外，表象与情感还可能有更具体的联系，人们记忆中很多表象带有情绪性，与以往的某种经验相联系，当接触到事物的外部形式，相关的情感经验也调动起来，活跃起来，特别是一些有浪漫气质的人尤其如此。如乔治·桑自述道：“我有时逃开自我，俨然变成一棵植物，我觉得自己是草，是飞鸟，是树顶，是云，是流水，是天地相接的那一条水平线……蜥蜴跳跃时我也跳跃，萤火和星光闪耀时我也闪耀。总而言之，我所栖息的天地仿佛全是由我自己伸张出来的。”③ 这种情形是移情，它已包含有想象的成分。

③ 创造性。审美感知决不只是对对象的被动反映，同时还是对对象的创造性发现，初步生成新鲜活泼的审美意象。罗丹说艺术大师能从人们司空见惯的东西上“发现”美的著名观点，应该从这一角度解释；否则，即使是延伸视觉的最先进的科学仪器，也不可能从对象上“发现”美。女作家张抗抗曾举了一个有趣的例子说明审美感知与普通感觉的区别：春天，湖面上有一只小舟载着一对情侣在荡漾。普通的感觉只是觉得那情景很美，视野中柳条是绿的，伞是红的，湖水的微波在闪光，……可是艺术家的审美感则不同，他也许会觉得那小舟像一只熨斗，在轻轻地熨贴着湖面，却老是熨不平这一湖春水，因为一湖春水正为年轻人的幸福而激动不已。审美

---

① 王蒙．谈谈短篇小说的创作［J］．写作，1982（5）（6）．

② 托马斯·芒罗．走向科学的美学［M］．北京：中国文联出版公司，1985：425．

③ 朱光潜．朱光潜美学文集：第1卷［M］．上海：上海文艺出版社，1982：43．

感知力的这种创造性是融合了表象与情感并自发地将它们向诗意境界提升而产生的，想象力的介入尤为突出。

2. 审美感知力的分析

审美感知力主要由两方面构成：一是观察力，指向事物的外部形式；一是情绪感应力，即主体在不同场合中的情绪体验。

观察力包括五种官能感觉对外部事物的信息的掌握。其中视、听觉最具精神性。视、听觉感官甚至被人们称为“为理智服务的感官”（托马列斯·阿奎那），其社会化程度最高，人类的文化信息几乎都是靠这两个感官传达交流的。视觉器官是眼球，由角膜、水晶体、玻璃体等组成折光系统，将外界物体的散光聚集在视网膜上，形成一个清晰的视象。视网膜是眼球感受光线的最重要的装置，又是脑的一部分，它能将光能转化为生物电能。听觉器官是耳朵，由外耳、中耳和内耳三部分组成，当音波经由外耳、中耳传到内耳时，内耳淋巴液随之而振动并带动基底膜，耳蜗毛细胞内发生一系列物理变化和化学变化，最终将音波的机械能转换成神经冲动，由听神经传入中枢。在审美活动中，视觉造形生色，形成视象，听觉反映音波波动，直接引起情绪反应，视、听信息传入中枢后，很容易与大脑既有的信息储存融合在一起而形成审美意象。

嗅觉由化学物质的气体刺激引发，其感受器是嗅细胞，位于鼻道上部黏膜上皮中，人的嗅觉相当敏锐，能闻出成千上万种不同的气味。味觉由化学物质的液体刺激引起，其感受器是味蕾中的味细胞，味蕾主要分布于舌黏膜，一般是舌尖感觉甜，舌的两侧感觉酸，舌根感觉苦，舌尖和舌的周围感觉咸、甜、酸、苦、咸是味觉的四种基本感受。肤觉包括触觉、温觉和痛觉等，它们的感受散布于全身体表。嗅觉、味觉、触觉都是近距离的感觉，与人的机体紧密联系，因此在审美活动中只能发挥辅助性作用，它们所获得的信息一般只充当卡西尔所谓的“机体美”的构成元素。一个苹果香气扑鼻、表皮平滑、酸甜可口，这些是生理快感而非美感。不过，快感毕竟是美感的基础性因素，有助于美的形象的生成。事实上，林逋的名句“暗香浮动月黄错”（《山园小梅》）中，嗅觉因素不可缺少；白居易描写杨贵妃的美，称“温泉水滑洗凝脂”（《长恨歌》），触觉的动用也决不多余；人们通常以“软玉温香”赞叹女性的形体美（罗丹也曾这样感叹)，就兼用了肤觉与嗅觉。至于味觉，它直接参与形成美的形象相对较少，不过在审美联觉（通感）中仍起重要作用；我国古代审美理论中重视“味”，人们称美的欣赏为“品味”也许是出自比拟。

审美活动中主体观察审美对象的同时必然伴随着相关的情绪体验。例如直接以人为审美对象，在出席一个舞会时你先是同一个性格光明磊落、心清如水的朋友握手，后来出于应酬需要你又不得不同一个口蜜腹剑、心狠手毒的人握了手。这两次握手伴随着两种不同的审美评价，你的手心和手背到胳膊是什么感觉？你的胸腔到头脑是什么样的感觉？如果要作审美传达（或以文学语言，或以电影、绘画语言）时尤其需要细腻体味它和精微表现它。

人的基本情绪形式有很多种，从格式塔心理学关于美学的观点看，它们各有不同的力的图式。仅就人们最常见的划分——“喜、怒、哀、乐”而言，“喜”似乎是情绪平衡态的打破，是向上勃发、向外张扬的，故人们常说“喜不自胜”“欢天喜地”，这种情绪形式与恐惧等一起构成壮美感；“怒”似乎是情绪状态的高度膨胀和紧张，几乎接近破裂而向外辐射，故人们常说“义愤填膺”“怒发冲冠”，这种情绪形式与厌恶、蔑视等一起构成丑感；“哀”似乎是紧张的释放，情绪系统失去了张力，且明显带有内敛的倾向，故人们常说“肝肠寸断”“愁眉不展”，它是弱美感的情绪要素之一；“乐”似乎是情绪系统的兴奋而平衡的状态，圆足而自由，不像“怒”那么紧张、“哀”那么乏力，较“喜”要恬静——陶渊明等以“乐”表示优美感并且将它与“喜”区分开来是很有道理的，所以人们常说“其乐融融”“自得其乐”等。

自然，这些分析只是初步的、尝试性的，由于审美活动与人的感性密切关联，审美学有待于加强这方面的研究。正如帕克所说：“感觉是我们进入审美经验的门户；而且，它又是整个结构所依靠的基础。”①

① 帕克. 美学原理［M］. 北京：商务印书馆，1965：50.

3. **审美感知力的培养**

审美感知力的敏锐与迟钝受先天生理条件的影响，但在后天的生活实践中可以发展或退化。一个画家有可能分辨几百种不同的颜色，一个音乐家对音高、音强、音色的辨别力远胜于普通人，这除了他们的先天禀赋之外，后天的锻炼提高也是重要的原因。

多观察是提高审美感知力的有效途径。很多艺术家要求自己是一个永不休止的观察家。宋代画家曾云巢善画草虫，年迈愈精，当时的学者罗大经问他有没有秘传的法门，他答道："是岂有法可传哉？某自少时取草虫笼而观之，穷昼夜不厌。又恐其神之不完也，复就草地之间观之，于是始得其天。方其落笔之际，不知我之为草虫耶？草虫之为我耶？"（罗大经：《鹤林玉露》）贝多芬喜爱到野外散步，潺潺的溪流和小鸟的歌唱有时会让他获得创作的灵感。

多体验是提高审美感知力的又一有效途径。各艺术品种中，音乐、舞蹈对感情体验的要求尤为突出，但其他品种也存在这种要求。列夫·托尔斯泰极其擅长心理描写，即使是写马，也能曲折有致地描述它的"感情"波动，就对象而言，其《霍尔斯托梅尔》正是以这种出色描写而获得强烈的社会反响。元代画家赵孟頫笔下的马情态各异，据传他每当要构思一幅新画时，就在密室中脱去外套，爬在地上，先体验马的情态，然后才动笔。一天他的夫人推门而入，见他趴在地上活像一匹马。正因为艺术家们注重体验，所以他们笔下的一枝一叶都蕴涵着感情因素。

发展联觉、培养通感可以使审美感知力达到较高的水平。在审美感知中，各种感觉相互作用并相互挪移，被称为"联觉"或"通感"。心理学界对联觉有基本一致的认识，美国心理学家克雷奇等认为，"在联觉现象中，存在一种惊奇的感觉相互作用：某种感受器的刺激也能在不同感觉领域中产生经验。"① 前苏联心理学教科书上写道："联觉是在刺激一个分析器的影响下产生另一分析器所特有的感觉。"② 钱钟书先生将联觉现象称为"通感"，他指出：在日常经验里，视觉、听觉、触觉、嗅觉、味觉往往可以彼此打通，眼、耳、

---

① 克雷奇，等．心理学纲要：下册［M］．北京：人民教育出版社，1981：44.

② 彼得罗夫斯基．普通心理学［M］．北京：人民教育出版社，1981：266.

鼻、舌、身各个官能的领域可以不分界限。颜色似乎有温度，声音似乎有形象，冷暖似乎会有重量，气味似乎会有锋芒①。

通感在审美活动中作用重大。它使物的表象“陌生化”，因而具有新鲜感；并可能使对象增添诗意，更耐人寻味。如朱自清描写月色下的荷塘：“微风过处，送来缕缕清香，仿佛远处高楼上渺茫的歌声似的。”（《荷塘月色》）它充分体现了主体在接受中的创造性，是对对象的整体性把握。罗丹欣赏维纳斯雕像过程中不断赞叹：“抚摸这雕像的时候，几乎会觉得是温暖的”；“你瞧这些金光，像云雾一般的，在神圣的身躯最细致部分上颤动的微光；这些明暗交接线，处理得如此精微，好像要溶化在空气中。……这难道不是黑与白的卓越的交响曲吗?”② 能否形成通感，是衡量艺术欣赏水平高低的标尺之一。邹一桂指出：“人有言，绘雪者不能绘其清，绘月者不能绘其明，绘花者不能绘其馨，绘人者不能绘其情，以数者虚而不可以形求也。不知实者逼肖，则虚者自出。故画北风图则生凉，画云汉图则生热，画水于壁则夜闻水声。谓为不能者，固不知画者也。”（《小山画谱》）

通感其实并不神秘，几乎每一个人在日常生活中都会用到，如我们常说声音“甜”“尖”“脆”，说颜色有“冷”“暖”等。通感的心理现象能从同构说中获得某种解释，不同感觉之间的转换也许是以某种力的图式为基础的，当某位歌手的声音婉转动听，我们就说它是“珠圆玉润”——像珠那样圆滑，像玉那样润泽，这里显然是异质同构。如果细心地品味自己的各种感觉，力图将某一感觉表达为其他类似感觉，并经常借鉴他人的经验的话，通感能力是可以在人的本能基础上获得发展的。

二、审美理解力

1. 审美需要理解力

前面我们一再强调，“尽管知性不能把握美，但是没有知性也就没有美”。这一命题一方面将审美与认识活动区分开来，另一方面又

---

① 钱钟书．旧文四篇［M］．上海：上海古籍出版社，1979：52.

② 罗丹．罗丹艺术论［M］．北京：人民美术出版社，1987：28－31.

将审美与对形式的快感区别开来。在人的心灵能力中，知性是感性与志性的中介，排除了知性、志性层面的意味就不可能显现于感性的形式中，美就不可能是有限与无限的统一，更何况美的一些结构法则和具体内容本身就是知性成分。

事实上，在审美感知中已包含有理解成分。阿恩海姆指出："知觉活动在感觉水平上，也能取得理性思维领或中称为'理解'的东西，任何一个人的眼力，都能以一种朴素的方式展示出艺术家所具有的那种令人羡慕的能力。因此，眼力也就是悟解能力。"① 他这里所说的还只是一种"朴素"的直觉，理解力在审美中有更深入的渗透。

在艺术创造中，古典主义派别最为重视掌握前人创立的法则。18 世纪英国画院派首领雷诺兹告诫青年学生绝对服从于大师们通过实践所确立并经过几年时间考验的那些艺术规则，应当以它们为模仿的对象和可靠的向导，与其采用自己的观点，毋宁采取世人的观点。这些看法无疑是有偏颇的，然而它也包含了合理的成分，在审美文化已非常丰厚的今天，没有扎实的模仿阶段就很难有自由的创造阶段。规则并不一定是天才的桎梏，而仅仅是非天才都桎梏，李白的诗、苏轼的词中不都有规则可循吗？如果拒绝学习，那么就会印证这样的格言："已过分相信自己的见识而开始学习的人，他的学习一开头便结束了。"

艺术批评既是创作者审美理解力的解读，又是接受者审美理解力的展开，尽管它已脱离审美活动的正常轨道。请看叶燮对杜甫《夔州雨湿不得上岸作》中"晨钟云外湿"名的赏析：

以晨钟为物而湿乎？云外之物，何啻万计！且钟必于寺观，即寺观中，钟之外，物亦无算，何独湿钟乎？然为此语者，因闻钟声有触而云然也。声无形，安能湿？钟声入耳而有闻，闻在耳，止能辨其声，安能辨其湿？曰云外，是又以目始见云，不见钟，故云云外。然此诗为雨湿而作，有云然后有雨，钟为雨湿，则钟在云内，不应云外也。斯语也，吾不知其为耳闻耶？为目见耶？为意揣耶？俗儒于此，必曰"晨钟云外发"，决无下"湿"字者。不知其于隔

① 阿恩海姆．艺术与视知觉［M］．北京：中国社会科学出版社，1984：56.

云见钟，声中闻湿，妙悟天开，从至理实事中领悟，乃得此境界也。（《原诗》内篇）

经过批评家的分析，我们对“晨钟云外湿”这一审美意象所包含的丰富内容有了较为清晰的认识，其中显见的是通感能力的运用（“隔云见钟，声中闻湿”），而在运用通感能力、造成陌生化效果的背后藏有许多理趣，它们体现了追求“语不惊人死不休”的杜甫打破常规常理、克服人们日常意识中的“习惯化”的气魄。所以叶燮认为，诗歌的创作，“理、事、情”三者必不可少；不过审美中的“理”难以用言语直截、明确地表达罢了。可以推想，如果杜甫缺少审美理解力，就只能形成“晨钟云外度”之类平庸的意象；如果叶燮缺少审美理解力，就品味不出杜诗此句的佳妙处；这两种情况都失落了审美的意趣。

更进一层来说，没有一定的审美理解力，很多事物甚至不可能成为审美的对象。欧阳修听到秋声，联系自己的生活经验和文化知识，深深地为春的凛冽、肃杀而震撼，悲切之情油然而生，不禁感慨万千；可是他身边那不谙世故的童子一点也不能理解，无动于衷，竟“垂头而睡”。这表明，一旦超越事物的感性外观，审美过程能否深化很大程度上取决于理解力。

2. 审美理解的特点

审美一般是直觉活动，主体以艺术的眼光看世界，为某些事物所感动、孕育出美的形象来，虽然也含理解成分，但它与科学活动中的理解大不一样。

首先，审美活动中的理解成分并不构成显见的独立层面，失去了它的抽象形态。在这里，情与理密不可分，寓理于情，理在情中，所在人们通常只讲移“情”于物；若硬要从审美中抽绎出“理”来，则完全改变了活动的性质。鲁迅说得对：“诗歌不能凭仗了哲学和智力来认识，所以感情已经冰冻的思想家，即对于诗人往往有谬误的判断和隔膜的揶揄。”① 情与理又融化在洗泼灵动的形象世界中。黑格尔谈艺术直觉，强调在感性的直接观照里同时了解到本质的概念；我国诗论家也普遍强调寓理于情，寓情于景，情景交融。

---

① 鲁迅．鲁迅全集：第七卷［M］．北京：人民文学出版社，1981：236.

钱钟书综合中外一些美学家的观点而写道：“理之在诗，如水中盐、蜜中花，体匿性存，无痕有味，现相无相，立说无说。所谓冥合圆显者也。”① 这种看法是公允的。

其次，审美理解具有多义性。康德对此曾有突出强调，他说：“我所了解的审美观念就是想象力里的那一表象，它生出许多思想而没有任何一个特定的思想，即一个概念能和它相切合，因此没有言语能够完全企及它，把它表达出来。”这是就审美的结果而言的，指出美的形象的多义性。随后康德又说明了其多义性的来由：“在这场合，想象力是创造性的，并且把知性诸观念（理性）的机能带进了运动，以致于在一个表象里的思想（这本是属于一个对象的概念里的），大大地多过于在这表象里所能把握和明白理解的。”② 我们赞同康德的看法。就多义性成因而言还可以从两个方面分析：一是审美对象是具体的感性存在，从不同侧面观察、品味就可能发现（其实更多是寄予）不同的思想意义，表象总是大于任何特定的思想；二是能用名言（逻辑概念）表述的只是“理”中的一部分，还有许多难以言说之理，它们相对地保持着原始的有机性（未经拆析）和模糊状态，在审美活动中融汇进来，叶燮曾谈道，“可言之理，人人能言之，又安在诗人之言之！可征之事，人人能述之，又安在诗人之述之！必有不可言之理，不可述之事，遇之于默会竟象之表，而理与事无不灿然于前者也。”（《原诗》内篇）即使是现代小说，也不可能用逻辑语言来表达其中的理解成分，列夫·托尔斯泰说过：“……要是我想用语言来说出我打算通过小说来表现的一切，那我就应该写我先前写过的那个小说了。”③

再次，审美理解具有不确定性，不仅允许而且应该进行创造性的阐释。审美理解并不一定是关于审美客体本身的理解，也不必遵从前人既有的已成惯例的理解，审美主体应该尽力捕捉新鲜而独特的情思，赋予对象以不落俗套的内涵。在这里，物无定释，因主体

---

① 钱钟书．谈艺录［M］．北京：中华书局，1984：231．

② 康德．判断力批判：上卷［M］．北京：商务印书馆，1964：160－161．

③ 外国文学研究资料丛刊编辑委员会．外国理论家作家论形象思维［M］．北京：中国社会科学出版社，1979：113．

的情趣而异。例如同是咏蝉，虞世南的“居高声自远，端不借秋风”是清华人语，骆宾王的“露重飞难进，风多响易沉”是患难人语，李商隐的“本以高难饱，徒劳恨费声”则是牢骚人语，三人身世不同，心境不同，对同一对象的理解也大相异趣。在这里，“诗无达诂”，艺术作品向欣赏者发出参与构建的强求，如伊塞尔所说：“作品的意义不确定性和意义空白促使读者去寻找作品的意义，从而赋予他参与作品构成的权利。”① 欣赏者的阐释超出创作者的初衷是常有的事，曹禺发表《雷雨》以后，一些批评文章让他很受启发，观众发现了作者未曾想到的东西，正所谓：“作者未必然，读者又何必不然?”当然，不确定性中仍有确定性的存在，如虞世南、骆宾王、李商隐的咏蝉诗，都抓住了对象“清”和“高”的特点。

上述三点是紧密联系的，正因为审美理解融化在情感与形象中，所以它便具有多义性；又由于它是模糊多义的，因此必然有阐释的不确定性并允许创造性阐释。

3. 审美理解力的培养

审美理解力的水平高低，主要决定于文化修养的深厚程度。文艺复兴时期的一些艺术大师都具有很高的审美理解力，这与他们的勤奋好学、博闻强记密切相关。这些大师们勤勉地观察街道上川流不息的人群的各种神态，勤勉地在工作室里解剖尸体，勤勉地研究古典作家的优秀作品。那个时期的诗人和画家的声誉都很高，一方面是由于他们的身份已同“学者”联系在一起，另一方面是由于他们都在坚忍不拔地创造艺术的辉煌。掌握科学和古典学识对当时的艺术家来说都是必不可少的，他们甚至渴望得到哲学家的头衔，米开朗基罗就是美第奇世家柏拉图学园的成员，达·芬奇集艺术家、科学家、工程师于一身。培养审美理解力，须借鉴这些巨人们行进的足迹。

首先，需要积累丰富的生活经验。一是要细心观察和研究外部世界的事物，二是要深入体验和反思自身。一个优秀的艺术家或艺术批评家往往兼有这两方面的良好习惯。特别是后者，对于审美活动来说，这种生活经验的积累更困难也更重要。

① 胡经之，张首映．西方二十世纪文论史［M］．北京：中国社会科学出版社，1988：277.

其次，需要涉猎广泛的书本知识。采集世界3的文化成果，接受前人审美实践的经验，是较之自己逐步思索积累更为便捷的途径。一方面，要有关于审美对象本身的必要的知识储备。读其书，不知其人是不得的；看秦砖汉瓦，不积累其时代精神就发现不了它们所具有的审美意味。朱光潜先生把不了解对象本身的固有意义称为“距离太远”，认为是审美之一忌。的确，由于对某些民族的历史文化不了解，观看他们的艺术品总有一种隔膜感。另一方面，就是对于自然物，也应该掌握与之相关的美的形象的必要知识。如我国文化中将松、竹、梅看作“岁寒三友”，象征坚毅、高洁的人格，这已成为审美惯例，若是哪个花园的一角栽上这三种植物，不了解中国文化的外国人就很难发现它的意义。

再次，应该重视相邻艺术的熏陶滋养。各艺术品种的最终审美指向是一致的，只是由于它们各自借助的物质媒介不同，因而在美的形象的塑造中有表现手法、意蕴揭示方面的差异。应该说，它们各有千秋，鉴赏者应该相互补充和相互借鉴。舒曼曾谈道：“有的音乐家能够从拉斐尔的圣母像得到不少启发。同样，美术家也可以从莫扎特的交响曲中获益不浅。不仅如此，对于雕塑家来说，每个演员都是静止不动的雕像，而对于演员来说，雕塑家的作品也何尝不是活跃的人物？在一个美术家的心目中，诗歌却变成了图画，而音乐家则善于把图画用声音体现出来。”① 就一般的审美能力而言，各种艺术的滋养都是有益的，其中特别以诗（文学）的熏陶最为重要。

此外，人格修养对审美理解也有直接作用。不过它涉及更广阔的领域，我们将在后面进行阐述。

我国古代的文人画家论及艺术家的修养，多以学问为第一，人品为第二，才情为第三，这种排列顺序也许值得商榷，但是强调学问的重要在任何时代都不多余。

三、审美想象力

1. 想象力在审美活动中的重要作用

对于想象力在审美心理过程中的作用，怎么估计都不会过高。

① 罗伯特·舒曼．舒曼论音乐与音乐家［M］．北京：人民音乐出版社，1978：148.

在审美活动中，如果说感知力打开了门户，并且同理解力一起准备了相关材料，那么想象力则发挥着统帅作用，将感知和理解的各种相关内容有机融合起来并自由生发开来，最终孕育出美的形象。英国诗人和诗论家柯勒律治指出：“诗人（用理想的完美来描写时）将人的全部灵魂带动起来……他散发一种一致的情调与精神，藉赖那种善于综合的神奇的力量，使我们彼此混合或（仿佛是）溶化为一体，这种力量我专门用了‘想象’这个名称。”① 在这样的意义上完全可以说，审美活动本质上是一种想象活动。

人们欣赏自然物的美，总是移情于物，将物人格化、艺术化，这些都必须通过想象才有可能。从自然物的美到形成艺术美，即使是写生也体现出想象力的作用。清初画家渐江长期住在黄山，画了许多以黄山为题材的山水画，但他并不单纯描写某一峰，而是着力体现黄山的神韵。石涛在一首诗中总结创作山水画的经验道：“名山许游未许画，画必似之山必怪。变幻神奇懵懂间，不似之似当下拜。”在叙事类艺术形式中，典型人物的塑造有两条基本途径，一是杂取种种人而合成，一是以某一真人为原型进行提升，无论是哪一种途径，都离不开想象。我国古代美学所谓的“神思”属于想象范畴，它是如此神奇：“寂然凝虑，思接千载；悄焉动容，视通万里；吟咏之间，吐纳珠玉之声；眉睫之前，卷舒风云之色。”（刘勰：《文心雕龙·神思》）正是由于想象的神奇力量，才使艺术家的笔犹如阿米达的魔杖，甚至能从不毛之地中唤出鲜花盛开的春天。

艺术欣赏是美的再创造。将艺术欣赏仅仅看作再造想象是不当的，它同样是在创造。英伽登曾举例说：见过巴黎的“维纳斯”大理石雕象的人都知道，那块大理石的许多属性不仅不能有助于审美经验，反而会妨碍这种经验的实现。例如，“维纳斯”鼻梁上的一块污痕，或它的胸脯上可能由于水的侵蚀而产生的许多粗斑、空穴、水孔，乳头被毁掉……但是人们总是尽力忽略它们，似乎雕像的鼻梁上毫无瑕疵，胸脯平滑，所有的洞穴都被“填上”，还有完好的乳头，等等。显而易见，人们对审美对象作了想象补充而使之完美化。中国山水画特别重视意境，“境生于象外”，实景为一，虚境无穷，

① 刘若端．十九世纪英国诗人论诗［M］．北京：人民文学出版社，1984：69．

因此必须欣赏者共同参与创造。清代画家笪重光写道："空本难图，实景清而空景现；神无可绘，真境逼而神境生。位置相戾，有画处多属赘疣；虚实相生，无画处皆成妙境。"（《画筌》）可以说，没有欣赏者的想象力的积极活动，作品的意境就不可能呈现。

现在我们已不难理解，在康德和黑格尔的美学著作中，想象力的地位何以如此之高。康德认为，审美是关联着想象力的自由的合规律性的对于对象的判定能力，想象力将理性的机能带进了运动，赋予对象以生命，它一方面向往着"某些超越于经验界限之上的东西"，另一方面又给予这些东西一种"客观现实性的外观"，因而使美的形象具有超越概念表达的丰富内容。黑格尔也写道：

真正的创造就是艺术想象的活动。这种活动就是理性的因素，就其为心灵的活动而言，它只有在积极企图涌出于意识时才算存在，但是要把它所含的意蕴呈现给意识，却非取感性形式不可。所以这种活动具有心灵性的内容（意蕴），但是却把这种内容放在感性形式里，因为这种内容（意蕴）只有放在感性形式里，才可以被人认识①。

黑格尔认为美是理念的感性显现，在这里他实际上肯定了是想象力促成了这种显现。我们知道，美是在审美中形成的，因此又可以说，美是想象力积极活动的果实。席勒在《新世纪的开始》（1801年）中咏叹："只有在梦之国才有自由，只有在诗中间才有美的花朵。"梦是想象力的活动，诗是想象力的果实。

2. 审美想象力的性质

审美想象在艺术创作过程中表现得最为显豁，陆机在《文赋》中对此曾有精彩的描述：

其始也，皆收视反听，耽思傍讯，精骛八极，心游万仞。其致也，情曈昽而弥鲜，物昭晰而互进，倾群言之沥液，漱六艺之芳润，浮天渊以安流，濯下泉而潜浸。于是沉辞怫悦，若游鱼衔钩，而出重渊之深；浮藻联翩，若翰鸟缨缴，而附曾云之峻。收百世之缺文，采千载之遗韵。谢朝华之已披，启夕秀于未振。观古今于须臾，抚四海于一瞬。

① 黑格尔．美学：第1卷［M］．北京：商务印书馆，1979：50.

在艺术想象中，情感、表象、符号等相互交织，构成动态的精神活动并实现一体化，美的形象于是产生。美所具有的自由、理想、创造诸特性在想象活动中即已具有。

① 审美想象力体现自由。感官知觉总是受到客观对象的局限，想象是心灵中神志的活动，“官知止而神欲行”，精神摆脱了现实事物的羁绊，在广袤无垠的时空中自由驰骋，任兴所之，无拘无束。在时间上能“观古今于须臾”，在空间上可“抚四海于一瞬”。请看屈原《离骚》中的一节：“饮余马于咸池兮，后飞廉使奔属。鸾皇为余先戒兮，雷师告余以未具。吾令凤鸟先腾兮，继之以日夜。飘风屯其相离兮，帅云霓而来御。份总总其离合兮，斑陆离其上下……”诗人心驰神往，忽而在太阳洗澡处，忽而去了日出之地，忽而折回日落之所，架太阳车之神羲和、驾月车之神望舒、风神飞廉、鸾皇凤鸟前后随从，旋风聚集，率领去霞迎接，其形态千变万化，奇光异彩上下闪烁。这样奇物的想象相当于梦境或醉境，艺术美一般是艺术家在近似梦或醉的状态下形成的。

② 审美想象力指向理想。想象力的自由活动具有潜在的方向性，应该说这是人的一种本能，人们总潜在地指向生命的圆满和生存的自由。弗洛伊德将艺术家看作“白日梦者”，而人人又都有白日做梦的本能。他举例说，一个贫苦的孤儿得到某个雇主的地址，在那儿他也许能找到一份工作，路上他可能耽于幻想中：他果然找到了工作，并且得到新雇主的赏识，成了企业中不可或缺的人物，被雇主的家庭所接纳，娶了这家年轻漂亮的女儿，然后成了企业的董事，先是作为雇主的合股人，后来成为他的继承人。弗洛伊德以这个例子说明人的想象是“怎样利用一个现时的场合，按照过去的式样，来设计未来的画面”①。想象力确实像一只心灵的航船，它往返于大地与天国之间，运载着现实的材料去建筑理想的家园。别林斯基曾谈道，“一切过去的东西，对于我们说来，都获得了新的色彩，好像改变了样子：幸福比我们享有它时显得更加美好；即使是灾难，我们也只看到它的诗情的一面”，其中原因是想象离开现实“一定的

① 弗洛伊德．弗洛伊德论美文选［M］．北京：知识出版社，1987：33.

距离"①。从大量事实出发，我们有理由认为，想象力蕴涵着诗意的联想。根据我国古代哲学和心理学的思想，我们让为想象总是指归于悦神悦志境层，想象力的趋向与审美的趋向是同一的。

③ 审美想象力实现创造。想象力由于指向理想境地而超越现实，它对获自物理世界和文化世界的材料进行加工、改造和重组，产生出新的合目的性的东西。想象力的创造性为人们所公认。黑格尔认为，想象力"有一种本能式的创造力"，"是以无意识方式起作用的""人类天生资禀"②。即使对于科学活动，想象力也有不可轻忽的作用，爱因斯坦说过："想象力比知识更重要，因为知识是有限的，而想象力概括着世界上的一切，推动着进步，并且是知识进化的源泉。"③ 萨特对想象作了专题研究，他指出，"想象的活动是一种变幻莫测的活动。它是一种注定要造就出人的思想对象的妖术"，"造就出人所渴求的东西"④。我们认为想象的创造性源于志性，当人们根据现实的不同境况、凭借自己掌握的材料而建构所憧憬的事物时，必然具有创造的性质。叶燮释在《尚书》中"诗言志"命题时写道："志之发端，虽有高卑、大小、远近不同，然有是志，而以我所云才、识、胆、力四语充之，则其仰观俯察，遇物触景之会，勃然而兴，旁见侧出，才气心思，溢于笔墨之外。志高则其言洁，志大则其辞弘，志远则其旨永。如是者其诗必传，正不必斤斤争工拙于一字一句之间。"（《原诗》外篇）艺术意境本由心造，想象是心造过程，志则是心之向往处。

3. 审美想象力的培养

想象力虽然出自人的本能，仍有赖于后天的保护和滋养。尤以下述几个方面值得注意。

（1）储存丰富表象，积累生活知识。丰富的想象力依靠丰富的表象储存和生活经验支撑，后者像空气一样托举着想象的翅膀。最早提出"想象"一词的亚里士多德认为，"一切可以想象的东西本

---

① 别林斯基．别林斯基选集：第2卷［M］．上海：上海文艺出版社，1963：457.

② 黑格尔．美学：第1卷［M］．北京：商务印书馆，1979：51.

③ 爱因斯坦．爱因斯坦集：第1卷［M］．北京：商务印书馆，1976：284.

④ 萨特．想象心理学［M］．北京：光明日报出版社，1988：192.

质上都是记忆里的东西。”① 从提供原材料的意义上看，这一观点也许是对的。吴道子描神画鬼，仍不过是在人的模样基础上进行变形罢了。缺少有关的表象和知识积累，想象的情形可能与实际事物风马牛不相及。脂砚斋批《红楼梦》时记述了一则笑话，“一庄农人进京回家，众人问曰：‘你进京去可见些世面否?’庄人曰：‘连皇帝老爷都见了!’众罕然问曰：‘皇帝如何景况?’庄人曰：‘皇帝左手拿一金元宝，右手拿一银元宝，马上捎着一袋人参，行动人参不离口，一时要屙屎了，连擦屁股都是用鹅黄缎子。所以京中连掏茅厕的人都富贵无比。’”这位庄人看来根本不知道皇帝的生活，他的想象虽然反映出自己的祈求，可是一旦与对象的实际相参照，便见出十分离谱。

（2）正视审美欲望，蓄积炽烈情感。情感为想象提供动力，想象力的活跃往往直接由炽烈的爱恋情感推动。人们常将爱恋之情看作伟大的艺术匠师，它自发要求对现实对象进行理想化改造。海明威讲过，“最好的写作一定是在恋爱的时候”②。1830 年，普希金向冈察罗娃求婚得到应允，激起巨大的创作能量，在婚前三个月内，普希金完成了长篇诗体小说《叶甫盖尼·奥涅金》、《别尔金小说集》、四个小说悲剧以及近三十首抒情诗等，文学史上通常称这几个月为普希金的“金色的波尔金诺之秋”。执着的学识彼特拉克写出许多动人的十四行诗，使莫扎特留下许多优美的小夜曲。在桑耶耶看来，甚至人们对自然物的欣赏也是性爱的转移，是将自然物看作第二情人。从经验层次上看，环境的适度压抑也可能激发人的想象力，一个人在现实中欲望得到满足、情绪得到宣泄，就不会那么求助于想象了，杜甫称“文章憎命达”，不无道理。

（3）保持一颗童心，执着追求理想。维柯在《新科学》中一再表达这样的观点：诗人的想象是人类处在儿童期的天然表现，虚构和神话是人类天真无邪的心灵所固有的适当语言。他甚至提出一个原则：推理力愈强，想象力愈弱。推理力与想象力成反比的情况确

① 中国社会科学院外国文学研究所外国文学研究资料丛刊辑委员会．外国理论家作家论形象思维［M］．北京：中国社会科学出版社，1979：8.

② 海明威访问记［J］．文艺研究，1980（2）.

实不乏其例，据历史潮流学家的研究，希腊大哲人德谟克利特晚年时理解力极度完善，而想象力却丧失殆尽。我国美学家推崇赤子童心，童心一方面是率真的，没有受虚伪、机巧之心的遮盖，另一方面又富于幻想，没有受僵化思维模式的羁绊，因此有利于想象力的发展。理想潜在地为想象力导航，高远的理想总是引导想象力朝高尚的人生旨趣方面展开。执着地追求理想还使人能深切感受到现实生活的缺憾，理想与现实的落差无疑是想象的动力来源之一，我们看到，一些艺术家较之普通人对现实的缺憾更为敏感、更为痛心疾首。当一个人既葆有童心，又追求理想时，他就可能经常地超越现实的束缚，各种表象、情感和经验、知识将在其诗中交汇、化合、不断孕育出具有丰富意蕴的美的形象。

第四节 审美人格塑造

审美是人从对象中直观自身的活动，真正美的形象体现理想的人格结构，因此，具有完整人格是发现美、创造美的基础条件；另一方面，审美具有令人解放的性质，它使人格从扭曲状态恢复为应该有的样子，审美教育的主要职能在于促进人格的完善发展。由此不难看出，审美活动与人格建构互为因果。

一、审美吁求人格完整

1. 人格的内涵及其结构

“人格”又称为“个性”，一般是指个体那些决定其特有的思想和行为的心身系统的动态结构，它表现一个人在不断变化中的全体和综合，是具有动力一致性和连续持久的自我。

普通心理学认为，人格结构包括一个人的兴趣、爱好、性格、能力、气质及信仰和世界观等。兴趣是一个积极选择某种事物的倾向性，包括物质的兴趣和精神的兴趣。爱好是个体积极从事某种活动的倾向性，它与兴趣密切相关，不过显得较为执着；爱好与能力相互促进、相互制约。能力一般是指完成某种活动的本领，包括完成某种活动的具体方式以及成功地完成该活动所必需的心理素质，如从事音乐活动，既需要掌握歌唱、演奏等具体活动方式，又需要形成曲调感、节奏感、音乐听觉表象等心理素质。性格是指一个人较稳定的对现实的态度和相应的习惯化的行为方式，如勤劳、勇敢、自私、懒惰等；显然，它与思想品质密切相关，不过后者有更为具体的内容规定。人们常按照性格结构中哪一品质占优势而将性格划分为情绪型、理智型和意志型。信念是坚信某种观点的正确性，并以之支配自已行动的个性倾向性；信念一旦确立，决定着一个人思想行为的原则性、坚韧性，是个体自律的基本因素。世界观是一个人对整个世界的总体的看法和态度；它是个体意识倾向性的核心指向，影响着人的整个精神面貌并指导着人们的行动。气质是人的心理活动的动力特征，主要表现在心理过程的强度、速度、稳定性、灵活性及指向性上；它是个体与生俱来的，不过在后天生活环境中可以得到某些改变，气质在深层次上制约着意志努力的大小、思维速度的快慢、情绪体验的强弱等。

目前的普通心理学教科书基本是根据实验心理学的成果编写的。实验心理学为认识人自身、揭开心灵的奥秘做了大量切实的工作，有不少可喜的收获。然而它的所长在于对心灵表层活动的观察、描述，所短在于对心灵深层的透视、体验。我们遗憾地看到，它对人格诸要素的研究，往往摘取人们习用的语词作为“心理特征”进行描述，概念之间常有交叉的情形，如兴趣与爱好、性格与气质等；更为有待改进的是，这些“心理特征”尚停留于无层次、无方位的平面列举，并未使之系统化、结构化，不能给人以逻辑空间感，因此不利于人们作整体把握。

人的一般本性（即本质）存在于人格结构中，不过人格结构是一个动态的系统，在不同的社会历史条件中充实着具体的内容并变换着具体的样态，尽管它的基本结构是恒定的。笔者认为，席勒的有关观点值得重视，他将人类所共同具有的基本人格结构看作“人本身”（die Person），将个体的人的实际存在状况称作“现状”（der Zustand），前者是恒定的，后者是变化的，像是在“花开花谢”之中，“花”是花本身，花在“开”和“谢”是花的现状。

他说：就其天赋和素质而言，在每一个个体的人的身上都具有纯粹理想人的成分，在各种变化中与这种不变的统一体保持和谐，这是他的生存的伟大使命①。

"纯粹理想人"即人本身，它是不变的统一体；在各种变化中的"个体的人"是人的存在现状，约略相当于普通心理学所谓的人格；只有当后者与前者保持和谐时才是理想的生存。根据这种思想，我们可以说，人的本质存在于人类心灵结构中，个体的人全面占有了自己的本质就是完整的人格。

2. 人格的二重性与审美活动

人格具有理想样式和现实状态，理想样式存在于现实状态之中，现实状态是理想样式的具体体现形式——或者是本然的，或者是异化的体现。对于个体的现实生存来说，在大多数场合不能以完整的人出现，细密的社会分工和迫切的生活需要常使个体突出展现某一人格面。当某一人格面凸出时，个体就不可能是审美者，至少不是纯粹的审美者。鲁迅曾谈到，人们读同一部《红楼梦》，所获各不相同："单是命意，就因读者的眼光而有种种：经学家看见《易》，道学家看见淫，才子看见缠绵，革命家看见排满，流言家看见宫闱秘事……"② 这种现象确实普遍存在。

造成这种现象的原因是什么呢？从欣赏对象看是小说体裁的特殊性，这类体裁擅长于再现复杂多样的现实生活，使读者不知不觉中身临其间，与其中的人物共忧乐而很难拉开心理距离。从欣赏主体看，其一是缺少审美态度，由于身临其间而不能自拔，也就以现实生活中爱莫能助的眼光看作品中的世界；其二是自身人格的畸形或片面凸出，因为在一定意义上说，世界其实是人的一种视野，主体只能看到他们能看到以及希望看到的东西：一个耽于酒色的人很难区分裸体画与春画，一个执着于革命的人对社会的反叛情绪特别敏感，一个道德家心中先有一套规范，以之衡量现实而常忧患缠身，等等。

然而我们还当认识到，战场的勇士有时又可以是纯粹的审美者，法国著名画家大卫一方面热心于革命，另一方面又醉心于古典美，他的许多杰作居然将这两个方面有机地统一起来，以历史或现实的

① 席勒. 美育书简［M］. 北京：中国文联出版公司，1984：42－43.

② 鲁迅. 鲁迅全集：第8卷［M］. 北京：人民文学出版社，1981：145.

题材表现人所应该有的样子。受我国现代学界苛责甚多的宋代道学家，道貌岸然只是其人格中较为凸出的一面，他们内心里也常有诗意在涌动：周敦颐的《爱莲说》至今脍炙人口；邵雍、朱熹等同时是诗人；程颢更是追求生活的审美化，这不仅从其弟程颐所撰的《明道先生行状》中可以间接见出，而且从他本人的诗作中也有直接体现，其《春日偶成》写道："闲来无事不从容，睡觉东窗日已红。万物静观皆自得，四时佳兴与人同。道通天地有形外，皿入风去变态中。富贵不淫贫贱乐，男儿到此是豪雄。"在这种生活情趣中，主体实现了席勒所谓的现实个体与纯粹理想人的和谐统一，也就是恢复了人格的完整性，人格的现实状态与其理想样式正相吻合。

从严格意义上，一个人不可能永久地生活于审美世界中，因为审美只是人掌握世界的基本方式之一。正如列夫·托尔斯泰所指出的，审美离不开幻想。一味沉溺于幻想的人由于没有充分社会化，常常与现实格格不入，很难发挥直接推动社会进步的作用；而从个体来看，这类人与社会极不协调又无力抗衡因而很容易导致精神崩溃。我们看到，较多沉溺于幻想中的艺术家阶层是最容易患精神疾病的社会阶层。稳健地立足于现实，执着地追求理想并为之奋斗，才是应有的人生态度。审美对于社会和人生的积极意义主要是在精神调节和引导上，审美教育只是希冀过分埋头于现实的人们间或仰望理想天空的绚丽云霓，更加信心百倍且神清气爽地从事改造现实的社会实践，而决非要求每一个人整天躺在青草地上，仰望五彩的云霞过日子。所以，审美学主张人们应时常在精神上向理想人格回归，并创造社会条件，使更多人的人格现状成为理想人格的本然体现形式。

3. 完整而自由的人格易于发现美

对于个体来说，理想人格最初只是一种发展的可能性，有待后天的实践和修养才能成为现实人格的核心。马斯洛认为，每一个人心灵里存在着"某种上帝般完美的可能性"，很多人因为怀有"约拿情结"而遮蔽或压抑了它；那些使这种可能性得到充分体现者就是自我实现的人。在他看来，人格与动机密切相关，人的动机或需要好比一个金字塔：最底层是自我实现。自我实现就是人的价值的完满实现，自我实现的人就是完满的人格。这种完满人格在审美时对普通事物常见常新。对于自我实现者，每一次日落都像第一次看见那样美妙，每一朵花都温馨馥郁，令人喜爱不已，甚至在他见过许多花以后也是这样。他所见到的第一千个婴儿，就像他见到的第一个一样，是一种令人惊叹的产物。在他结婚三十年以后，他仍然相信他的婚姻的幸运；当他的妻子六十岁时，他仍然像四十年前那样，为她的美感到吃惊。对于这种人，甚至偶然的日常生活中转瞬即逝的事务也会使他们感到激动、兴奋和入迷。这些奇妙的感情并不常见，它们只是偶然有之，而且是在最难以预料的时刻到来①。

马斯洛的有关描述是可信的，我们从历史上审美文化极为繁荣的时代可以得到佐证。罗丹曾高度赞赏古希腊人善于发现美，其基本原因也许在于古希腊人具有完满而自由的人格。席勒认为，希腊人的本性是把艺术的一切魅力和智慧的尊严结合在一起，“他们既有丰满的形式，又有丰富的内容；既能从事哲学思索，又能创作艺术；既温柔又充满力量。在他们的身上，我们看到了想象的青年性和理性的成年性结合成的一种完美的人性。”②同样，文艺复兴时代的一些巨人们特别善于发现美与创造美，也与他们具有完整的人格相关，对于该时代来说，理想的人已不再是禁欲主义的僧侣，而是一种新型的个性得到全面、充分发展的人。例如达·芬奇等，往往一身兼有学者的智慧、艺术家的天才和战士的勇敢。

普通人都能感受到外部事物的形式美，这是没有疑义的；但是要形成丰满的美的形象，则主体非要有完整的人格不可，否则对象就不能体现为完人形象。在这种意义上，普洛丁的说法不无道理：“如果眼睛还没有变得合乎太阳，它就看不见太阳；如果心灵还没有变得美，它就看不见美。”③ 然而完整的人格并没有一个绝对值，历史上任何人都没有达到终点，并且只要是正常的精神健全的人，人格中都有理想样式存在，随着修养的加深而可能日趋丰富和具体，关键在于使人格现状复归于理想样式，也就是使现实的自己成为人应该有的样子。几乎没有人能始终如一地保持人所应该有的样子，

① 马斯洛．动机与人格［M］．北京：华夏出版社，1987：191.

② 席勒．美育书简［M］．北京：中国文联出版公司，1984：49.

③ 谬灵珠．谬灵珠美学译文集：第1卷［M］．北京：中国人民大学出版社，1986：249.

因为生活在现实中，个体不可能有绝对的自由。因此，即使是人格并无残缺的人，也需要有自由的心境才能投生产方式于审美，海德格尔说得好："心境愈是自由，愈能得到美的享受。"①

早在三百多年前，我国美学家李渔就已指出：若能实具一段闲情，一双慧眼，则过目之物，尽在图画；入耳之声，无非诗料②。"闲情"是指审美心境和情趣，"慧眼"是审美能力，二者的背后就是自由而完满的人格。可以说，如果一个人热爱生活、加强修养、追求理想，具有自由而全面发展的个性，那么心灵就会八面来风，到处有美向它呈现。

二、审美教育的根本目标在于造就完整人格

1. 现代人格的畸形化与现代教育的弊端

现代社会生产力的迅猛发展导致人们生活方式迅速改变，这一进程是令人欣喜的，它为理想社会的出现准备着物质条件。然而，近代以来的工业发展使社会分工越来越细密，导致的副产品是人格的畸形发展。18 世纪著名的启蒙主义思想家卢梭就已有觉察，他在《论人类不平等的起源》等著作中对此作了揭露和批判。其后席勒更是以之为自己的审美学著作所要集中探讨的问题，他高声疾呼，高贵的东西在解体，人们在走向两极端，一部分人表现出粗野和无法无天，一部分人表现出懒散和道德腐化。

从心灵的角度看，我们可以将现代人格的畸形状态区分为三种基本的表现形式：一是感性执迷。一些人以满足物欲为自己生活的唯一目的，将吃喝玩乐等同于人生价值，只要"过把瘾"，死了也心甘；即使有对艺术文化的需要，也是片面追求感官的刺激和情绪的宣泄，对陶冶情性不屑一顾。这种状况有向野蛮的动物界回归的态势，它仿佛印证了弗洛伊德的观点，人并不高于动物，也无异于动物，只是赖智力之助取得了主宰他的伙伴的地位罢了。二是知性失衡。马尔库塞等的警告不无道理，大工业社会使人片面理性（知性）化，正在迫使人们成为单向度的人。的确，有些人的感性能力已经

---

① 徐复观．中国艺术精神［M］．沈阳：春风文艺出版社，1987：53.

② 李渔．闲情偶寄［M］．杭州：浙江古籍出版社，1985：146.

萎缩，人文精神也逐渐失落，似乎要变成为一种“智能机器人”。某些从事科学研究的人，除了自己的实验、数据之外，对其他一切都不感兴趣，日本物理学家、诺贝尔奖获得者汤川秀树就为现代科学研究者远离哲学和文学之类的文化活动而深切不安。三是志性遮蔽。这是一种更为普遍的且更为深入的现代病，颇有些人没有人生信仰，没有精神寄托，或者可以称之为“失去灵魂”。其中一部分人因此有恐慌感，这是可以理解的，而另一些人无人生信仰又不努力寻求，不能不令人悲哀，志性遮蔽使人失去安身立命之本，健全的人生不容有这种残缺。作为心理医生的荣格曾谈到，在他治疗过的数百例患者中，凡年逾 35 岁以上者，“没有一个不是想寻求一个人生的宗教观的”①。无怪乎今天许多有识之士正在寻找与当代文化水准相适应的信仰基石和精神家园。

现代人格的畸形化也有教育方面的原因。在世界范围内，现代教育的实用主义倾向处于主导地位，科学技术教育成为教育的中心和重心。它适应了社会经济发展的需要，为现代化生产培养了专门人才，有力推动了科学技术自身的发展，为人类的物质文明建设作出了巨大贡献。然而，片面强调科学技术教育，使学校教育长期陷入了“智育第一”的误区，总体上看，学生的知性能力畸形发展，而人格的其他方面则不同程度地有所萎缩；这样的教育很大程度上把人当作工具来铸造，已经和将会带来种种社会问题，一个由缺乏人生理想和社会责任感、见利忘义、尔虞我诈的成员组成的群体，其前景是令人忧虑的。

我们承认现代人格的畸形化和现代教育的弊端是人类进步道路上的必然现象，社会的发展呼唤人的某一方面的精神能力迅速提高，就不能不打破理想人格样式的平衡态，只有打破平衡才有发展进步。如果说中世纪普遍出现人格的道德维面的异常凸出，那么近代以来人人可知的认知维面日渐凸出就正好体现了历史的辩证法。据此我们还有理由认为，不远的未来必然有一个重振人文精神的历史阶段，人们将以人文精神的韧性来弥补技术理性的刚性，重新向人格的理想样式回归。美育可以在这一回归过程中发挥重要作用。

---

① 荣格．探索心灵奥秘的现代人［M］．北京：社会科学文献出版社，1987：221.

2. **审美教育是塑新人的全面教育**

人的全面发展问题历来是人道主义思想家所追求的理想，也是现代有识之士的共同呼声。1948 年发表的《世界人权宣言》中指出："教育之目标在于充分发展人格"（第 26 条），"个人人格之自由充分发展厥为社会是赖"（第 29 条）。此前一百年，马克思、恩格斯在《共产党宣言》中表述了相似的观点，他们认为，在理想社会里，"每一个人的自由发展是一切人的自由发展的条件。"① 事实上，这种认识还可以追溯于更远的历史，古罗马的西塞罗提出的"Humanistas"（人道或人性之意）一词，即是指能使人的才能得到最大限度发展的教育。文艺复兴时期的彼特拉克认为，人道主义就是个人在"审美、学术和道德上的完善"②。启蒙主义时代，很多思想家对此有一致认识，如康德就相信，在经历了曲折漫长的进程之后，人类历史将指向一个充分发挥人的全部才智的美好社会。

在现代人格普遍畸形化的历史条件下，审美教育是克服人格畸形化的有效手段。通常所谓的美育多是指通过具体的审美活动、特别是艺术教育来陶冶人的情性，它在现代人格塑造中有多方面的补充或调节作用。一个执迷于感性享受的人通过阅读诗歌、欣赏绘画、聆听音乐等获得知识、净化心灵，可以将本能的感性欲求上升到精神文化的层次。一个知性失衡的人通过审美活动可以恢复人的自然状态，恢复感官的敏锐性和心灵的丰富性。达尔文在《自传》中谈到，晚年时自己似乎变成了一架从大量事实中"榨出"普遍规律的机器，竟丧失了对艺术的兴趣，为此而非常苦闷，他发誓："如果我活第二次，我必定规定自己每个星期都要读点诗和听音乐。"依靠哲理的说教使人敞开心灵第三层面是很困难的，当人们陶醉于大自然的美景中，沉浸于优秀艺术品的意境中时，他很容易驱除志性遮蔽的状态，从而获得天人合一的高峰体验。波德莱尔曾记述自己的切身经验："一天，我在旅行途中，来到一处风景极美极佳的地方，我的心灵里产生了一种奇特的感觉，思想也同这景色一样飘飞起来；

---

① 中共中央马克思恩格斯列宁斯大林著作编译局．马克思恩格斯选集：第 1 卷［M］．北京：人民出版社，1972：273.

② 索科洛夫．文艺复兴时期的哲学概论［M］．北京：北京大学出版社，1983：23.

此时此刻，肉麻的爱情，低级的仇恨，一切庸俗的感情，就像我脚下山谷中的云雾一样，离我远远地飘开去了；我的心如此纯洁、宽阔，就如同这庇护我们的苍穹……”①

审美教育的根本目标在于塑造完整的人格。这一观点得到越来越多的人的认可，但是很少见到合乎逻辑的阐述。人们（如王国维、蔡元培等）常将美育归为“情感教育”，从人的心灵能力的知、情、意之分和教育任务的德、智、美之别的对立关系出发进行定位，这是有道理的。不过，严格说来，它是不确切的，因为审美决不只涉及情感领域。情感，就其形式而言是在感性层面，就其内容而言，在功利、道德、审美三种活动中都有很重要的地位；情感不能充当必然领域与自由领域的中介或桥梁；情感本身无所谓内在目的性，没有稳定的价值指向，荀子认为人性恶，所考察的就是人之“情”（邵雍曾中肯地指出过）。根据本书的推论，审美没有特定的心灵领域，它执着于感性，指归于理想，在精神上使人生欠缺处得到补足，低劣处获得升华，压抑处获得解放。由此不难理解，美育总是以理想人格为参照，以塑造完整人格为目标。席勒明确写道：

有促进健康的教育，有促进认识的教育，有促进道德的教育，还有促进鉴赏力和美的教育。这最后一种教育的目的在于，培养我们感性和精神力量的整体达到尽可能和谐②。

这样把握审美教育的宗旨才是较为深刻和全面的。

什么样的人格才是完整的呢？近代人中歌德可以作为一个范例。歌德不仅是一个著名的美学研究者，同时还是人们进行美学研究的对象。历史学家们认为，在他身上，诗人的敏感、思想家的深邃以及宗教的虔诚完美地结合为一体，想象力、知解力、理性协调一致，是健全人格的典型。歌德的人格，可以说是感性、知性、志性三层面的全面展开，也可以说是寻真、持善、求美的动态三维面的和谐统一。

3. 审美教育在整个教育体系中的积极作用

人类要生存和发展，首先面临的是与外部自然的关系，是怎样

① 波德莱尔．巴黎的忧郁［M］．桂林：漓江出版社，1982：47．

② 席勒．美育书简［M］．北京：中国文联出版公司，1984：108．

获取生活资料的问题，这就形成了求“真”（掌握事物的本质和规律）的必要。但如果仅限于此，人的族类就会永远处于弱肉强食的状态，只能与动物界为伍。事实上，自然界的必然法则并不适用于调整人的族类内部的关系。然而，寻真和持善都具有明显的现实针对性，是人类为混乱且不完善的现实立法。人之所以为人，特别在于他能超越现实，指向未来，借现实事物而呈现理想幻象，力图改变现实以达到理想境界，这就是“求美”。托尔斯泰说过，人生的目的只有一个，就是臻于完善。求美虽然多是在务“虚”，却有着非常积极的作用。

在动态发展的意义上，寻真、持善、求美是健全的人格不可或缺的三维，人格塑造因之主要包括智育、德育和美育——它们不仅指学校的教育，还包括一生的锤炼。

智育的突出是现代社会的必然要求。近代以来社会的飞速发展得益于科学的进步，传授知识、掌握科学必须依靠知育。国家之间、行业之间、行业内部的竞争使人类生活日新月异，这种竞争主要是智力的竞争。然而片面突出智育对个体人格的自由充分发展带来了诸多弊端，如感官迟钝化，大脑左半球的超常开发而右半球闲置萎缩；思维机械化，因为过于有序而缺少创造力；德性相对丧失，真知并非良知，不能遏制唯利是图，等等。

德育旨在使人持善，它要让人获得精神柱石，赋予生活以价值意义。在中世纪，德育居于教育的中心地位，那时鲜见价值危机、信仰危机。不过其可能有的负面作用也不容忽视：首先是迷信偏执，常将信仰等同于知识，凡不合教义的新思想都被指斥为异端邪说而加以禁锢；其次是压抑本能，将人与生俱来的感性欲求看成罪恶渊薮，消极摒斥而不是积极疏导；再次是古板苍白，一旦非礼勿视、非礼勿听，也就失去了人格的活泼性与丰富性。

对于塑造健全的人格，智育与德育必须互补，美育更因其广泛的渗透性而可发挥独特的功用。它渗透于智育，可以使寻真变得轻松愉快而提高效率，孔子曾提出：“知之者不如好之者，好之者不如乐之者。”（《论语·雍也》）程颢阐释道：“学至于乐则成矣。笃信好学，未知自得之为乐。好之者，如游他人园圃；乐之者，则已物尔。”（《二程遗书》卷十一）“好”的情形中主体与对象还有距离，

“乐”的情形中对象已属于主体，后者尤为自如。并且，审美的考虑常常指引着新知的发现，即所谓以美导真。美育渗透于德育中，使之劝善而以情动人，超越抽象的道德说教，即所谓以美启善。卢梭认为：“有了审美能力，一个人的心灵就能在不知不觉中接受各种美的观念，并且最后接受同美的观念相联系的道德观念，因此美育可以促进道德的完善。”① 并且，美育本身能潜在地使人对作坏事不感兴趣，还可以使人以自由人的姿态摆脱一些陈规陋习。如果说在某些历史时期人们强调德育或智育可以只着眼于人格某一维面的发展，造成“单向度的人”，如提出“女子无才便是德”，“唯才是举”等，那么强调美育则总是意味着要求人格的全方位的培养。

审美教育与体育的联系更为直观。无论是游泳、跳水，还是田径、球类运动，所有体育项目中几乎都贯穿着健与美的要求，特别是体操与马术等，姿态美的标准更为严格。体育运动的基本目标就在于促进强壮而优美的身体的形成，因此，体育运动中的动作一般都要求矫健、敏捷、协调，即使是比赛，竞技性中也包含着表演性。

三、艺术熏陶是美育的主要途径

1. 艺术活动可以促使人格高尚化

美育渗透于德育、智育和体育之中，德育、智育、体育同样也促进美育。一方面，德、智、体全面发展提高了人的综合素质，呼唤着美育水平的相应提高；另一方面，人们在树立榜样、启迪智慧、锻炼身体的过程中也会受到美的熏陶，这在很大程度上决定着审美标准的形成，我们知道审美标准的根据是人自身的理想形象。除了现实社会生活中美的熏陶之外，自然界也是美育的大课堂。阳光和煦，微风送爽，绿草如茵，白云飘荡……这些虽然只是卡西尔所谓的“机体美”因素，但人们身居其间多会带来心境的宁静，获得恬适的感受，于是心灵恢复自由，感知力变得敏锐，想象力变得活跃，容易浮现出美好的人生境界，而美好境界的体验又能强化人们的审美观念，丰富人们的审美理想。

尽管如此，对个体进行审美教育的主要途径仍在于艺术活动。

---

① 卢梭．爱弥儿：论教育：下卷［M］．北京：商务印书馆，1978：557.

这是因为，进入艺术领地，一般就获得了超越现实诸多束缚的自由，个体可以任兴所至，导致人格的整体复苏；同时，优秀的艺术品是艺术家通过慧眼和诗心对现实生活进行选择、加工、提炼以后创造出来的，它高于普通人对现实生活的审美把握，因而可以引领人们的审美标准和审美能力的提高。

由于艺术世界与现实生活有一定距离，因此方便于人们摆脱个体的直接功利考虑，以群体乃至人的族类的眼光来看待其中的事物，批判和摒斥丑恶或卑劣的东西，肯定和赞赏美好和有价值的东西，自然而然地获得陶冶。老作家巴金在回答法国《解放》杂志的有关提问时说："人为什么需要文学？需要它来扫除我们心灵中的垃圾，需要它给我们带来希望，带来勇气，带来力量。"不仅文学是如此，其他艺术品种也是如此。巴金这段话道出了艺术对于育人的基本作用。

艺术可以纯洁人的心灵，首先在于它的形式美的感染力。这与人置身于风景秀丽的环境之中的感受相似，由美的形式引起的心境宁静与恬适使人忘却日常的烦恼，自私的考虑、杂乱的念头都与之不相容。当人们聆听音乐会的时候，尽管可能理解不了曲调的意蕴，却仍能获得审美享受。其次还在于艺术品中对丑恶东西的批判使人能与之划清界线，即使某些丑恶的东西为艺术欣赏者所具有，也会受到荡涤。狄德罗曾谈到，一个坏人走进戏院受到艺术感染而感动得涕泪交加，那时他就会对自己所犯的罪过表示内疚，对自己给别人造成的痛苦产生同情，这样，当他走出包厢时，就会比较不倾向于继续作恶了①。

比较而言，艺术振奋人的精神的作用更为积极。艺术再现生活，让人们正视现实；但它决不为此所限，更致力于鼓励人们振拔现实，生活中的悲剧性事件有可能使一个人精神崩溃，艺术中的悲剧则不仅让人震惊，而且催人奋起。艺术之所以能如此，在于它展现了希望，洋溢着理想。周克芹的长篇小说《许茂和他的女儿们》的感人之处在于描写出了在穷苦艰难的生活中挣扎的人们仍怀抱着美好的希望并为此辛勤劳作。希望给予人们克服困难、挣脱苦难的勇气和

---

① 狄德罗. 论戏剧艺术［J］. 文艺理论译丛，1958（1）：150.

力量，艺术由于显现了生活的希望和理想，因而成为引导国民精神的灯火。

席勒说得对，“在艺术的不朽范例中打开了纯洁的泉源”，艺术家“按照他的尊严和法则向上看，而不是按照运气和日常需求向下看”，“他把理想铭刻在虚构与真实中，铭刻到他的想象力的游戏里以及他的行动的真情实意中，铭刻在一切感性和精神的形式里并默默地把理想投入无限的时代中。”① 艺术能使人心灵纯洁和精神振奋，因而有效地促进人格高尚化。

2. **艺术活动可以恢复人格的完满**

人们公认，艺术有娱乐、认识、教育、升华等功用。娱乐功用是指艺术活动能愉悦人的感官，给人带来快感。柏拉图曾谈到，听了荷马或其他悲剧诗人讲述英雄的遭遇，即使最优秀的人也会觉得快意，并佩服诗人的本领。艺术通过形象塑造服务于人类生活，因此能直接给人以感官享受。认识功用是指它能启迪智慧并给人以生活知识。看莎士比亚的戏剧，读巴尔扎克的小说，仿佛打开了生活的百科全书。艺术对恶的事物投去匕首，对善的事物献上颂歌，因而能有效推动人们持善去恶，这就是教育功用。《钢铁是怎样炼成的》中的保尔·柯察金，曾经激励过许多青年自我教育和自我改造。艺术还有一个基本功用是升华，即将人引领到一种崭新的人生境之中，它与宗教活动中的妙悟颇为相似，雅斯贝尔斯据此曾提出以艺术代宗教的观点。孔子在齐国听了韶乐，竟“三月不知肉味”，就是在对“尽善”“尽美”的艺术品的欣赏中进入至善至美的人生境界而流连忘返。艺术的这些基本功用统一于审美功用，体现了人生既反映又超越，它以高洁的旨趣解放了人们的感性执迷，以丰富的感性形式和人文精神弥补了人们的知性失衡，并以存在的澄明结束了人们的志性冥暗。艺术活动能克服人格的畸形，将心灵的丰富性全面激活。

在席勒之前，瑞士美学家苏尔泽就已认识到，艺术的审美活动是恢复人格完整性的有效途径。他说：“没有教养的人仅仅拥有渴望些动物生活的那种粗野的感受性；禁欲主义者希望培养出但决不会

---

① 席勒. 美育书简［M］. 北京：中国文联出版公司，1984：63.

培养出来的那种人，必然只拥有理性，这样的人仅仅是知者，而决不是行为者。但是，美的艺术所塑造的人物，则介于上述两种人之间；这种人物的感受性就在于一种使人们适于道德生活的优雅的情感。”① 与席勒同时代的语言学家、教育家洪堡德主张接受古希腊文化精神，培养多方面发展的人，他认为最鲜明地展现人在宇宙中的地位的是各种文化创造，其中尤其以艺术最富有人性。席勒则将审美和艺术活动看作一种游戏，他指出：“只有当人在充分意义上是人的时候，他才游戏；只有当人游戏的时候，他才是完整的人。”②现代西方马克思主义的代表人物继承了这种人文精神，他们对艺术活动的意义都非常重视，马尔库塞提出：“艺术的使命就是在所有主体性和客体性的领域中，去重新解放感性、想象和理性。”③ 在他看来，艺术表达着人性的崭新的层面，并蕴涵推动社会改造的生机。

我国先哲极为重视人格修养，虽然由于历史条件的局限，他们所崇尚的理想人格不免各有所偏，如儒家要求仁且智，偏重道德领域，道家要求天人合一，偏重回归自然；但是追求人格完满则是一致的。孔子提出，“兴于《诗》，立于礼，成于乐。”（《论语·泰伯》）这可以看作人格修养的三部曲：学《诗》是掌握语言和知识，是个体进入社会化过程的起步；习礼是掌握和遵循一定的伦理规范，是此方能在现实人际交往和社会关系中立足；而只有心灵进入以音乐为代表的艺术所创造的那种自由、完满、中和的境界，才是健全人格的最后形成。按日本美学家今道友信的理解，这一人格修养过程包含了多重超越，而在艺术（乐）中实现的最高超越包容了世界、超越了世界，体现了“向着精神的绝对者回归的自由”④。

3. 人生的艺术化与社会的进步

先秦时代的墨子学派提出，“……食必常饱，然后求美；衣必常暖，然后求丽；居必常安，然后求乐。”（《墨子·佚文》）他们将审美和艺术活动同社会物质生活条件联系起来，有一定的合理性。用

---

① 吉尔伯特·库恩．美学史［M］．上海：上海译文出版社，1989：390.

② 席勒．美育书简［M］．北京：中国文联出版公司，1984：90.

③ 马尔库塞．审美之维［M］．北京：生活·读书·新知三联书店，1989：212.

④ 今道友信．美的相位与艺术［M］．北京：中国文联出版公司，1988：308－309.

马斯洛的人格理论解释，审美是一种高级需要，它建立在基本需要得到满足后，审美需要便油然而生。如荷马在史诗《奥德赛》中描写道："求婚者吃饱喝足，兴趣就转到另一方面，他们想听音乐和歌曲，那些娱乐是晚会的冠冕。"不过同时还须看到，人的基本需要的满足也许总是相对的；即使是动物，也有饱暖、居安的时候，更何况人类？因此有理由说，审美和艺术活动伴随着人类的整个历史行程。

朱光潜先生在《谈美》中专列一节谈"人生的艺术化"，颇得朱自清先生的赞赏，其中写道：人生是多方面而却相互和谐的整体，把它分析开来看，我们说某部分是实用的活动，某部分是科学的活动，某部分是美感的活动，为正名析理起见，原应有此分别；但是我们不要忘记，完满的人生见于这三种活动的平均发展……我们把实际生活看做整个人生的隔阂。严格地说，离开人生便无所谓艺术，因为艺术是情趣的表现，而情趣的根源就在人生；反之，离开艺术也便无所谓人生，因为凡是创造和欣赏都是艺术的活动，无创造、无欣赏的人生是一个自相矛盾的名词①。

我们赞同朱光潜先生的基本看法。这里所谓的"实际人生"约略相当于人格现状，"整个人生"约略相当于完整人格，只是其中潜存的理想人格未曾明确道出，而正是这种理想人格构成人生创造与欣赏的指归，构成人生超越性的泉源。当然，较之人格，人生更有历史具体性和客观现实性。

按朱先生的理解，人生的艺术化就是坚持本色生活，用今天的话说即保持本真生存，这样才能使人的一生像一首诗。我们也许还可以将它描述得具体一些。既然是把人生作为一件艺术品来创作，那么一个人外表上就应该气宇轩昂，不卑不亢，潇洒大方，体现大写的"我"之风气神韵；他一方面虚怀若谷，澄澈清明，不为成见所蔽，一方面坚如磐石，保持良知，不随世俗沉浮；更重要也更积极的是，他胸中总是熊熊燃烧着理想之火，即使在险恶环境中，狂风吹不灭、暴雨淋不熄，为了建设人类的美好未来，为了实现自我的最大价值，坚忍不拔地奋斗，直到永远。

---

① 朱光潜．朱光潜美学文集：第1卷［M］．上海：上海文艺出版社，1982：532－533．

应当承认，人生这首诗不是由个体一厢情愿就可写成的，必须有相应的社会条件。人生的价值只有在社会中才能体现，人生的诗也只有在个体与社会的相互作用过程中才能展开，因此，以审美态度对待人生同积极推动社会进步能够统一且应该统一。

审美教育在多方面直接或间接地有益于社会进步。首先，在黑暗的社会环境里，它可以鼓舞人们为正义而斗争，坚信现实生活中的丑恶势力没有永久存在的理由，人类应该有美好的未来。事实上，古今中外的革命家多是些具有浪漫气质的人。其次，在正常的社会环境里，它有力地推动了社会精神文明的建设，因为它旨在造就完满的人格和艺术化的人生，达到了这种人格、实现了这种人生的社会成员越多，社会风尚就越纯朴。再次，它对社会物质文明建设也有一定的促进作用，如当代技术美学兴起，审美考虑贯彻于生产过程等。罗丹曾表示："希望所有的人都变成艺术家——因为我认为艺术家这个词的最广泛的含义，是指那些对自己所从事的职业感到愉快的人。"的确，这样将能"造成一个可赞美的社会"①。

总之，审美教育应该从直接的艺术熏陶进一步推广到能以一种艺术的眼光、审美的态度看待生活，构筑起人生的超越性一面，让人们以满腔的热忱、坦荡的心胸、高洁的旨趣投入到促进社会进步的伟大事业中去。

① 罗丹．罗丹艺术论［M］．北京：人民美术出版社，1987：118.

下篇

审美建构

您只要稍加留意，就不难发现，当代人的衣食住行、言谈举止、发明创造和自我塑造等，都贯穿着一条明显的主线，这就是对美的强烈追求，对审美思维方式自觉或不自觉的运用。在一定意义上说，当代人生活的主旋律便是审美的旋律、审美理想的旋律。人们正在用自己的行为诠释这样一个道理：人之所以为人，同人在身心各个方面都能获得美的形态和美的品格、素质不无关系。因此，现代人如果不懂得美，不追求美，不会欣赏美且不善于发现美，便是一个不够完整、不够完美的人，也即是在形象、智能和素质上有严重缺陷的人。

在上篇中，我们和您一起启程于道路崎岖的洞穴探幽之旅，在美学的“炼狱”中历练以获取“真经”。然而，当您在书本的海洋中漫游了一阵之后终于醒悟：不管美学大师们的“真经”包含着多少睿智卓见，不管美学典籍篇章中能够提供多么丰富的审美指南，我们即使皓首穷经也不可能真正把握美以及怎样找到美，因为美是需要您自己去亲自体验的……于是，渴望成为“审美之人”的您需要将飞扬的思维从遥远的美的王国收回，将目光投向身边的应用美学：自然美、社会美、艺术美……建构自己的审美体系和审美模式，在具体中体验，在现实中超越。

本篇的使命就是引领您在生活实践中去体验审美的收获和愉悦，这里不再是气氛枯燥的“炼狱”，而是美不胜收的“天堂”，您需要汲取的是如何从自我出发去发现美、欣赏美、感悟美、追求美和创造现实的美！如何充分领会“理论是灰的，而生命之树常青”的真谛……

第六章　自然美

第一节　自然美漫谈

自然美与社会美构成现实美。它们是文学艺术产生的基础与源泉，也是我们在日常生活中最常见的审美现象，因为我们人类就生活在自然与社会环境之中，自然美与社会美就环绕在我们的周围。

一、自然美的特征

自然美即自然事物的美，是指那些经由“人化”而体现了人的本质，并为人的感官所感知，能引起人们的精神愉悦的自然现象，这些自然物，有些经过了人类的改造，有些虽没有直接被人类改造过，如日月星云、狂风怒涛等，但是与人类的关系也发生了根本性变化，已经由威胁人类到在一定程度被人类所主宰和利用，即已经“人化”了。人们在被主宰的自然物身上看到了自己的本质力量，这些自然物也就成了人们的审美对象。

1. 形式美

黑格尔认为：“美的要素可分为两种：一种是内在的，即内容，另一种是外在的，即内容借以体现出意蕴和特征的东西。”自然美侧重于形式美，具有形式胜于内容的特点，人们欣赏自然美的时候，往往首先着眼于它们的形式。形状、线条、色彩、音响、质料、比例、对称，这些形式因素显得十分重要，而它的社会内容却比较笼统模糊，具有一种不确定性，因为人们复杂多样的社会生活必然会从各个角度与自然物发生关系，在一定的关系中，自然物某种属性符合人们某方面的利益，就使人想起美好的生活，反之则使人想起丑恶的生活，这样就造成了自然美社会内容的不确定性。也正因为自然美经常与人们的社会生活发生联系，所以往往成为生活美的一

也是一种危险的信号。黄色是明朗、欢快、活跃的，让人联想到灿烂的阳光，所以感到明朗和温暖，黄色在中国是帝王之色，象征着皇权的高贵，而基督教则把黄色作为出卖耶稣的犹大所穿服装的色彩，因而在欧洲黄色是下等色，而黄金作为贵重金属又是财富的象征。绿色是安静、自然、稳定的颜色，使人联想到绿色植物盎然的生机和欣欣向荣的感受，绿色象征着和平、青春、繁荣。蓝色是抑郁、忧伤、冷淡的色彩，使人联想到天空和海洋，因而带有和平、宁静的情绪，蓝色在西方既象征着幸福又象征着失望，“蓝色的音乐”就是悲哀的音乐。白色是纯洁、淡雅、自然的颜色，使人联想到雪花，带有纯洁的、凉爽的意味，还象征着投降。黑色是沉闷、厚实、紧张的颜色，象征着悲哀。正因为色彩具有上述视觉和心理的效果，因此它在引起主体的形式美感方面起着极其重要的作用。色彩的感觉是一般美感中最大众化的形式。

形状。形状是人们从事物的形体空间物象中抽象出来的形式美要素，由点、线、面、体构成。不同的线条具有不同的审美特征，又带有明显的感情意味，如直线表示力量、稳定、刚强、有生气，给人稳定感和均衡感，代表着庄重、严肃；折线形成一定的角度，显示出上升、下降、前进、后退的方向感；曲线表示优美、柔和、给人以运动感、蛇形线、波浪线或“S”形线，“它引导着眼睛作一种变化无常的追逐，由于它给予心灵的快乐，可以给它冠以美的称号”。这些审美特征性在书法、绘画、雕塑、建筑和舞蹈等艺术和生产生活中有着广泛的应用。中国书法是以线条为主的点、线、面相结合的造型艺术，有人就直接把它称为线条的艺术，汉字的横、竖、撇、捺等基本笔画也是书法艺术的主要线条。朱光潜先生在论述西方建筑风格演变时这样说道：“希腊式建筑多用直线，罗马式建筑多用弧线，哥特式建筑多用相交或尖角的斜线。”

形体。任何事物都在一定的空间中存在着，因此都具有一定的形体，它是构成事物美的不可缺少的感性因素。形体可分为球体、方体、锥体等。形体也具有一定的审美意味，像金字塔一样的底面水平的三角形有明显的稳定感，球体给人的感受是柔韧、温和、充实、丰满、富有弹性，还有自我满足、周而复始的意味，因而是一种阴柔之美。方体给人的感受是方正、平实、刚强、安稳、拘谨、固执等，因而是一种阳刚美。

声音。声音同色彩一样，是物质的自然属性，声音的物理属性是振动，是一定频率的空气振动（声波）作用于听觉器官并引起听觉感受的结果。声音作为形式美，也必然包含某种意味，声音的高低、强弱、快慢、纯与不纯，都可以显示某种意味，它在传递信息和表达感情上是异常复杂的，低声细语显为柔和亲切，与狂吼、巨响所显示的激昂愤怒情绪很不同，美的形态也就不同。

一般来说，高音表现高亢激昂，低音表现柔和、强音表现为振奋，轻音表现为柔和、悦耳动听的音乐，其频率的振幅线是规则的，被人们称为“乐音”。频率不规则的音响，使人厌烦，人们称之为“噪声”。和谐的乐音能给人以欢快、丰富、安定、喜悦的感受，乐器的共鸣方式不同，还可构成各种不同的音色，例如钢琴音色纯正、宽厚、深沉、明快，而小提琴的音色则纤柔、细腻、美妙无比。

因为乐音悦耳动听，有益于人的身心健康，所以在现代医学上，乐音已经成为一种有效的医疗手段，而嘈杂的、无规律的噪声对人们的生活环境来说，是一种难以忍受的污染。它不仅造成了人们心理上的烦躁不安，而且影响人的身体健康和寿命。

② 构成形式美的感性要素的组合规律。

形式美的组合规律是人类按照美的规律进行美的创造和鉴赏的经验的总结，它与人的生理、心理结构相对应，根源于客观世界的自然法则。然而世界并不是一成不变的，其发展经历了一个由简单到复杂、从低级到高级的历史过程，可分为对称与均衡、比例与匀称、节奏和韵律、整齐一律与多样统一等类型。

和谐。“和谐”这个术语源于古希腊，人们在2000多年前就意识到和谐是一种美，亚里士多德认为，和谐是美的事物的基本特征之一，我们从形式美的意义上理解的和谐，一般是指事物或现象的各方面的配合与协调符合理想，使人感到完美。

和谐是美好事物的普遍特征，不仅存在于艺术的王国，也存在于自然界和社会生活的各个方面。诗是格律、音韵、情感、意象的和谐，音乐是音阶、音量、音调、节奏、和声、旋律的和谐，绘画是线条、块面、比例、透视、色彩、质感、光感的和谐，小说、戏剧是人物性格、情节结构、题材主题的和谐，舞蹈是人体造型、运动、道具、布景、光线、音乐、效果的和谐；漓江的青山碧水构成秀美的和谐，壶口瀑布峭壁飞流构成险美的和谐，黄山的云海构成奇美的和谐，庐山的云瀑奇峰构成壮美的和谐。残雪消融、溪流淙淙、嫩芽初发，这是初春的和谐；万木葱茏、百花斗艳、蜂飞蝶舞，这是仲春的和谐；"落花流水春去也""零落成泥碾作尘"，这是暮春的和谐。社会生活中井然的秩序和良好的道德风貌、充实的内心和丰富多彩的社会活动、高尚的思想情操和优美的服饰仪表、鲜明的人性和修养有素的行为、广泛的兴趣爱好和良好的专业技能等均构成人类社会生活美的和谐，和谐世界永远是人类以及一切生灵的需要。

对称均衡。这是体现事物各部分之间组合关系的最普遍的法则，对称是指两个以上相同或相似的事物加以对偶性的排列，如以一条线为中轴，上下、左右、前后双方形体上的均等的布局而形成的整齐、统一和谐的整体美，对称有上下对称、左右对称和旋转对称等。

在现实世界中对称的东西随处可见，首先我们自身的身体就是左右对称的典型，动物昆虫类的正常生命状态也是如此，对称，给人一种平衡感与稳定感，这反映了人在实践中的普遍心理要求。

均衡与对称有着密切的联系，可以说是对称的一种变化态，它表现为对称双方等量而不等形，均衡与对称相比有一种静中有动的效果，在造型艺术中，为了求得构图或形体的生动，常常采用均衡的造型手法。

比例匀称。比例是指一事物整体与局部以及局部之间的关系，我们平时所说的"匀称"就包含了一定的比例关系，人体的匀称在比例关系上也不是绝对不变的，所谓"增之一分则太长，减之一分则太短"，是就某一个人身材的匀称来说的，并不是说衡量一切人的身体是否匀称只有一个标准，我国古代画论中有"立七、坐五、盘三半"的说法，只是大致的说法。

那么，什么样的比例才能引起人的美感，所谓黄金分割，即大小（宽长）的比例相当大小二者之和与二者之间的比例。一般书籍、报纸大多采用这种比例，黄金分割这种比例关系之所以被认为是美的，原因是很复杂的，最主要是由于这种比例关系合乎事物的常态，人体的各个主要部位就是合乎黄金分割的比例关系。

节奏韵律。节奏是客观世界物质运动的一种带有规律性的表现方式，在艺术活动中，节奏表现得更为显著，节奏是音乐、舞蹈和诗歌共同具有的基本要素。在音乐中由音响运动的轻重徐疾形成的节奏是音乐的本质，舞蹈的节奏主要表现在形体动作上是最富有节奏感的艺术，在诗歌中节奏主要表现在韵律上，它是在节奏的基础上形成的，但又比节奏的内涵更丰富，表现了一种特有的音乐味和情趣，是一种富有情感的节奏。我国古典诗词押韵、平仄、对仗的韵美，构成了诗的韵味。韵律不仅存在于诗歌和绘画中，在音乐、舞蹈、建筑中也都普遍存在。

整齐一律与多样统一。整齐一律是形式美最简单的法则。表现在物质材料量的方面的重复一致，整齐划一。即同一种形状，同一种色彩，同一种音响，重复出现而无变化，能体现一种统一有序，给人以单纯感、庄重感和规整感，有时还能表现出一定的气势，但因缺少变化，不免显得单调沉闷。

多样统一是形式美的最高法则，“多样”是指构成整体的各个部分形成因素的差异性，“统一”是指这种差异性的彼此协调，其中包括整体各个部分之间的对称、均衡、比例、匀称、节奏、韵律等，所以又可以把“多样统一”视为形式美的基本形式。

“多样统一”包括两种类型：一种是各种对立因素之间的统一，谓之对比；一种是各种非对立因素之间相联系的统一，谓之调和。对比与调和反映了矛盾的两种状态。美的事物各部分之间具有明显差异因素的相互组合在一起，使人感到鲜明、醒目、振奋、活跃，如色彩的冷与暖，光线的明与暗，线条的粗和细、曲与直，体积的大与小，位置的主与次、远与近，声音的长与短、强与弱等有规律地排列组合，就会相互对照、比较，形成变化，又互相映衬，协调一致。这种对立因素的统一，可收到浓淡适宜、明暗有致、大小和谐、强弱相济的相反相成的效果，如“接天莲叶无穷碧，映日荷花别样红”，是色彩对比；“蝉噪林愈静，鸟鸣山更幽”则是有声与无声的对比；而“大漠孤烟直，长河落日圆”是形体的对比。

把两种明显对立的因素组合在一起，就会收到相反相成的审美效果。这种由对立因素的统一造成的形式美，一般属于阳刚美。调和是在差异中趋向于“同”（一致），是把两种或多种非对立因素互相联系的统一，形成不太显著的变化。

如色彩中红与橙、橙与黄、黄与绿、绿与蓝、蓝与青、青与紫、紫与红都是相似色，在同一色中又有浓淡、深浅的层次变化，给人一种融和、协调、宁静的感觉，在音乐中的和声，声乐中的二重唱、四重唱，都使人感到融和与协调，这些由非对立因素的统一造成的形式美，一般属于阴柔之美。

美学中的比例、对比、调和都是对立统一的，统一由对立构成，统一中有差异，对立并不消失，而是同时并存，无论是对比或是调和，其本身都要求有变化，在统一中变化，在变化中统一，方能显出多样统一的美来。

2. 变异性和多义性

自然美的审美属性具有变异性和多义性的特点，这种变异性和多义性是由多方面因素造成的。

（1）自然美很少属于孤立隔绝的单项美，大多是互相映衬比照融合的综合美。山水、林木、云烟等往往相辅相成，相得益彰。其次，自然美大都要受时令气候和自身消长的制约。自然景物的美丑、浓淡、存亡，无不受时令、气候和其本身的生息交替、盛衰更替等运动规律的制约，因而时时处在交易的过程中。

（2）自然美大多同人的实践活动相关，人往往按照自己的意愿来改变它的面貌，或移花接木增添人文景观，或移山造海改变河山原状，或编织神话赋予草木人格，或追溯历史与名胜古迹相伴，自然美的变异性导致了它的多面性。同一自然景物在不同境况不同条件下其美的层面、美的程度、美的风貌、美的表现往往各不相同，这就带来了自然美审美意蕴的朦胧多义性，对于同一景物，有时可以得出完全相悖的喻义。

二、自然美陶冶人性的独特功能

自然美是天然的本色之美，出于自然造化之工，“自然而然”是任何人为艺术都无法代替的。当我们以善待自然的心情与自然相处的时候，我们会感受到自然给予人的丰厚回报，这源于自然造化的自然美对于人性的完美发展具有独特的陶冶功能。

1. 强化人的生命意识

人是自然的一部分，人与自然原本是相通的。在审美观照的视野里，自然是有生命、有灵性的。珍惜自己生命的人应当珍惜别人及至一切自然物的生命，正因如此，热爱自然就是热爱生命，自然美对于人性的养成功能之一就是启示人在感受自然造化的伟大神奇的同时，懂得怎样做一个立于天地之间的真正的人。

2. 培养人的生态意识

人对自然不能只讲征服、改造，还应该善待自然，保护自然，在现代文明对自然造成破坏的今天，自然美对于人性建构的重要意义在于，它告诉我们如何去欣赏自然，热爱自然，从而构建自己良好的生态环境，以更好地生存发展。

3. 陶冶情操和净化心灵的美育功能

自然界不仅是人类物质生活的主要来源，也是人精神生活的重要寄托。自然美在陶冶人的性灵、培养人的情操方面，具有独特的作用，自然美的清静、质朴的本色，可以使人洗心涤虑，返璞归真，摆脱尘世社会名利枷锁的羁绊，培育一种淡泊、真淳、随缘自适的人生修养，自然美雄浑崇高的景象，又可以激发人奋发进取的勇气，树立高尚远大的抱负，而大自然蕴涵着的无穷深奥的人生哲理，足以启人心智，发人深省，它是人类最好的启蒙老师。

置身于大自然的美丽风光之中，不但会使我们得到美的享受，使自然景观与人的情感交融在一起以达“畅神”之境界，而且会丰富我们的历史知识，更会使我们的情操得到陶冶，心灵得到涤荡，见识得到增长，视野得以开阔，从而激发我们的爱国主义热情。

然而，现代人与自然关系的失衡日益严重，不仅打破了自然界的天然平衡，也使人的全面发展受到了扼制。人类与大自然的亲和关系，已成了未来世纪哲学、美学及一切社会人文科学的焦点。

第二节 大自然的馈赠——风景美

大自然是人类生存和享受的永恒世界。展现在我们面前的有原生态的自然风光（景观）美，还有同历代的建筑、文物古迹等结合在一起而形成的非原生态自然风光（景观）美和人文自然风光（景观）美，让人类的生活丰富多彩、绚丽多彩。

大自然馈赠予人类山岳风景。主要有以泰山为首的五岳、四大佛教名山等，它们或雄或秀，或奇或险，各领风骚；江河风景主要有壮丽的长江、风景如画的桂林山水、富饶美丽的松花江等；湖泊风景主要有杭州西湖、五大连池和镜泊湖、武汉东湖、大理洱海、天山天池、九寨沟的五彩湖等，它们或汹涌澎湃，或波光潋滟，各具特色；海滨风景主要有大连、青岛和北戴河等，它们是避暑的好去处。

大自然还馈赠予人类许多飞泉流瀑、山石溶洞等。在一些风景区里，我们的祖先给我们留下了众多的文物古迹，如战争与和平的纽带万里长城、红尘世界的倒影古代佛寺、神灵与苍生的感应物古代坛庙、长生久视的胜境古代仙山道观、宗教与艺术的殿堂佛教古代石窟寺、擎天摩云的古代名塔、力与美交融的古代桥梁、永恒的家园古代陵墓等。园林建筑是我国风景的一大特色，如北京的颐和园、河北承德的避暑山庄等。壮丽的风光与革命中的圣地融为一体的风景区同样遍及大南北、长城内外，如井冈山、延安等。

一、自然风景的风格

雄、秀、奇、险、幽、奥、旷既是自然风景的形式美，也是自然风景美的风格。

1. 雄

所谓雄，就是粗犷壮美、气势磅礴的自然景观，如波涛壮阔的海洋，巨大的火山爆发。面对此种自然风景最能使人的精神焕发，进而产生赞叹敬畏之心，山势的雄伟是此种形象的最具代表性的景观，如五岳之首泰山，就以雄伟高大而闻名于世。泰山风景名胜区位于山东省泰安市，主峰海拔 1545 米，泰山有“擎天捧月之姿”“拔地通天之势”。被誉为“五岳独尊”，被视为中华民族伟大崇高形象的象征，构成其雄伟的因素有如下几个方面。

① 对比显高大。泰山崛起于华北大平原之东缘，凌驾于齐鲁丘陵之上，泰山与周围平原、丘陵形成强烈的大小、高低的对比，这样的对比，产生了使人振奋、醒目的感受。

② 累叠生节奏。泰山山势累叠，主峰高耸，节奏强烈，泰山山

形起伏显著，由一天门到中天门是一浪，中天门到南天门又是一浪，一浪高过一浪，山势愈见陡峭，层层累叠形成一种由抑到扬到鼓舞的节奏感。从中我们可以强烈地体验到生命流动的巨大活力。

③ 结体凝厚重。泰山有一种雕塑美，由于泰山形体的厚重浑雄，给人一种安稳感。“重”与“稳”，形成了泰山磅礴的气势，使人有“稳如泰山之感”。

④ 松石蓄生命。巨石、苍松是泰山不可分割的一部分，泰山青松是生命的象征，天风过处，松涛鸣响，泰山的巨石好似大力士壮筋骨的团块结构，积蓄着无穷的力量。

⑤ 风云增气势。泰山云烟变幻无穷，气势宏大，烟云赋予泰山以动的性格，仿佛与宇宙呼吸相通，使这座天然雕刻加上精神文化上的渲染和人文景观的烘托，愈加显示出其宏大的气势和深刻的文化内涵。

2. 秀

所谓秀，就是柔和秀丽、优美妩媚的自然景观，《康熙字典》上对“秀”是这样解释的：“秀，荣也，茂也，美也，禾吐华也。”面对此种风景往往能使人产生一种心旷神怡、精神愉快的美感效果，如位于四川的峨眉山，为我国四大佛教名山之一，有“峨眉山天下秀”的美称，这是取其“峨者高也，眉者秀也。峨眉者高而秀也”的意思，峨眉山之所以因秀丽著称，其一是山的线条柔美，山脉绵亘，曲折如眉；其二是植被丰茂，三千多种植物把峨眉山装扮得葱绿雅丽，云鬟凝翠；其三是烟云掩映，秀媚多姿。

3. 奇

所谓奇，就是形态奇特、出人意料的自然景观，面对此种自然风景最容易使人浮想联翩，唤起审美主体对生活的联想，如黄山的奇松怪石、云海佛光等。黄山位于安徽省南部，为峰林状花岗岩高山构成的山岳风景区，主峰莲花峰海拔 1873 米，传说轩辕黄帝曾在此山炼丹修道，故曰黄山。黄山雄伟奇特，奇就奇在它的奇松、怪石、云海等，黄山的奇松苍劲、刚毅，多生长在峰石峭壁间，穿入石中，裂出石外，根生于东，身仆于西，向于南。自成一景的有望客松、迎客松、探海松等；黄山的怪石似笋如矢，似戈似戟，如人似兽，如物似禽，自成一景的有仙人踩高跷、金鸡叫天门、松鼠跳天都等，以其非凡的自然美荣膺“五岳归来不看山，黄山归来不看岳”之誉。

4. **险**

所谓险，就是那些使人惊心动魄、险象环生的景观和不易通过的游览路线，此种自然风景能使人产生好奇心，激起审美主体一种“明知山有虎，偏向虎山行”的豪情壮志，坚定征服自己的决心和意志。如在登华山时，当经过“千尽幢”“擦耳崖”“上天梯”“苍龙岭”等险境而攀上顶峰时，你会陡然产生一种征服大自然后而激起的一种由衷的自豪感。

华山位于陕西省华阴市内，为我国五岳之一的西岳，主峰落雁峰海拔2154 米。鸟瞰华山犹如一方天柱，拔起于秦岭山前诸峰之中，四壁陡峭，几乎成八九十度的角，华山奇拔险峻，“自古华山条路”就是对华山险峻的形象写照。

5. **幽**

所谓幽，就是景色深藏、隐蔽、避静、幽美的自然风景区，一般都呈封闭或半封闭状态，如山谷、山间盆地，再就是有高大的树木遮天蔽日而形成的寂静空间。

位于四川省境内的青城山，素有“青城天下幽”之称，这里山峰险要，奇岩重叠，涧壑幽深，古木参天，山花烂漫，溪水潺潺，俨然是一座苍翠欲滴的自然大花园，青城山之所以以“幽”闻名，重在“藏”“雅”两个特征，所谓藏，即是说山上古建筑多藏于峰巅之下。如建福宫，就藏于“悬崖峭壁高百丈”的丈人峰下，给人以群峰环列、古木葱茏、上连岩腹、下临青溪的幽然而居之感。

6. **奥**

所谓奥，按字面理解，就是某一地方的腹地和深处；从文化方面来理解，就是深奥不易理解；从自然风景的角度来理解，奥就是深奥莫测、变化无穷的封闭空间。奥的特征比幽更为封闭，更为复杂，奥景可分为迷宫式的深谷和封闭的洞穴景观。

位于湖南省西北部的武陵源，被公认为“奥”景的代表，一个“奥”字，将武陵源的张家界—索溪峪—天子山三个组成部分连为一体。这里迷宫似的深谷和封闭式的洞穴随处可见，数千计、万计的峰岩奇观拔地而起，形态各异，其中早著名的景观要数金鞭岩、望郎峰、黄氏寨和织金洞等。

7. **旷**

所谓旷，即开阔、开朗之意，自然风景旷的特征是视野开阔、一览无余，构成旷美的自然风景有平原丘陵或高原地区的江河湖泽、田畴原野等，如“天苍苍，野茫茫，风吹草低见牛羊”，是形容大草的开阔气势。而位于云南省昆明市的滇池，以开阔的水观为主体，水面坦荡，空阔无边，登临西岸大观楼，美丽的滇池风光尽收眼底。

二、自然风景的观赏

对自然风景观赏美的收获，常常因人而异，除了观赏者的生理、心理和文化素质因素外，这里一个主要的原因，就是观赏的方法问题，从大量对自然风景的观赏实践中，可以归纳出以下几个方面：动态观赏、静态观赏、观赏距离和观赏角度。

1. **动态观赏**

所谓动态观赏，就是或步行或利用某种交通工具（乘车、乘船、乘空中索道、乘飞机等）在景区的观赏活动，李白用诗对自然风景的动态观赏作了生态的描述：“朝辞白帝彩云间，千里江陵一日还。两岸猿声啼不住，轻舟已过万重山。”峰陵挺拔、空灵飞动、快船快意。使人神远的意境，在诗人笔下表现得精妙无伦。诗人这种审美意境的获得，是他在动态观赏中发现的。

诗人贺敬之在《桂林山水歌》中唱道：“云中的神呵，雾中的仙，神姿仙态桂林的山！……水几重啊，山几重？水绕山环桂林城……是山城呵，是水城？都在青山绿水中……呵，是梦境呵，是仙境？此时身在独秀峰！心是醉呵，还是醒？水迎山接入画屏……”这样的诗篇，只有对自然风景的动态欣赏才能吟诵得出。

2. **静态观赏**

所谓静态观赏，就是观赏者相对固定在一定的位置上，对某一些景观所进行的欣赏活动。在我们的审美实践中，往往有这样的感受，即对某一景观的欣赏活动过快，就不易发现其中的美，发现不了其中的奥妙所在。

这在欣赏心理学上有一个欣赏“注意”的形成问题，心理学认为，注意就是心理活动对一定对象有选择的集中，面对黄山的云海奇石，只有形成欣赏注意，对各种奇形怪状的云雾进行仔细的品评、玩味、揣摩，才能由欣赏对象本身并不明确的形态而引起欣赏者的理解、联想和想象，才会看到大鲸巨鲲、岛屿耸峙，才会看到“梦笔生花”“骆驼石”“仙人下棋”；面对云南石林，只有当你形成审美注意的时候，阿诗玛的优美身姿才会映入你的眼帘，从而使审美客体形成丰富的形象，使审美主体感受自然造化的无穷意境和情趣。

3. 观赏时间

面对同一自然风景，会因观赏时间的不同而产生不同的审美效果，四季不同，自然景色也不同，春山澹冶而如笑，夏山苍翠而如滴，秋山明净而如妆，冬山惨淡而如睡，这是四季山景的审美特征；春融恰，夏蓊郁，秋疏薄，冬暗淡，这是四季不同云气的审美特征；“春英夏荫，秋毛冬骨”，这是四季不同植物的审美特征；“春绿、夏碧、秋青、冬黑”，这是四季不同池水的颜色。

不同的天气，观景得来的审美效果自然不同，风和日丽看西湖是浓妆，细雨朦胧看西湖是淡妆。不同地域的自然景观也因时间季节的不同而不同，到北京西山看红叶，秋季霜后最好。到哈尔滨看冰雕，在冰雕成形后的前一段时间最好。时间一长就落尘为埃，影响欣赏效果。总之，应掌握好时间，使所观赏的审美客体的美学效果达到极致。

4. 观赏距离

距离产生美，这是从长期的审美实践中总结出来的，所谓“距离”，就是一种“无我的但又如此有我的境界”。从主观方面来说，距离就是无我，就是超脱于一切个人的利害之外；从客观方面来说，距离又是有我，又要局限于那些使我们感兴趣的审美客体。这一理论是瑞士心理学家布洛提出来的。

所谓“马上看壮士，月下看美人”“不识庐山真面目，只缘身在此山中”“入芝兰之室，久而不闻其香”“雾海行船”等例子，都是审美主体面对审美客体时所处的距离不同而产生的不同审美效果。

5. 观赏角度

“横看成岭侧成峰，远近高低各不同”，从不同的角度来观赏同一自然风景，会产生不同的审美效果，从视觉观赏的角度看，一般可分为平视、仰视和俯视。

所谓平视，就是观赏视线前方延伸较远的景物，平视适合观赏“旷”的自然景色。

所谓仰视，就是从自然景色的低处开始，逐渐移动目光向高处仰视，形成一种高远的审美效果。

所谓俯视，就是从高处向低处看，乘空中缆车和飞机，是俯瞰自然景色的最佳选择。

第三节 自然美的典型鉴赏

一、原生态自然景观

严格意义上的原生态自然景观，应该是未曾受到过人类社会实践影响的景观，如原始的森林、山川、土壤、沙漠，等等。但随着人类实践能力的提高，原生态自然景观将被人类涉足、染指得越来越多。这里只好用一些虽有过人工痕迹却是自然天成的景观替代。

1. **九寨沟**

九寨沟是我国近期开发的独具魅力的自然风景名胜区之一，位于四川省阿坝藏族羌族自治州的九寨沟县、平武县、松潘县三县的崇山峻岭中，因其周围有九个藏族村寨得名。

九寨沟，总长约 50 多千米，平均海拔在 2000 米以上，沟中有大小湖泊 108 个。最大湖泊长 7 千米，最小的仅 5 平方米，由于流水随着山谷地形的陡、折、缓、峻而产生出各种各样的叠瀑布、飞泉和急滩，从而形成梯湖、叠瀑的特有景观。

九寨沟景观的特别之处，首推水色之美。湖水以蓝色为主基调，由此变幻为浅蓝、粉蓝、靛蓝、碧蓝、景蓝、翡蓝等水色。更令人神往的是许多湖水竟呈现出红、黄、绿、蓝、青等五彩缤纷的颜色，因此九寨沟湖被誉为“彩湖”“万花海”“五彩池”等。九寨沟景区特别之处是在万顷繁木竹林之中，是世界珍稀动物大熊猫栖息繁衍之地。金丝猴、小熊猫等稀有动物也可在这里找到栖息地。

来到九寨沟，宛若云游在美的海洋中。看不完湖光山色美如画，听不尽流泉竹韵鸣语交响乐。新鲜空气之清爽，湖水之甜美，瑶草琼花之芬芳，会使你在色彩、听觉、嗅觉、味觉等方面获得全方位的自然美的享受。有人称赞道：碧水苍岭雪峰奇，五彩瑶池银瀑飞。湖光山色交辉映，九寨风光人间稀。

2. **桂林漓江山水**

桂林漓江风景名胜区为全国风景名胜十佳之一，是典型的岩溶峰林地貌。奇峰罗列，江缠水绕，形态万千。真是“江作青罗带，山如碧玉簪”，构成一幅名扬天下的绝妙山水画。

桂林漓江的第一胜景为漓江山水。秀美的漓江，由桂林到阳朔一段长 83 千米。蜿蜒于群山之中，两崖无限风光，或山石突起，或孤峰亭亭；或峰丛连座，或秀水萦回。田野似锦，江山如画。“桂林山水甲天下”，名不虚传。无山不奇，无山不洞，是漓江风景区的又一大特色。无山不洞，以芦笛岩、七星岩等溶洞最为出名。无山不奇，以象鼻山、画山、书童山、伏波山、叠彩山为最。

七星岩，曲折深邃，长达数千米，可容万人。洞内遍布各种形态的石钟乳，玲珑剔透，色彩缤纷。击之铿锵悦耳，清脆如名磬，可奏出许多美妙的乐曲，犹如一个庞大的石钟交响乐团。

象鼻山，酷似一头大象立于岸边，将长长的鼻子伸到水中，正在得意地吸水。形象逼真，栩栩如生。

画山，巨壁陡峭，临江而立，石纹斑驳，浓淡相同，远看如一幅群马图。有诗赞云：“自古山如画，如今画如山，马图呈九首，奇物在人间。”

“桂林山水甲天下，阳朔山水甲桂林”。阳朔景区把桂林漓江风光推到极致。这里的碧莲峰、榕荫古渡和月亮山等，别具洞天，吸引游人流连忘返。

此外，桂林漓江风景区地处苗族区，游客可到苗寨参观作客。热情好客的苗族同胞将为游客吹笙欢舞，表演芦笙踩堂、打同年等，别有一番情趣。

桂林山水，青峰与奇岩竞秀，碧水与幽洞争妍。朝辞桂林，暮别阳朔，满眼无光，可尽情欣赏。可谓一江流水千幅画，游人均在画图中。

3. **美国科罗拉多大峡谷**（the Grand Canyon）

科罗拉多大峡谷位于美国亚利桑那州（Arizona）西北部，科罗拉多高原西南部。大峡谷全长 446 千米，平均宽度 16 千米，最深处

1800米，平均深度超过1500米，总面积2724平方千米。据称大峡谷于1540年被一支远征队发现。1919年，威尔逊总统将大峡谷地区辟为“大峡谷国家公园”（Grand Canyon National Park）。大峡谷山石多为红色，从谷底到顶部分布着从寒武纪到新生代各个时期的岩层，层次清晰，色调各异，并且含有各个地质年代的代表性生物化石，又被称为“活的地质史教科书”。科罗拉多河从大峡谷谷底流过。

科罗拉多大峡谷面积广大，任何人都不可能一眼看遍大峡谷的全貌。只有从高空俯瞰，才有可能完整地欣赏这条大地的裂缝。真正身临其境的人，只能从峡谷南缘或者北缘欣赏大峡谷的一部分。这倒是应了“不识庐山真面目，只缘身在此山中”的道理。美国作家约翰·缪尔（John Muir）于1890年游历了大峡谷后写道，“不管你走过多少路，看过多少名山大川，你都会觉得大峡谷仿佛只能存在于另一个世界，另一个星球。”此言不虚。科罗拉多大峡谷是自然的奇迹，到了这里，你才会意识到自己的渺小，抑或是人类在大自然造物主面前的渺小。站在峡谷边缘，你会惊异这片土地怎么就被鬼斧神工地掰开在你面前，露出里面斑斓的层层断面。峭壁下的深渊深不可测，尽管有护栏围着，但是来自那深渊的魔力仍然让人胆寒，不敢正视。你会疑心自己到了地狱门口，而冥王正笑着端详下一个猎物。或者你会觉得自己已经走到了世界的尽头，孤单单地把整个世界抛在了身后。它带给你一种难以名状的震慑，所谓人类的历史、时间的流逝，在这道鸿沟面前似乎也只能归于一粒沙尘。

难怪有位美国作家说，“我来这里时还是无神论者，离开时却变成虔诚的信徒了。”确实，这样雄伟险峻的大峡谷突兀地横亘在人面前，实在很难让人用常规的理由解释它的存在。很多人难以抵挡一探究竟的诱惑，选择骑骡子或骑马去谷底闯荡一遭。如果真的下到谷底，就会发现这里又是另一片天地。在“地狱”深处，也未必就要忍受无间的痛苦。你体验的不过是当年西部牛仔驰骋荒原的生活。美国西部片里常出现的牛仔骑马挎枪，飞奔在寸草不生的红土地上的情景就是当年大峡谷地区的写照。很多西部片都还在这里取景，因为这里的西部风情最纯粹。

现在这里烈日依旧，红土犹存，只是牛仔都换作了游客。不管说什么都无法代替亲身的体会，科罗拉多大峡谷是留待每个人自己去发掘的体验。有人说在这里每个人都能与自我面对，或许真是这样的。

二、非原生态自然景观

非原生态自然景观是指被开垦的农田、被放牧的草原、井架林立的油田、人工绿化的荒山等，经过人类生产活动加工、改造过的自然景观，是介于原生态自然景观和人文景观之间的一种类型。

1. 杭州西湖

杭州西湖是我国十大名胜之一，面积5.6平方千米，西湖旧称武林水、钱塘湖、西子湖，宋代始称西湖。

“水光潋滟晴方好，山色空蒙雨亦奇，欲把西湖比西子，淡妆浓抹总相宜。”苏轼站在西湖岸边，胸中顿然朗然，满眼一片烟波浩渺的湖水，环绕着绵延起伏的山峦，在波光粼粼的湖面周围，繁花似锦，芳草如碧，曲径风荷，树影斑驳，经过历代装点，使江湖、山林、洞壑、溪泉、夏荷冬雪等自然之胜与古刹、丛林及园林艺术家的雕凿融为一体。

早在南宋年间，西湖即有“十景”著名天下，它们是苏堤春晓、断桥残雪、雷峰夕阳、曲苑风荷、平湖秋月、柳浪闻莺、花港观鱼、南屏晚钟、双峰插云、三潭印月。

苏堤春晓是西湖十景之首，堤上遍种桃柳，每当春天的黎明时刻，月落星稀，晨钟初响，悠扬悦耳，此刻堤上垂柳低拂，晓露迷茫，放眼晓雾中的湖光山色，耳闻百鸟和鸣的啁啾之声，使人飘飘欲仙。断桥残雪，是神话《白蛇传》中许仙与白娘子相会定情的地方，断桥是白堤与陆地相接的一座石拱桥，由于神话传说，使它家喻户晓。断桥两旁，桃披红云，柳笼绿雾，香风送爽，波光摇翠，待到冬末积雪未化时，这里又是观赏雪景的好地方。三潭印月是在苏东坡治理西湖后，作为湖界而在水中立的三座小塔，塔状如花瓶，浮漾水中，塔面有五个距离相等的圆洞，月明之夜，塔内点起灯火，水面上就会映出很多月亮，其景扑朔迷离，忽兮晃兮，胜似仙境。

杭州为吴越古都，又是丝绸之府、鱼米之乡。人才辈出，留下了许多可歌可泣的史实和传诵千古的诗篇，与西子湖畔大量的名胜古迹，如在西子湖畔的岳王墓、秋瑾墓等，互为印证。另外，还有游客必往的灵隐寺、虎跑泉、六和塔，构成以西湖为主体的30平方千米的杭州西湖风景名胜区，“未能抛得杭州去，一半勾留是此湖”。如今的西湖正以其更加妩媚的美姿，吸引着五湖四海的宾朋游人。

2. 美国黄石国家公园

美国黄石国家公园横跨怀俄明、蒙大拿和爱达荷三州。主要分布于怀俄明州（占96%），少部分分布在蒙大拿州与爱达荷州。面积约为8889平方千米。

黄石国家公园成立于1872年，1972年被列入国际生物圈保留区，1978年被列入世界遗产，是全球第一座国家公园，有丰富的火山地质景观，如间歇泉、硫磺池、火山泥流。

黄石国家公园至今已有141年历史，是美国、也是全世界第一个成立的国家公园；而且，通过民间保育团体的努力，整个保护区域仍持续在扩大当中。

1807年，第一位见证黄石公园壮丽景观的白人考尔特（John Colter）为了探寻印第安文化而进入此区，考尔特的见闻披露后，吸引众多探险家进入探勘，黄石地区的保护问题也因而引起美国有关部门的关注。1871年，为了游说国会立法保护，海顿博士（Dr. Ferdirand V. Hayden）组成官方探险队进行了大规模的资料搜集工作；于是，国会在1872年通过了黄石国家公园法案，并由当时的总统格兰特（Ulyess S. Grant）签署成立。

黄石公园被誉为“世界上最著名的野生动植物庇护所”，境内栖息的野生动物种类如麋鹿、北美郊狼（coyote）、狼獾（wolverine）等等，其中包含两种名列美国联邦保护的濒危物种：灰狼与吼鹤（whooping crane），以及三种受威胁物种：灰熊、白头海雕与山猫。此外，黄石公园也是全美国仅存一处仍有美洲野牛（bison）徜徉其中的场所。它是整个“大黄石生态系”的核心地区，而“大黄石生态系”是地球上保存最完整、面积最大的温带生态系统。

黄石公园既是一个象征，又是一处圣地——这个冰火磨砺的世界，这个犬牙交错的幻境，诞生于近两百万年前的一次火山爆发，至今仍未停止。这是美国目前36座国家公园中最著名的一个，99%都尚未开发，这是一片广袤而洁净的原始自然区，分布在洛基山脉的最高峰，丰沛的雨水和降雪，使这里成为美国众多大河的发源地。

最后的野牛聚集在黄石公园，在这里它们总算能避开猎人的枪口。1880年，全美境内仅有位于蒙大拿州莫伊斯镇的国家野牛保护区及黄石公园还有少数的野牛生存，总数不过一百多头。

黄石最后的狼在1924年被杀，两只小狼就在苏打岗被射杀。黄石的生态平衡因而遭到了严重破坏。原本鼓励此事的生物学家，经过了数十年的光阴，才了解他们所犯的错误，1973年，灰狼终于受到濒临绝种动物法案的保护。经过漫长而激烈的争议，1995年1月，14只在加拿大阿尔伯塔省捕获的狼被送往黄石。到1998年底，黄石至少已有了120只狼。经过数世纪不公平地把狼当作魔鬼动物后，我们似乎终于准备好把它们当作落基山的永久居民，以及荒野的永久象征，来拥抱它们。

三、人文自然景观

1. 避暑山庄

承德避暑山庄坐落在河北省承德市区北部峰峦起伏的山谷平地上，原名热河行宫，从康熙皇帝以后的几代皇帝每年夏秋两季都在此避暑和处理朝政，因此山庄既是当时中国的第二政治中心，也是我国著名的古代园林。

山庄始建于康熙四十二年，历时87年建成，山庄占地564万平方米，内有宫殿楼台、庭园阁榭。寺院庙宇120余处，构成著名的七十二景。山庄吸收江南塞北的风光景色于一体，形成玲珑剔透、古朴淡雅的独特风格。

山庄内自南而北大体可分为宫殿区和苑景区两大部分。宫殿区在整个山庄的南部，是皇帝处理政务和居住的地方。它包括正宫、松鹤斋、万壑松风、东宫四组宫殿建筑。这些青砖灰瓦的建筑物掩映在参天古柏的松涛林海之中，清风阵阵，云丝缕缕，别具情趣。由前至后，一条中轴线上依次排列着澹泊敬诚、四知书屋、烟波致爽、云南山胜地这些尤为精巧的宫殿。烟波致爽殿是皇帝的寝宫，嘉庆和咸丰两代皇帝相继死在这里。院内古柏参天，空气中纤尘不染，积雾全空，给人以爽朗清凉之感。

苑景区可分为湖区、平原区、山区三部分。湖区位于宫殿区北，热河源头由这里涌出，与诸泉和溪流汇集成湖，在水波浩淼的湖面上罗列着大小不同的洲岛。这里树木青翠，花草繁盛，彩蝶纷飞，百鸟啼鸣，大有“天然风景胜西湖”之丽姿媚态。

平原区内地域开阔，林木葱茏，绿草如茵，是当年皇帝与王公贵族骑射和野宴的地方。在谷幽溪碧、峰回路转的山区，建有许多亭阁，现仅存“南山积雪”一亭，登山远眺，山庄景色及四周奇峰怪石、外八庙尽收眼底。

避暑山庄建筑手法新巧，融自然景观与人工建筑于一炉，庄内庄外浑然不辨，使人感到山庄是大自然的一部分，可谓“山庄咫尺间，直作万里观”。

2. 帕提侬神庙

帕提侬神庙建于古希腊经济繁荣、文化昌明的鼎盛时期——公元前447—前438年，是古希腊人为纪念在希波战争中取得的伟大胜利，而献给雅典城邦的保护神——帕拉斯·雅典娜的，原意为“处女宫”。

帕拉斯·雅典娜，希腊语为“刚强的雅典女子”。在古希腊神话传说中，雅典娜是众神之王宙斯、智慧女神墨提斯的女儿。因此，雅典娜集力量和智慧于一身，凶猛无比，睿智超群，是战神、智慧神、冶炼神、手工艺神，是奥林匹斯圣山最著名的12个神祇之一，备受古希腊人的崇拜。

希波战争是古代历史上著名的战争之一。公元前492年的春天，位于现在伊朗高原的波斯帝国，派出大批战舰，入侵希腊，希波战争爆发。雅典联合各城邦奋起反抗，经过数十年的浴血奋战，终于将侵略者逐出国门，取得了最后的胜利，成为当时世界上最大的帝国战胜者。

帕提侬神庙由古希腊杰出的建筑师伊克提诺和卡得克拉特共同设计，在卫城建筑总负责人、雅典大雕刻家菲迪亚斯的领导下，与穆尼西克里一起完成的。神庙长69.54米，宽30.89米，坐落在一处长72.2米、宽33.6米的3层石台基上，总面积约为2100平方米。

建筑主体为一横短竖长的长方体圣堂，圣堂四周由46根多立安式圆柱式围廊，圣堂前后由8根多立安式圆柱支撑上部额枋、檐壁和檐口，构成前殿和后室。主入口位于东端，经前内柱廊进入正殿，铜门镀金。屋顶为倾斜的两坡，由前后三角形缓缓举起，坡度平缓，宁静而深远。山花形状与屋面坡度一致，山花上刻有精美绝伦的雕刻。

正面东山花刻的是雅典娜富有传奇色彩的诞生故事：相传，有人预言：宙斯的第一个妻子——智慧女神墨提斯——将要生出比宙斯更强大的孩子，目的是杀死宙斯。宙斯为了保住生命和王位，竟残忍地将怀孕的妻子吃掉！后来宙斯心痛欲裂，唤来火神赫淮斯托斯拿着金斧，将头劈开。奇迹出现了：一个全身披挂的女孩子呐喊着从宙斯头部冲出。只见她头戴金盔、身披金甲、手握长矛，伸出两指，高呼“胜利万岁！”她就是雅典娜！她的出生，震动了整个奥林匹斯山，天摇地动，光芒四射的金雨喜降人间。因此，雅典娜还有一个名字叫“德利多日尼”，即出生于水的意思。

西山墙的山花雕刻的是雅典娜与海神波塞冬争夺雅典城的保护权的神话传说。相传，雅典娜和波塞冬都看中了雅典地区，为争夺该地的保护权而请来众神裁判。海神波塞冬首先用三叉戟在地上一击，一匹宝马腾空而出。人们欢呼着，认为这是世界上最好的马。而雅典娜不慌不忙，将长矛在地上一插，一枝银色的橄榄树长出来了。众神认为：橄榄树能结果，能榨油，比用于战争的马对人类更有用。雅典娜胜利了。橄榄树成为古希腊最高贵的树。

西山墙的山花即根据这一神话雕刻而成。两个高大的神像波塞冬和雅典娜占据了山墙的中央位置，并彼此脱离而向两旁倾斜。

海神波塞冬裸露着强壮的身体，挺着肌肉发达的胸脯，做着失败后赫然震怒的手势，声容笑貌栩栩如生，性格风采跃然其上。战斗的波浪翻滚着、呼啸着，仿佛从画面涌来，以示竞争的激烈。整个画面生动饱满，扣人心弦，将一场神祇争夺战刻画得一波三折、细致入微，使人如临其境，为之扼腕。

据专家考证，古希腊人用了整整一个世纪的探索，才达到帕提依神庙山墙的雕刻水平。虽然山上出面人物众多，达 20 人之巨，位于希腊神庙各山花群像人数之首，但画面排列主题鲜明，井然有序，形象生动而自然，是古希腊山花雕刻场面最壮观、构图最完善的，其精美绝伦，世所罕见。

山花之下的檐壁，间隔布置着三陇板和陇间板。三陇板为垂直地开有槽的长方形，高 134 厘米，共计 92 块，位于每根圆柱之上和每对圆柱之间，板面施以红、黄、蓝等斑斓的色彩，板上嵌以青铜花环和剑盾图案的装饰镀金饰件，在阳光下鲜艳夺目，使神庙庄严中透出富丽、肃穆中透出辉煌，浓妆艳裹、分外妖娆。

绚烂的色彩为神庙披上了华丽的盛装，使帕提侬神庙这座卫城唯一着色的建筑，在圣地卫城高高的山顶上，一花竞秀，独领风骚，成为卫城最亮丽的一道风景。

帕提侬神庙有“希腊国宝”之称。即使在2500年后的今天，仍被视为完善比例的杰作、后世经久不衰引用的楷模。现代主义建筑大师勒·柯布西耶赞美它“每个部分都是确砌的，显出高度的精确性、丰富的表现力和良好的比例”，“在全世界的任何时代里没有能与之比拟的建筑，这是人类的最激动的时刻，当一个人受崇高的思想所鼓舞，会把形象化为一个光与影的优美造型。”它是一座丰碑，将古希腊建筑的灿烂辉煌永远铭刻在人类建筑史上！

第七章　社会美

第一节　社会美漫谈

社会美是现实生活中社会事物的美，它是指包括社会主体——人自身——符合时代标准的外在美和内在美，体现社会发展本质规律、人们的理想愿望和能给人以精神愉悦、积极肯定的社会生活现象，例如生产劳动就是社会美最早的领域，原始氏族的生产活动、生产工具和生产对象及产品，常常是社会美最早的朴素形态，不过在阶级社会中，劳动发生了异化，与审美产生了尖锐的对立，而社会主义社会的实现和共产主义社会则又真正为生产劳动的美开辟了广阔的领域，我们时代的劳动美，可以说是社会美的基本内容之一。在现实生活中，社会美存在于社会生活的各个方面，以社会主体美、社会活动美、社会环境美等诸多类型体现出来。

社会美是自然美和艺术美的来源和基础，在美的形态中具有特殊的意义。因为成为人们审美对象的某些自然属性总是与人类实践活动发生密切联系，是由人参与、掌握和运用的结果。原始社会的石斧，它那平衡对称的形式、较为锋利的刃口、打磨光滑的表面以及坚硬的质地，不仅表现了人们自由创造的本质力量，而且还最为适用，后来人们离开了石斧，却留下了对石斧上述形式特征的肯定，并将平衡、对称、光滑等属性推及他物，使自然美也成为人类社会生活中特殊的美的形态。至于艺术美，更离不开社会生活美，艺术美虽然高于生活美，却又来源于社会生活，同时艺术美又是艺术家对现实生活审美把握的结果，艺术家的审美感受、审美能力、审美理想都来自人的社会实践和艺术实践中，可以说没有社会美就没有艺术美。

一、社会美的特征

社会美是一种现实美。与自然美和艺术美相比，社会美不是以社会性为结果，而是以社会性为原因。社会美除了具有一般审美对象形象的生动性和具体的可感染性外，还有以下显著特征。

1. 社会美重在内容

社会美是以内容取胜的，重在内容美。因为社会美以人为主体，以人的活动为内容，这是人的本质力量的要求，即既要体现社会客观规律的历史必然性（真），又要反映出人对社会实践需要的目的和尺度（善），是真与善的统一。如在社会主体美中，人的内在因素心灵美与外在的人体美相比，前者重于后者。

2. 社会美具有社会功利性

社会美是以能满足审美主体的一定的需要，对社会有用性为主要特征的。人类的一切活动，物质的和精神的活动，都是为了满足人们的不同层次的需要，因而，社会美根据其满足人们需要的性质和程度，也有不同层次之分。如一锅放多了碱的馒头，给人的视觉感受并不美，但对饥不择食的人不能不说是美食；果木盆景上的果子一般都是酸涩的，若拿到水果摊上出售，很难得到赞美，但这并不影响它满足人们观赏的需求。当然，社会美的重要意义在于满足人的精神需要。

3. 社会美具有社会伦理性

社会美是以符合人与人之间、人与社会之间道德规范，对提升社会文明有意义为重要特征的。衣食住行是人最基本的生存需要，但取之无道就不美了。一个饥饿的人偷吃不属于自己的食物，可能会得到同情，却不能受到称赞，因为偷盗是违背社会公德准则和法律规范的。与之相反，中国历史上“君子不食嗟来之食”的典故一直作为美德传承。不过，社会美的伦理评价标准是具体而复杂的。如讲卫生是人的良好习惯，但环卫工人不怕脏臭，给千千万万人带来清洁倒是让人赞美的；诚实、说真话是做人的美德，而王二小为保护老百姓的财产，不惜生命去欺骗敌人，令后人为之传唱。那么，为什么会有不同的道德标准呢？

4. 社会美具有社会差异性

社会美是发生在特定的社会条件下的，因而具有明显的社会差异性。这主要表现在时代差异、民族差异、阶级差异和角色差异等方面。像车尔尼雪夫斯基曾说过的俄罗斯美学史上的“乡下美人”与“都会美人”之争；鲁迅通过分析《红楼梦》对美的阶级差异作过评述，他说：林黛玉很美，但贾府的焦大是决不会爱林妹妹的。还有，欧洲爱尔兰民族的男子以着裙装为美，而中国的汉族则把这种现象视为不正常，等等，社会美的差异性不一而足。

二、社会美的审美标准

社会美体现的是社会性中包含的美，其审美的标准必然符合人类社会的发展规律，与人类社会的发展方向相一致，即合规律性；必然符合人类社会普遍的伦理道德规范和价值理念，即合目的性；必然符合规律性和目的性的统一。

1. 真

真就是指社会美的对象一方面必须是真实存在的，另一方面，外在表现必须与内在状态相符合，即合规律性。真是事物客观的本来的面目，但事物客观的本来的面目不一定是美的，如在人性问题上中国传统理论的描述有孟子的人性善，也有荀子的人性恶。而美的对象一定是真的。实事求是、表里如一就是赞美真的。不过，社会生活是复杂的，真实与真诚作为社会审美标准不是孤立的和绝对的。例如假话，是表里不一的表现，一般地说因其虚假而不美，但雷锋以战友名义帮助别人却被认为是“美丽的谎言”。这里表面现象是虚假不美的，但内在的动机和目的是真诚的、美的。

2. 善

善就是指符合人类社会特定条件下为多数社会成员所认可的伦理道德标准和价值标准。如尊老爱幼、勤劳勇敢等。

3. 美

美就是指形式美中的规律和法则与社会内在的伦理道德标准和价值标准的统一。表现在人体的外在美和心灵美，社会安定和谐，工作有秩序、有节奏，等等。

第二节 社会主体——人——美

人是社会实践的主体，各种社会产品都是由人创造的，各种社会活动都是由人进行的，因此，社会美的核心就是人的美。作为社会的主体，人具有外在的人体和内在的人格，是形与神、灵与肉、人体与人格的统一体。人的美，包括人体美（即人的外在美）与心灵美（即人的内在美）两个方面。

一、人体美遐思

歌德说过："不断升华的自然界的最后创造物是美丽的人。" 人体美是自然美的高级形态。人体首先具有生理学、遗传学、生物学上的特点，这是客观的不以人的意志为转移的自然因素属性。法国雕塑家罗丹曾说"自然" 中任何东西都比不上人体更有性格。有时像一朵花：体态的婀娜仿佛花茎，乳房和面容的微笑，发丝的辉煌，宛如花萼的吐放；有时像柔软的常春藤，劲健的摇摆的小树。……有时人体向后弯屈，好像弹簧，又像小爱神爱洛斯射出无形之箭的良弓。有时又像一座花瓶……英国美学家博克说："相貌美，在我们人类的美这方面起着相当大的作用。动作举止使容貌具有某种确定性，一个人的容貌按常规是动作和举止相一致的，它能够把心灵的某些令人愉快的品质效果的内在的品质结合起来。"

人体美主要表现为以下几个方面。

1. 健康美

健康是人体美的基础，正如保加利亚的加里宁说过的：没有健康的身体，就不可有人体之美。人的健康美必须是在身材和相貌上健康、匀称，充满活力的，即人的五官端正，肌肉饱满而有韧性，肤色在一定的光线作用下富有色调的变幻，如男人有发达的肌肉，女人有曲线的体形，就是健康美的标志。一个人如果病魔缠身，就会精神萎靡，形体消瘦，脸色苍白，肌肉萎缩，其形体美就会因之减色甚至于消失。

2. 姿态美

姿态美即人体各部分运动配合而呈现出的节奏感受，如动作敏捷、举止规范、步履矫健。人体美是静态美与动态美的结合，古已有之的“坐如钟、立如松、卧如弓、行如风”是对姿态美最形象的描述。但姿态美更侧重动态美的表现。这种动态美广泛地存在于日常生活中，比如体操、武术、舞蹈、体育运动中，处处都展现着人体动态美的魅力。

3. 风度气质美

风度是人的内在思想文化修养在人体、情态和动作上的表现，如雍容华贵、文质彬彬、雄姿英发、雷厉风行等。《淮南子》云：“画西施之面，美而不可说（悦）；规孟贲之目，大而不可畏：君形者亡焉。”为什么画出美女西施的面容而不令人赏心悦目，画猛士孟贲的眼睛不令人望而生畏呢？这是因为如果统摄人形体的风度气质和神采气韵没有表达出来，即使人们原有的美的印象，也不会给人以应有的美感。一般地说，风度气质美表现为自然、自如的形态举止，得天独厚的衣着打扮，良好的文化素养和思想品质。

人体美是在长期的劳动实践中形成、定型的，而且是处于特定的社会关系之中的。在健康、先进的社会条件下，人的个性能得到充分、自由的发展，人的形体也会变得越来越美。

二、服饰美

服饰是人体的一种重要的语言。人的社会性要求人自己不会满足于先天的自然状态美，不是有“三分长相、七分打扮”的说法吗？人类在原始时代就开始装饰自己，像文身、插羽毛等。如果说人体美是自然美中的高级状态，那么，服饰美则是人体美的文化生成。它直观地反映出时代特色，反映着不同历史时期各类人群的种种社会动态。世界上的服饰，大体包括两类，一类是表现信仰、以掩饰人体为主的，具有一种异化人性的倾向，从西方的牧师、修女到东方的和尚、道士，这些人的着装只是某种宗教教义的形象图解，与人体美的表现无关；另一类是反映人的身份、强化人的个性、气质，塑造人体美，表现人类世俗情感的。这类服饰一般注重合体，塑造曲线，突出人体美。

服装美的三要素是色彩、款式、质料，而其穿着的审美原则则是自然和谐，大方得体，适时宜肤。

服饰文化的多姿多彩，演绎出时尚的缤纷灿烂，我们从服饰文化的发展演变中归纳出以下几大类型的时尚追求。

1. 传统时尚

站在一个世纪的终点站，人们突然感觉到旧日的时光已如逝水，一股怀旧的情绪在人群中蔓延，老祖母的开襟旗袍、父母早年出国带回来的克什米尔大披肩、苏格兰格子裙，还有“知识青年”穿过的军衣和军裤这些“老箱底”都被拿了出来，在阳光下晾晒，让年轻的一代开始热衷于传统服饰。如欧洲开始兴起的王室贵族的花边礼服、中国女孩子喜欢的立领盘扣的上衣等。

2. 民族时尚

特定的地理环境、物产条件、生活习俗、心理状况、观念意识与民族服饰的形成是密切相关的。客观的现实与部族的崇尚建构了奇异多姿的穿着依据，也标志着传统意蕴与审美情趣的涵盖的伸延。

在精彩纷呈的民族服装形式中，集聚了许许多多不同种族的不同时期、不同肤色倾心“雕琢”的奇异多姿的穿着，这种出自心灵“美感”的流露，依然会被现今新潮时尚的人类所真切追捧。由此而不断推造出更多的适合现代人审美要求的服装款式。

3. 前卫的形式

通常是指艺术形态中具有激进性质的构成种类。世界上许多声名显赫的时装设计大师设计一些不俗的衣着作品常常是与这类先锋艺术密切相关的，如从夏普瑞丽的“抽屉里米洛维纳斯”到玛丽·奎因特的“迷你裙”，从韦斯特伍德的“女巫系列”和“海盗系列”到帕克·拉邦纳的“城堡大衣”……稀奇古怪乃至颓废荒诞的构想运思，无不映射着超乎寻常的情致涌动而显示出奇绝美妙的穿着艺术。

4. 浪漫时尚

构造浪漫的诗意，在当今日趋流行的服装中已成为惹眼的时尚，即使是那些著名的时装设计师，也仍在不遗余力地发掘和寻求着充满美丽的浪漫形式。像瓦伦蒂诺、伊夫·圣洛朗、纪梵希、拉格菲尔、阿玛尼、费雷等接连推出的晚装、泳装、休闲装、内衣……漂亮的设计中，无不阐发出抒情荡意的美妙之感，挥扬着极具青春活力的潇洒气质，确实为人的享用创造了舒适完满的美感境界。

作为个体人的活动特性，为使穿着的服装更易于展现其所拥有的财富、身份、地位、审美等特征，无论是在多姿多彩的优雅舞会上，还是在日常平淡的生活中，都是服装的盛大展示会。随着人类的不断进步，服装作为人体的一种重要语言会更加丰富和发展。

三、心灵美

人体美是人的外在表现，大多依赖于先天条件。心灵美是指人的内心世界的美，是社会主体后天通过社会实践逐步形成的，与外在的人体美相比具有强大的人格魅力。

心灵美有以下特点。

1. 深刻性

心灵美的形成与个人的成长经历密切相关，它是由一个人的文化修养、生活理想、意志品质、道德观念、价值观念和审美情趣等因素共同起作用才能构筑起的人的美好的精神世界。由于构成心灵美的要素是社会性的，因此，对主体、对社会的影响和作用就会十分强大而深刻。如丹麦童话作家安徒生因为相貌有缺陷常受人讥笑，而他却用自己的智慧和才华，为全人类营造了一个经久不衰的五光十色、美丽动人的童话世界。他的相貌不能取悦于人，但他通过自己的童话向我们展示了丰富而美丽的内心世界，并使我们的内心世界也变得丰富而美丽起来。可见，任何漂亮的外表都不可能具备如此强大的精神力量。

2. 独立性

心灵美的丰富内涵可以不依附于任何外在的装饰独立存在，并闪射出动人的光辉。革命烈士壮烈的一生，与其外表没有必然的联系，但每一个从未见过他们的人都能被他们的事迹所深深打动。人无法选择自己的外貌，但完全可以通过心灵的滋养，使自己的内心世界充实和高尚起来。而心灵的美丽可以映射到外貌上，让外貌增色。

3. **恒久性**

容貌姿色的美是一种物质的形态，必然受到生命规律的支配，随着机体的衰老而减退乃至消失。心灵美是一种精神状态，可以超越肉体、超越时间，具有恒久性。像方志敏等革命先烈作为物质的形态已从我们的视野中消失了，对他们，我们已无法想见其音容笑貌，但他们的高尚的理想情操所焕发出来的人格魅力和精神风范，至今仍给我们以美的陶冶。

人们在社会生活中的言行，无不透露出其内心世界的美与丑。例如在公交车上，面对怀抱婴儿的妇女，邻座风度不凡的青年对之视若不见，而后座的白发老翁却热情让座。又如，美丽的公共绿地，有人“潇洒”地随手丢弃杂物，也有志愿者挥汗清扫环境。

心灵美，首先表现在品德和情操上。复杂的社会环境充满着真、善、美和假、恶、丑，我们要对真与假、善与恶、美与丑有所辨别，形成对真善美的崇尚与追求，养成自觉的思想意识和良好的道德行为习惯。例如爱国主义、集体主义、见义勇为、先人后己、热爱劳动、积极进取等，都是品德与情操的具体表现。

心灵美还表现在正确的积极向上的人生态度。人活着只是为吃喝玩乐“潇洒走一回”，还是有理想、有信念，“不为虚度一生而后悔”。张海迪虽然没有健康的体魄，但她对生活和事业充满了信心，她执着的人生观是心灵美的核心。不同的人生观指导人们的不同思想意识和行为习惯。

人体美和心灵美并不统一。有人貌美心不美，《红楼梦》中的王熙凤算得上是标致的美人儿，但她“明是一盆火，暗是一把刀”，外貌和内心判若两人。虚伪即不真，不真就谈不上美。有人貌丑心灵美，如《巴黎圣母院》中那位奇丑无比的处在社会最底层的敲钟人加西莫多，他以超人的大智大勇、大慈大悲给人以极大的心灵震撼。

心灵的美与丑是判断人美或不美的主要依据，人体外貌的美与丑有时并不那么重要。当然，心灵美和人体美的和谐统一是人类所追求的。随着生活质量的提高和生命科学的发达，社会将为发展人体美提供了越来越多的可能性，塑造自己美丽的心灵不仅是人的自身发展需要，更是社会进步的总体要求。

第三节 社会活动美

人是社会美的主体，社会美本来就是人自由劳动及其创造的结果。因为人的美首先在于自由创造性的活动，凡是符合规律性的人的自由创造性活动都是美的，人们歌颂大禹治水、愚公移山，敬仰解放生产力、发展生产力的变革，赞美雄伟的金字塔、巍峨的万里长城，讴歌电气自动化信息化的现代科技，怡情舒适洁净的生活环境，把它们视为美的形象，就是因为这些活动体现了人类自由创造的力量。美存在于社会生活领域中，并不是说一切社会生活都是美，在人的本质力量（实践）不断发展的过程中，社会上的丑陋、生活中的丑行总会存在，美与丑正是相比较而存在、相斗争而发展的，对丑的不屈不挠的斗争正在不断地为美的发展壮大开拓着前进的道路。

一、科学美

科学是人类探索自然、社会和人本身的奥秘，积累新知识、发现新现象、认识新规律的活动。科学分为自然科学和社会科学。科学活动侧重于理性的抽象、分析、演绎和概括，即主要是求真。但是，科学家求真的本质，使得不少人以为科学研究与审美无关。其实不然，科学美同艺术美一样，属于广义的社会文化美，它是审美存在的一种高级形式。早在古希腊，毕达哥拉斯学派就已从数学研究中发现了和谐之美，指出“一切平面图形中最美的是圆形，一切立体图形中最美的是球形”的观点，并提出“宇宙和谐”的概念。古希腊人就已知道，一根棍从黄金分割点分割最为美妙，其研究成果被欧几里得（公元前330—前257）编入他的《几何原理》。现代的科学技术出现在欧洲的文艺复兴之后，是在第一、第二次工业革命中逐步成长起来的。它的发展愈来愈证明科学美不仅存在，而且还证明了科学美的重要性。

1. 科学美的功能

（1）科学美是一种理性逻辑语言的形式。天地、大自然的运行是和谐而有规律的。科学家在探索和揭示自然奥秘时，往往是运用理性的逻辑思维和非理性的灵感，以字符和数学符号的简洁公式来表达。牛顿的三大力学定律，爱因斯坦的质能关系式，只用几个字母和数学符号写出内容极为丰富的简单关系式。爱因斯坦曾说过："物理上真理的东西一定是逻辑上简单的东西。"爱因斯坦的助手罗森说："在构造一种理论时，他采用艺术家常用的方法，以求得简单性和美。"简单的逻辑语言揭示自然规律，揭示得越深刻，就越是能探求到大自然的本质。这种哲理性的简洁美是科学美的重要表现形式，往往有助于科学发现的表达，并能促进科学和技术的发展。

（2）科学美是一种视觉艺术形式。人类的视觉有许多局限，例如太远的宇宙空间中的星星我们看不清，太小的微观世界我们也看不见，而依靠科学技术就可以逐步解决这些难题。随着科学技术的发展，愈来愈多的新现象和新规律被发现，其中有许多是可以用视觉来欣赏的科学图片。这些激动人心的科学发现具有很高的艺术欣赏价值，它是人类前所未见的形象美。科学家具有好奇心、想象力和创造性，在探索自然的实验中将获得愈来愈多的艺术性成果。我国"神舟5号"和"神舟6号"载人飞船两次采集的地球和太空的各种数据，以及宇航员的空中体验画面，对人类来说，既是前所未有的科技成果，又是不可多得的视觉艺术品。

2. 科学美的客观性

（1）大自然的统一与和谐。科学研究发现，不论是在地球上还是在宇宙空间，物质都是由原子和分子组成的，而且各种元素原子的结构是有规律的，可以排列成周期表，并能解释原子和分子如何构成物质世界万物。人们不能不惊叹，这五彩缤纷的花花世界竟如此统一于原子的周期排列，自然界的形成、运行、演化、生长、繁衍、消亡都是有规律的、和谐的，这就是令人信服的科学美。正如恩格斯在《自然辩证法》导言中曾深刻指出的，由于物质世界的统一性和普遍性，自然科学理论把自己的自然观尽可能地制成一个和谐的整体，因而反映自然物质运动的科学理论必定包含美学的因素。科学美就在对自然界各种现象的观察和探索之中，就在对新规律、新成果的发现和获得之中。

（2）葵花籽和松树果球的有序与和谐。在显微镜下，葵花籽在花盘上的排列呈螺旋线，有顺时针方向和逆时针方向，葵花籽就生长在两列螺旋线的交叉点上。花盘上有21列逆时针、34列顺时针；或34列逆时针、55列顺时针。其他如菠萝表皮上的疙瘩，斜向左下方的有8列，向右下方的有13列。松树果球的鳞片也有螺旋状排列，向左下或右下的有5列，反向为8列；也有各为8列和13列的。这些奇怪的数字之间又有什么关系？原来它们都属于费波纳契（Fibonacci）数列。它的规则很简单，前面邻近两项之和就是下一项。如设第一、二项为1和2，就可以写出费波纳契数列为1，2，3，5，8，13，21，34，55，89，144，233，377，610，987，…。这个数列有一个特点，就是前项被后项除，其值从第八项以后均为0.618。原来这些天然生长的螺旋列均与黄金分割有关联，因此才这样地有序与和谐。

3. **科学美的现实性**

随着社会实践的发展，物质生产日益丰富，人类对物质产品不仅要求具有实用功能，还要求具有审美功能，我们常常发现对于功能相同的产品，只要经济条件允许，人们总是宁肯多花些钱买那更美观大方的，而不愿选择那些粗笨丑陋的，这说明实用功能和审美价值在物质产品中常常是不可分割的。

现在已经有很多国家把审美要求列入国家产品质量标准中。在现代化大规模生产中，优异的产品设计，既要考虑各种产品功能因素，还要通过工艺技术手段，体现出一定的社会审美观念。

技术美学就是把美学运用于技术领域的一门新兴交叉科学。技术美学的核心就是产品设计，这种设计不只着眼于产品结构，而是特别着眼于人们的审美要求，这种设计在国际上被称为“现代工业艺术设计”。

在设计中，还要讲究人机工程学与产品的舒适美。人机工程学，又称“人体工程学”，是在人们的活动与其使用的机器（技术手段）相互作用的具体条件下融汇了解剖学、生理学、心理学知识，综合研究人的一门科学，它的基本问题是要创造“人—机—环境”系统最理想的方案，以保证生产高效率，同时保证给工作的人提供必要的方便，提供能保证他们体力、健康和工作能力的条件。前苏联著名飞机设计师认为，技术上愈完善的东西，在美学上也就愈完美，这说明一个道理，在现代工业发展中，企业间的生存竞争已不仅仅是技术，还有艺术设计之争。

除此而外，人们对劳动过程中的工具、机器、车床、环境、工作服装、厂房布置都有了美的要求，一些发达国家开始提倡文明生产和科学管理，从而使劳动者在美化的环境中身心得到陶冶。

4. 科学美感

进入21世纪，迈向知识经济社会，知识创新的要求更加明显，科学家和科学工作者对科学真理的探求也更加成为他们的终身事业。那么他们追求什么？

爱因斯坦说："真正投身于科学事业的人是对自然和谐与美的追求。"著名哲人科学家彭加勒曾指出："科学家研究自然是因为他从中得到欢乐；他从中得到快乐是因为它美，是根源于自然各部分和谐秩序、纯理智能够把握的内在美。"这就是科学美感。

美感是人类独有的情感。科学美感是指具有科学美品质的事物作用于审美主体，从而在其内心世界中激起欢快、愉悦等的特殊心理感受。科学美感不同于一般审美过程中的美感，它不是仅仅由事物的表现形式（颜色、声音、空间组合）作用于感官所产生的感受，而是主客体相互作用的产物。一方面，审美客体作用于人的感官，使欣赏者产生心理和情感上的共鸣，引起内心世界和谐的美的感受；另一方面，主体以其特有的审美判断和审美评价选择客体，在无数的对象中仅仅同他所理解的客体建立审美联系，主体的审美活动不是机械的被动的活动，而是通过集中表现人的本质力量的能动活动。科学审美关系的建立，关键是人的科学技术实践。这是科学美感的源泉。

人类在欣赏实验成果或技术产品时，无疑会产生对自己本质力量的一种赞美，当然同这些产品的外观不可分割，但本质上仍在于它所包含的辛勤劳动，当我国著名物理学家王淦昌在用自制的简陋仪器为学生们演示出粒子的云雾径迹时，他动情地说："物理学的美是很迷人的呢！"我们要想在科学技术活动中体验到常人所无法体验到的美感，必须满腔热情地投身到科学技术实践活动中去，发挥自己的聪明才智，通过艰苦劳动同大自然建立感情，理解自然界，创造出美的事物。

二、家庭美

人总是生活在一定的家庭之中，家庭是一个人生活的基地。这种特点，决定了家庭在审美活动中具有特别重要的意义。

审美开始于家庭。一个人的审美教育实际上从胎儿起即已开始。母亲怀孕期间的生活环境及心理情感活动，都会影响胎儿的发育，而出生之后母亲哄宝宝所唱的第一支摇篮曲，就是最初的音乐美育，所以，从根本上讲，人都是经过家庭美育才开始懂得审美的。

家庭是审美的摇篮。由于家庭的亲情关系及其共同生活，人与人之间更容易相互理解，富有情感性。而审美正是从陶冶情操着手的。一个富有高尚审美情趣的家庭，生活才会具有生气，人与人之间的关系也才会更加和谐，充满温馨。家庭审美不仅对家庭生活质量的提高具有重要的作用，而且对家庭每个成员身心的健康发展具有直接的关系。古今世界许多名人之所以能取得杰出的成就，都是与他们自幼在家庭生活中受到良好的审美教育分不开的。

家庭美育是由多方面因素构成的，既有物质的，又有精神的；既有社会的，又有自然的。但是最重要的是家庭所体现的美德，也就是家庭成员人与人之间能够按照美的原则来指导自己的言行，自觉扮演好自己的“角色”。在这里，父母的审美素质与模范行为具有决定性的意义。外国有位教育家说过：母子一同度过的日常生活就是教育，尽管不称为“教育”。尤其是父母相亲相爱，兴趣广泛，通情达理，这会给孩子以最好的感染。有许多孩子自小就出现心理偏差，十有八九是由于父母关系不和及家庭生活不协调所造成的。所以，建立美好的家庭人际关系，使每个成员都感到家的可亲可爱，才能为家庭开展多方面的审美活动创造有利条件。家庭生活不能没有爱。没有爱的家庭就等于没有阳光，不可能哺育出身心健美的孩子。而真正的爱，光从亲情出发是不够的，必须从审美的高度来认识与处理好家庭生活，努力塑造一种美好的家风。美好的家风是一种文明标志，它能促使人更好地追求美、维护美，实现美好的人生。

1. 家庭审美生活方式

家庭审美活动并非始于今日，原始社会的遗迹与文物，以及现在尚处在原始生活状态的民族的家庭生活，都告诉我们，人类自家庭出现之日起，家庭审美活动便是家庭生活必不可少的组成部分。

家庭的审美活动采取什么形式，具有什么内容，在很大程度上取决于家庭的生活方式。所谓家庭生活方式，是指人们在物质和文化生活方面各种活动的总和。包括劳动方式、消费方式、社会交往方式、学习等的文化生活方式，等等。

（1）家庭审美与劳动生活方式。劳动生活方式的核心是人的职业劳动，具体地说是他的劳动性质、劳动态度和劳动方式。一般地说，体力劳动者与脑力劳动者、从事大机械化的工人与个体户，他们在家庭观念上有趋同的地方，也有若干不同之处。经归纳，以工人为代表的体力劳动者对美满家庭的描述是：夫唱妇随，子女听话，有稳定的经济收入。以教师、医生和机关工作人员为代表的知识分子对美满家庭的描述是：精神生活是幸福家庭的第一要素，夫妻应平等相待、互相尊重，注重子女教育。多数个体户认为，家庭没有雄厚的经济基础就无幸福可言。人生舞台就应该丰富多彩，家庭生活只是社会生活的一部分，夫妻间能合则合、不合则离。

（2）家庭审美与消费生活方式。除了劳动生活方式之外，消费活动是家庭生活的一个重要领域。从家中的柴米油盐到衣食住行，从生儿育女到文化娱乐，都离不开消费。如何消费，消费的轻重缓急如何安排，形成怎样一种比例结构，都会对家庭审美产生影响。广大农村的许多地方，住房在消费中占了很大比例。父亲有责任为成年的儿子造房子，儿子成亲后又要为自己的儿子筹集资金建造房子。这几年农村生产发展迅速，农民生活水平提高很快，钢筋水泥的楼房取代了过去的土房、草房，式样上也从传统的大屋顶变为西洋小别墅，表现出高雅多样的审美情趣。

在消费的意向上，演员与教师同为知识分子，但与职业有关，演员比较重视外貌与服装的修饰，而教师则可能不注重这些。当然，消费方式、消费结构的不同，会直接影响家庭的审美质量。来自边远地区的大学生就无法像大城市和沿海地区出身的同学那样，手机、电脑和 MP3 一个也不能少。

（3）家庭审美与社交生活方式。开放社会使家庭处于开放的环境之中，劳动、消费、学习、文化活动，都处在一定的群体之中。这为社交范围的扩大与社会程度的拓展创造了条件。大城市中，以经济活动、信息交流为中心的社交活动比较频繁。除了例行公事的社交，许多人更喜欢参加横向联系的联谊会、信息发布会，有的甚至自然地结成“沙龙”和“聊天会”，从中开阔眼界，打开思路，推动事业。这些社交活动无形中推动了衣着打扮、言谈举止的美化与潇洒。

（4）家庭审美与文化生活方式。文化生活方式是人们知识积累与更新及业余时间娱乐休息的活动方式。在生产力水平低下的农耕劳动中，一方面，知识学习所占的比重很小，文盲半文盲就能应付生活；另一方面，知识匮乏，没有多少余暇时间，不可能有太多的文化娱乐活动。但随着生产的发展和社会的开放，文化知识在工作和生活中的作用越来越重要，建设了各种文化娱乐场所和设施，文化娱乐活动也丰富多彩起来。特别是近几年，信息化带来的各种通讯、传播媒体形式多样，渗透与家庭生活之中，反映出每个家庭的素质、修养、情趣、风格和意境。

生活的审美化是人民生活质量普遍提高的重要标志。特别是当今社会，家庭作为审美活动的一个重要场所，其功能与影响已为世人和学者所瞩目，已成为美学和家庭学研究的新领域。

2. 家庭审美与社会环境

家庭是社会的“细胞”，社会环境对家庭生活的渗透与影响是无孔不入的，不论你是否喜欢，谁都无法把社会的影响拒之家门之外。我们在家庭审美活动中，必须承认社会环境所产生的强大影响。

（1）家庭审美与社会的物质环境。为了满足人民不断高涨的物质需求，社会必须解放与发展生产力，运用新的科学技术与机器设备，设计并生产出更高更新的产品来。产品的多寡，新产品的投放，都会对家庭审美产生影响。在使用票证的年代，我国人民的生活水平较低，购买的标准主要是经久耐用，而不是美观。全国人民不论男女老少衣着上整齐划一，都是灰、蓝黑，因为这是“朴素、劳动人民的本色”。那时的父母不需要说多少话，就可以动员子女穿上打补丁的衣服。但现在我们正处在从温饱向小康过渡的时期，票证早已取消，市场上各种商品应有尽有，审美含量是人们消费的主要标准。可以说，并非20世纪六七十年代的人在衣服上没有审美要求，而是他们无法超越物质产品在当时所达到的水平。

一个社会健康的物质环境会促进人们的家庭审美方式和审美水平，而物欲横流的弊端对人的冲击是极为有害的，它可能会造成人们忧心忡忡的心态，其审美情趣无从激发，即使身处审美活动之中，也无法全心全意投入，至于因追求物欲而犯罪的人就更无审美可言。发达国家这方面的经验教训很多，应引起我们的警惕。

（2）家庭审美与社会的传播环境。在家中用留声机放唱片听音乐的时代早已成为了历史。广播电台、电视台的直播几乎具有全球性的覆盖率，报刊、书籍、画册、VCD、DVD、网络设施和产品不断普及又不断更新换代。如此的社会的传播环境给家庭审美开创了广阔的天地，一方面，人们足不出户就能看戏听歌，欣赏中外名画；能参观故宫、卢浮宫；能游历世界各地的名山大川，等等；另一方面，传播环境使社会审美在方式和层次等方面呈多样化趋势，难免泥沙俱下、鱼目混珠，如有些淫秽音像充斥市场、盗版现象屡禁不止，干扰了社会审美环境。家庭审美活动是在社会环境之中进行的，对于社会的物质环境、传播环境、心理环境对家庭审美活动的影响，应有所分析，因势利导，使之产生积极的影响。

三、居室美

居室是人们最基本的社会环境。居室美化即用美的规律，营造一个包含着个性美、文化美和时代美因素的舒适、美观的生活氛围，它唤起人的是经常的、持久的社会环境美。优美怡人的居室可以令人身心愉快，陶冶人高尚的审美情趣，激起人对生活的热爱，而粗俗嘈杂的环境使人萎靡、消沉，甚至可能引人堕落。居室的美化所展示的不仅是生活的美，也是个性的美、文化的美、时代的美。

1. 居室美化的原则

应从整体性的审美效果，综合地、系统地分析研究居室美的基本原则。

（1）舒适性。居室是人类生存的主要栖息地，是人类生活的居住场所。其主要的目的便是要给人类提供一个良好的、舒适的，便于学习、工作、休息的生活环境。舒适，一是指精神上的舒适，有使人舒心适意的气氛、情调，有利于身心健康的享受。二是指物质条件上的舒适，能为人的学习、工作、休息等一系列活动提供一定的物质基础。

（2）适宜性。居家是由家具、照明、陈设等各部分组成的。这些部分的大小、比例、安排等要求适宜性。常见有些家庭住房面积并不紧张，然而杂乱无章；有的居室空间很小，却放着一张很大的沙发，这些就很不适宜。

居室环境应以“和”为贵。所谓“和”，是指总体把握室内设计的一切要素（“六界面”、灯具、家具、软装饰陈设和绿化等），并使这几大要素在一个整体的环境内形成和谐。和谐即美，这是2000多年前古希腊哲学家早说过的；和谐也并非是绝对的，而是诸要素的对立统一。

适宜性还要求居室的风格、情调与主人的性格、职业和所处的季节、所在的背景等相统一。以协调为美，以统一为美，正是适宜的目的。

2. 居室美化的美感要求

美的居室应该做到布局整洁、有序、富于变化，形象端正、简洁、新颖，意境壮观、优美、深邃。

居室室内装修艺术具有强烈的直观效果。设计师对造型的处理、材料的选择、色彩的搭配，即形、材、色等所形成的空间环境，对居者的心理和生活会产生特定的影响。它能给予人们美的感受，能影响人的情绪，陶冶人的情操；也可展示特定的文化内涵，显示人的精神品位和生活情调。因此，居室的美化有一定的美感要求，其具体体现在以下方面。

（1）整体的美感。家居装饰首先要从整体和谐入手，求得家居各区间（客厅、卧室、书房、厨房、卫生间等）风格、格调的统一；求得装饰上形、光、色、质等形态构成要素组成完整的空间序列，给人留下章法严谨、性格鲜明、格调清新、主从分明的观感。

整体美感的形成，要靠风格、韵味上的一致，要靠家居环境中各功能空间的共同装饰（如门套、门页、窗、踢脚线、挂角线等）达到造型、用材、处理手法上的一致或大致相同；要靠家居各空间在主色调上做到基本一致或在同类色内作深浅变化；要靠装饰的饰面主体材料在质地、色彩、肌理、纹样上做到统一协调，力求打破单调乏味感，获得层次分明、烘托得体、错落有致、韵律有序的秩序感，做到量感、力感、运动感的平衡统一。

许多家用电器的造型都是相当美观的，壁挂式空调、立式的音响设备、冰箱、洗衣机等，主人在选购时要注意与居室环境协调。如果安排得当，则不失为艺术的创造。

各类陈设、艺术品、书画、盆栽与整体环境的有机组合，将起到画龙点睛的作用。灯具款式、形状、大小的选择，要为居室风格、居室环境服务。其次是诸如窗帘、床罩、桌布、五金配件及各类用具等尽可能精心挑选安排，与全局协调，使居室形成和谐的美。

(2) 功能的美感。居室是人栖息的场所，是紧张劳作后安抚疲惫身心的休息的场所，是人生温馨的港湾，它的价值首先是实用方便、舒适自然、质朴典雅，进而才是富有个性、韵味、情趣等，这些便是构成功能美的要素。如为追求时尚或显示富有而倾其所有，仿效星级宾馆及娱乐场等手法，使斗室珠光宝气，艳俗奢侈，缺乏和谐、亲切、平易和随心的家居氛围，这是极不可取的。不同的空间给人的感觉是不一样的。

因此，必须根据室内各空间使用功能的特点，来营造其小环境。如客厅要有宾至如归之感，卧室要有隐私安全感，书房要有书卷气息，儿童居室要有童趣，厨房、卫生间则要洁净、方便。一般来说，进入过于高敞的空间易使人产生失落感，而进入过于狭小的房间会产生紧迫感，这些通过各种方法是可以改变的。以居室主人生活方便、实用为准则，将空间分配、使用频率安排得得当有理、井然有序，在协调和谐中实现其功能美。

(3) 色彩的美感。美化居室选用色彩应注意利用色彩的温度感、重量感、空间感及情绪感。首先要注意色调与居室目的的统一，是用青、蓝色的冷调组成一个清新、淡雅的房间，来慰藉紧张工作后的身心；还是用红、黄的暖色调营造成一个热烈、温暖的环境，来增添全家团聚的气氛。色彩的亮度、纯度不同，使人会产生轻重不同的感受。如果顶棚和墙壁用深色，而墙脚和地面用浅色，就会给人头重脚轻和压抑之感。反之，才会给人稳定感，符合人的心理习惯。同样，将亮度强、纯度高的浅色，用于天花板和墙面，使之显得较高较宽，而亮度较弱、纯度较低的深颜色用于室内的陈设，使之缩小空间感觉，就会使整个居室显得更宽敞。

此外，不同色彩还具有不同的情绪倾向，或使人安静轻松，或使人热烈欢快。总之，色彩会给居室带来多种多样的审美效果。

（4）材料的美感。装饰美在很大程度上是靠各种材料固有的纹样、肌理、色彩、质地等按美学的原则艺术地组合来实现的。如各种材料的纹理、金属材料的光泽与它们的坚硬度、负重感，纺织材料的花色与柔软性等，这些材质差异都是值得在居室装饰设计时重视运用的要素。

材料的审美价值不是靠高档材料的堆砌而获得的，而是通过材料纹样的曲直、光泽的有无、质地的硬软、色彩的深浅、线条的粗细和形状的大小等种种选择、变化、对比、协调、组合而显现的。所以用材要做到廉中有贵，粗中有细。高档材料应使用得显眼，中、低档材料要发掘出特长，通过“精”用而示其美感价值，这才叫匠心独运，物显其神。

（5）风格的美感。居室的风格美，即指居室总体格局和情调。居室风格的美感不在于追求时髦，而在于有自己的特色，要定一个基调，通过造型、色彩、结构、质地的完美结合，取得总体空间的视觉效果，不仅功能明确、色彩协调，且要富有新意，这样的居室既具有生活功能的使用空间，同时也是美感效果的视觉空间。

居室美化的风格受自然、社会、文化的制约。不同时代、不同民族、不同地域的风格各异。中国传统居室风格庄严典雅，往往取对称的装饰手法，借书画处理蕴藏高雅的民族习尚。国外居室美化的风格流派众多，如以古代埃及、古希腊、古罗马为代表的厚重雄伟、古典雅优、稳健雄壮的古代风格，以意大利为主的追求人情味和室内空间感情交流的所谓文艺复兴风格，还有以讲究功能、体现理性、标新立异为特点的现代风格。

纵观古今中外居室美化历史，各种风格、流派也十分众多。从宏观上看，有遵循古典构图和设计法则、注重形式美、沿袭传统的学院派；有看重实用功能、不择手段标新立异的现代派，如野兽派、黑色派、白色派、平淡派、烦琐派；有折中前两派的后现代派等。但不管哪一流派、哪一风格，都重视创造一个良好的物质空间，一个感性的、抚慰人心的、有人情味的心理环境。这就要求我们以独创的审美眼光和风格，大胆创造融汇，力争在有限的空间中获得美满的意境和悠扬的情趣。

3. 创造居室美的意境、格调和情趣

居室装饰根据主人的不同职业、爱好、年龄、民族、性格、层次和文化素质等反映于审美意趣上的差异进行创意设计。美不能脱离个性而存在，不仅要有赖于独特的创造力，更需要体现独特的性格。生搬硬套，胡乱拼凑，不伦不类，花钱买“俗”，是谈不上什么美的。

当一个人要进行居室美化的时候，他就要想一想，想要一个什么风格、情调的家？创造一种什么样的文化氛围？居室美化实际上是主人美学素养的一面镜子。

上文谈到的多种美，最终要达到的应是主人理想中美的意境。诗无意境淡如白水，家无意境则缺少灵魂。或热情奔放，或淡雅含蓄，或雍容华贵，或朴实无华，或返璞归真，或清新与典雅兼采、轻巧与浑厚并蓄，或古拙与秀丽相得益彰、粗犷与精致相映成趣，诸如此类均应根据主人的个性和居室空间的特征来定夺，这样才能获得个性美，使居室达到“居移气，养移体”的效果。居室的美要展示的正是主人精神世界的美、生活情趣的美。

第八章　艺术美

第一节　艺术美漫谈

艺术美是生活和自然中审美特征的能动反映，艺术美作为美的高级形态来源于客观现实，但并不等同于现实，它是艺术家创造性劳动的产物。广义的艺术是指各种艺术，即指人们在完成物质生产、社会活动、精神领域里的任务时，所表现出来的高超熟练的技能、技法和技巧，这是艺术古老内涵的延续和扩展。按照这种界定，精妙的外科手术、高超的球技与音乐绘画等一样具有艺术性质。

狭义艺术即现代意义上的艺术，则仅指精神文化中的艺术创作。即音乐、舞蹈、绘画、书法、雕塑、文学戏剧、电影、摄影等，它们都是直接脱离了功利性而专门满足人们的审美需要的精神产品，因此，艺术美常是指精神形态的艺术产品的美。

一、艺术美的基本特征

艺术是观念形态与具体形式的统一，一幢西班牙建筑，一曲交响乐，一部电影，一首诗歌，一幅画……是艺术家创造的结果。无疑，艺术作品给人们带来多种多样美的享受。可以说，美是艺术作品的生命，失去了美，艺术作品也便失去了存在的价值，艺术美以其特殊的魅力构成人类精神生活的重要组成部分。

1. 非实用性

艺术的基本功能是反映社会生活，表达人的感情。这就决定了艺术本质上是审美的，而非实用的。由于它要反映现实生活，就不可避免地要涉及生活中的许多实际问题。但它通常并不解决这些实际问题。有时候它反映的实际生活看上去十分真实，而不是真实本身。例如，金庸的武侠小说涉及许多练功的“秘诀”和方法，若实际应用，可能毫无效果。《红楼梦》写了不少菜谱和药方，但并不能教会我们烹调和治病。电影《红高粱》以视觉形象向我们展示了酿酒工艺，却毫无实用价值。

有的艺术具有实用性，但本质仍是审美的。例如，建筑艺术，它用于建筑，但不同于实用的建筑工程技术，它涉及的是建筑工程技术中的形式美。有的建筑本身就以审美为主要功能，如黄鹤楼、世界之窗微缩景观和一些纪念性、宗教性的建筑。有的实用技术采用了艺术包装，或具有艺术含量，但本质是实用的。因此，我们不把它纳入艺术范畴。例如，证件登记照相和实物标本照相，通常就不是摄影艺术；音乐门铃发出的乐曲不是音乐艺术；普通的实用建筑，如宿舍、厂房、鸡舍、路标、河堤、仓库等，一般不是建筑艺术；吸收了某些舞蹈动作的体操甚至艺术体操，具有较强的观赏性、审美性，但它们仍是体育而不是舞蹈。

非实用性不等于非商业性。艺术也是一种产品，其中凝结了人的劳动。因此，具有特殊的价值和使用价值。一旦进入市场，它就可以用于交换，并可以用货币这一般等价物来确定它的商业价格。有的艺术作品甚至具有很强的商品属性。关键在于艺术商品满足人们的是审美需要，而非实用需要。

非实用性不等于非功利性。任何艺术都带有功利性。艺术创造者要通过它来表现自我、实现自我，从而得到某种创造和成功的享受；艺术欣赏者要通过它来陶冶情操、启迪心灵、娱乐身心，从而得到某种美的享受。但这些都是精神功利，不同于实用，无须落实为物质功用。画饼充饥，虽可聊以自慰，却不可能真正充饥。

2. 再现性

艺术要反映生活，首先就必须再现生活。所谓再现，就是指现实生活在艺术作品中的反映。艺术再现的对象主要包括环境、人物、事件。

环境的再现，主要是指人物活动和事件发生的时间与空间的展示，体现为时代特征和地点特征。环境是人物活动和事件发生的基础，如果没有真实准确地再现于艺术作品中，则作品内容就将失去依据，欣赏者就很难领会作品的主题。优秀的艺术作品总是在保持环境的具体特征的同时，发掘可以超越具体环境的因素，使作品的共鸣度扩大。在鲁迅的《祝福》中，祥林嫂的悲剧所发生的环境，一方面是具体的，使悲剧的细节具有特殊性；另一方面又是普遍的，规定了悲剧发生的必然性。

人物的再现，主要是指艺术作品中的人物形象的塑造，通过人物的音容笑貌和言谈举止体现人物的性格、思想、情感。在非叙事性的艺术中，有的作品不再现具体人物形象，如静物绘画；有的作品人物形象比较隐蔽，如某些诗歌中的抒情主人公。

事件的再现，主要是指生活中人物活动过程在艺术作品中的展现，体现为阶段性、过程性和因果性。凡有人物形象的艺术作品都要再现事件，有的再现事件的全过程，有的再现事件的某个片段（如雕塑《拉奥孔》、绘画《最后的晚餐》）。叙事性艺术作品中的事件也叫故事情节。有的现代艺术作品描写心理事件，实际上是生活事件的特殊再现形式。没有人物形象的艺术作品则再现场景。

艺术再现生活，必须忠实于生活，反映生活的真实。但这不等于对生活作表面的模拟，艺术应该高于生活。这就要求艺术家对生活的表象进行透视、概括、提炼、集中，使再现的生活比实际生活更真实、更典型、更深刻。

3. **表现性**

表现是艺术最重要、最宝贵的特质，它是指艺术家的思想、情感、个性、人格和审美趣味在作品中的体现。艺术家在反映生活时，除了达到生活的真实之外，还要追求艺术的真实；除了再现生活的状貌之外，总是力图表现生活的本质和内涵。因此，艺术实际上是再现与表现的统一，再现是手段，表现是目的。

表现是艺术的试金石，它可以检验作品的美学含量。一幅鞋子的广告画至多让我们得到某种精美造型的视觉感，而面对凡高的静物画《农妇的鞋》，你就会感到：从鞋具磨损的内部那黑洞洞的敞口中，凝聚着劳动者步履的艰辛。这硬邦邦、沉甸甸的破旧农鞋里，聚积着那寒风料峭中迈动在一望无际的永远单调的田垄上的步履的坚韧和滞缓。鞋皮上粘着湿润而肥沃的泥土。暮色降临，这双鞋底在田野小径上踽踽而行。在这鞋具里，回响着大地无声的召唤，显示着大地对成熟的谷物的宁静的馈赠，表征着大地在冬闲的荒芜田野里朦胧的冬冥。这器具浸透着对面包的稳靠性的无怨无艾的焦虑，以及那战胜了贫困的无言的喜悦，隐含着分娩阵痛时的哆嗦，死亡逼近时的战栗。（海德格尔：《艺术作品的本源》）欣赏者之所以获得这些体验，是由作品本身的表现性决定的。

艺术的表现性主要反映在以下方面。

（1）主题，即艺术作品所揭示的中心问题。对艺术家来说，他总要从自己所掌握的题材中提炼主题；对欣赏者来说，又总是要从具体作品的内容中去领会、理解、诠释主题。主题在很大程度上决定着艺术作品的生命力和感染力。例如，冼星海的《黄河大合唱》，表面看是表现抗日救亡的主题，实际上表现了民族的苦难命运和自强精神。因此，即使抗日战争早已结束，我们早已生活在和平环境，作品仍然具有强大的艺术感染力和生命力。

（2）题材，即艺术作品中描写的事件或现象。艺术家首先要掌握大量的生活素材，然后按照自己的创造意图和审美理想，对素材进行选择、提炼和加工，从而确立创作题材。例如，鲁迅的小说《药》取材于秋瑾被害的真实事件。作者没有正面描写以秋瑾为代表的资产阶级民主主义革命者的悲剧，而是将这个事件置于背景之中，另外描写了华老栓以革命者的鲜血作为给儿子治病的良药的事件。这就表现了作者的一贯思想和觉悟。

（3）手段，即艺术作品中的表现方法。它具有技巧性，是为表现艺术家的思想、情感和审美理想服务的。手段有两类：一类是手法，如描写、抒情、叙述、象征、比拟、比喻、夸张等都是各具特色的表现手法。另一类是程式，即每类艺术特有的表现方式。如绘画中的工笔、晕染、点彩、构图等，音乐中的调性、和声、配器、花腔、气声等，书法中的间架、布白等，小说中的叙述方式、谋篇布局等，诗歌中的押韵、音步、分行、格律等，摄影中的景别、用光、影调、特技等，园林中的分区、设景等，舞蹈中的手位、脚位、造型等，戏剧中的台词、唱腔、做功等，影视中的蒙太奇、效果、场面调度等，就是艺术作品中的不同程式。

4. 创新性

创新始终是艺术反映社会生活所要求的，只有这样才能适应社会生活的不断发展和变化。艺术的创新，是指在继承传统的基础上超越传统。它主要体现在以下几个方面。

（1）构思的创新。构思是对艺术作品的总体设计，最重要的是立意和结构处理。例如，杜甫在《茅屋为秋风所破歌》中，一改中国古代诗人抒写内心苦闷和穷困境况，一般局限于诗人的“小我”的习惯，却由己及人，将情感的触角伸向天下的寒士，“安得广厦千万间，大庇天下寒士俱欢颜，风雨不动安如山！呜呼！何时眼前突兀见此屋，吾庐独破受冻死亦足！”这里就有立意的创新，而美国作家福克纳的《喧哗与骚动》，让四个人物从不同角度讲述同一个故事，这是结构的创新。

（2）题材的创新。即在艺术作品描写的事件或现象上的突破。例如，题材的艺术作品多追求史诗风格，华西里耶夫在中篇小说《这里的黎明静悄悄》中，放弃了苏联卫国战争以描写壮观的全景画面、刻画雕塑般完美的杰出人物为特色的框架，描写表现了五个女兵和一个准尉的生活态度和内心隐秘，甚至写了她们对战争和死亡的恐惧，表现了作者全新的审美视角和创作勇气，将传统题材对战争过程和结果的展现，转变为对人的心灵的关注，使欣赏者的审美观念得到更新。

（3）形象的创新。具有创新性的艺术形象的诞生，往往成为新的艺术时代的标志。以西方艺术史为例，远古时代的艺术形象是神，到古希腊荷马时代是半神半人的英雄，文艺复兴以后是理想化的人，进入现代艺术时代则是普通人。达·芬奇《蒙娜丽莎》的美学意义主要在于人物形象焕发出的人性的光辉。新的艺术形象可以带给我们新的审美感受。

（4）手段的创新。即艺术作品表现方法的创新。自从20世纪初现代派艺术崛起以来，艺术手段的创新令人眼花缭乱。音乐中的重金属色彩、绘画中的抽象和变形、文学中的意识流、戏剧中的荒诞、电影中的特技，等等，使艺术表现几乎无所不能。艺术手段的不断创新，使我们来不及做好知识和精神上的准备，这在一定程度上增加了欣赏的困难，但同时也增加了艺术的魅力。

此外，艺术美还有特殊的审美愉悦性。艺术是一种虚的实体，它以其心物一体的巧妙创造，展示着人的智慧与技巧，从而使主体摆脱了单纯的占有欲，体验到生命力自由的发挥，既有对形式的赞美和情感意味的共鸣，又有洞察真理的欣慰，还有对某些压抑性的情感净化，达到精神的快适和心灵的自由，产生一种深沉的快乐享受，最终上升为精神人格的激动和欲悟，因而，这种愉悦性，既“怡情”，又养性。

二、艺术风格

所谓艺术风格，是指艺术家在作品中表现出来的艺术美的特色和创作个性。如李白诗风的“飘逸”、杜甫诗风的“沉郁”；圆舞曲的悠扬、抒情曲的奔放……艺术风格包括时代风格、民族风格和艺术家个人风格等。

1. 时代风格

时代风格是指艺术作品中表现出来的时代精神，体现了艺术家与时代的关系。例如20世纪30年代，中国抗日战争时期，中华民族到了最危险的关头，一大批艺术家关注时局的发展，一大批艺术作品应运而生。如齐白石的画作《看你横行到几时》、肖军的长篇小说《八月的乡村》、街头剧《放下你的鞭子》、电影《八百壮士》、冼星海的《黄河大合唱》……这些作品在内容上都描写了当时中国社会的真实景况，表现了艺术家们对民族危难、国破家亡的愤激和对抗战的积极参与，以上作品主导了这一时期艺术作品的风格倾向。

2. 民族风格

民族风格是指艺术作品在思想内容和表现形式上具有鲜明的民族特色。在思想内容方面，它主要体现在反映民族生活题材和民族精神并着力表现民族性格，例如，李季的叙事诗《王贵与李香香》、沈从文的小说《边城》、歌曲《小白菜》、电影《骆驼祥子》、民族舞剧《丝路花雨》等即是例证。在艺术作品的形态结构上也是如此，如中国画采用散点透视法，西洋画则采用焦点透视法。

中国建筑多采用雕梁画栋，西方建筑雕刻则以强调光影感的大理石为主导。中西方艺术虽然都强调再现和表现的结合，但中国以表现、抒情、写意取胜，西方则以再现、模仿、写实见长，前者创造了艺术意境的理论，后者则发展了艺术典型的理论。民族风格体现了一个民族的艺术在社会生活和文化审美上的成就。

3. 艺术家个人风格

艺术家个人风格是指在作品中表现出来的艺术特色和艺术个性，

显示出艺术家超群的审美理想和趣味，如京剧艺术家盖叫天，其表演就以“动作造型干净洗练”为其明显的个人风格；唐代书法家柳公权既继承了颜体雄壮的特点，又延续了初唐的秀媚书风，创造了具有自己独特风格的“柳体”书法，其《金刚经刻石》结构严谨平稳、笔法灵巧劲挺，具有晋唐以来楷书的劲媚意趣；家学渊源颇深的“吴氏三代”（吴昌硕、吴东迈、吴长邺）的书画艺术风格更是一脉相承。

三、艺术分类

自从“美的艺术”的观念出现以来，人们就一直在探寻它的范围和类别，于是便有了艺术分类的问题，艺术分类是深入理解艺术现象的重要手段，不同的人从不同的角度可以区分出完全不同的艺术类型。

1. 常规的分类方法

卡瑞尔根据空间并存和时间序列的原则，把艺术分为造型艺术（包括建筑、雕塑和绘画）、音乐（包括器乐、声乐以及二者的综合）和诗（包括叙事诗、抒情诗和戏剧诗）三大类。

哈特曼根据艺术对象呈现给人的不同方式，把艺术分为知觉的（包括造型艺术、音乐、模拟的动作和舞蹈）和想象的（包括史诗、抒情诗、戏剧诗）。

总的说来，艺术可以根据艺术对象的时空关系分为时间艺术（文学、音乐等）、空间艺术（绘画、雕塑、建筑等）、时空综合性艺术（戏剧、影视、舞蹈等）；可以根据艺术与现实间的关系分为再现性艺术（绘画、雕塑、叙事文学等）和表现性艺术（音乐、舞蹈、抒情文学等）；可以根据艺术对象对我们呈现出来的方式分为视觉艺术（绘画、雕塑、建筑、舞蹈等）、听觉艺术（音乐）、想象艺术（文学等）、视听综合艺术（戏剧、影视等）。

我们通常是按照艺术所使用的物质媒介材料的不同，把艺术大致分为绘画、雕塑、音乐、舞蹈、文学、建筑、戏剧、影视等几个基本的门类，它们并不是严格按照媒介材料划分的，还掺杂了其他因素，但媒介材料是其中最突出的标志，这种分类的好处在于符合艺术的现实，具有很高的实用价值。

在艺术领域里，分工曾经是传统艺术不断发展进步的主要动力，“一招鲜，吃遍天”是自古代“百工”和“六艺”时代就延续下来的古训。近代科技文明的发展、新媒介的出现，是促进艺术进一步分工分类的重要源泉。不过，20 世纪以来随着有声电影—电视艺术—多媒体技术这三次根本性转折的推动，传统的艺术分类界限已被打破。由于情感技术、记录和复制技术、播放技术的进步，对于视听媒介信息的综合加工将变得更加容易，嗅觉媒介、味觉媒介、触觉媒介的利用日益临近，“嗅觉唱片”“触觉电影”和虚拟现实游戏等新实验及其产品将在不久的将来推出，对将新科学技术运用艺术并创造新的艺术形式的人，我们可以称之为“多媒体艺术家”。

2. 以艺术存在的外貌分类的观点

近代颇为流行一种从艺术存在的外部状貌出发的分类方法，即把艺术分为时间艺术、空间艺术、时空联合艺术。有的从主体对艺术的感受出发，分为听觉艺术、视觉艺术、想象艺术。这些分法的共同特点是：只注意不同艺术的形式特点，而没有注意到艺术内容的相互联系及其依存关系，故这种观点有一定的片面性。

克罗齐根本上就否认艺术的分类，他认为一切艺术都是“直觉表现”，都是心灵创造的同一事实，并没有审美上的界限。因此，他说：“就各种艺术作为美的分类的一切企图都是荒谬的。”这种否定艺术分类的美学意义，显然不利于艺术的发展与繁荣。

3. 以艺术的再现与表现分类的观点

艺术主要是人们的审美对象，是审美感受的物化形态。艺术之所以是艺术，就在于运用一定的物质手段、方式，把在客观现实中的审美感受表现出来，构成可以通过感官所把握的艺术形象、可以欣赏的艺术作品。从内容上看，物化形态的内容是认识与情感的统一，也就是再现与表现的统一，这是艺术的一般特点。

认识与再现是基础，情感与表现是主导，没有认识与再现，则情感与表现无以寄托，也就没有艺术；没有情感与表现，认识与再现只是依样画葫芦的模仿，也不成其为艺术。

认识与情感、再现与表现都是对客观现实的反映，不过在不同的艺术种类中有不同的融合而已。有的艺术侧重于认识与再现，有的艺术侧重于情感与表现。在侧重于认识与再现的艺术作品中，也有情感与表现在起主导作用；在侧重情感与表现的艺术作品中，也有认识与再现，用以寄托情感与表现，把情感与表现的主导作用通过对再现的加工与提炼、夸张与虚构以使它充分地发挥出来。从构成作品的形式上看，在审美感受物化的过程中，有的作品用声音和语言，有的作品用线条和色彩，有的作品用形式。根据作品再现和表现及所用物质手段的不同，艺术可分为再现艺术、表现艺术、语言艺术。

第二节 艺术美与现实美的关系

社会美和自然美合称现实美。现实美是美的客观存在形态，也是艺术美产生的基础和源泉，三者之间有着密切的联系。

一、艺术美以现实美为基础

首先，社会美和自然美本身的形式与内容，无论是在历时性方面，还是在共时性方面都难以做到完全一致。社会美的内容是普遍的、自由的，但它的表现形式常被特定的情势所限定，常常是不自由的、偶然的、缺乏普遍性的，例如："勇敢"品质作为一种审美对象，在不同情况下，就会有不同的表现形式。自然美和形式是规律性和自由性的统一，但是与之契合的内容，常是多义的、游移的，甚至是与形式相冲突的。因而自然美也难以表达普遍自由的内容。

其次，自然美和社会美总存在于现实的一定时间和空间之中，没有空间流动的自由性和时间流传的永久性，即它们常处于直接现实消逝后，如无富有艺术性的传播媒介的帮助，美感影响也就消失了，而自然美则依赖于自然状态，时序的更替和环境的变化必然影响到自然美存在的永恒性和自由性。

再次，现实美还常带有复杂性，美的成分与不美的成分或可有可无的成分共处一体，各成分之间存在的联系不够协调，因而作为整体的和谐程度不够，毕竟现实是缺乏充分加工的自然形态的美，即使经过加工改造，也常常带有强烈的功利目的，因而，也就不能充分体现实践主体的自由自觉的创造性。日本美学家竹内敏雄就曾指出："自然美（社会美也类似）和艺术美在下面这一点上有着本质的区别：即归根到底自然不像艺术那样有意识地把美的创造作为目的。”

艺术美是艺术家自由创造出来的。艺术家将社会美和自然美纳入心灵，用情感去冶炼它，用想象去完善它，将自己的审美理想、审美趣味、审美激情熔铸进去，化为作品的血肉和灵魂，从而使现实美升华成为心物一体的美的对象。

黑格尔指出：“艺术理想的本质就在于这样使外在的事物还原到具有心灵性的事物。因而使外在的现象符合心灵，成为心灵的表现。”这种对现实美的升华，主要是通过典型化和理想化来实现的，艺术家对现实材料进行加工，把现实美中不美的部分“清洗”掉，把分散的美集中起来，创造出典型形象，使之更符合美的规律，更纯粹，更精致。同时，艺术家构建的艺术形象具有十分紧密、协调的内在联系，是用一种完整的面貌向世界说话，表现出一种理想美的色彩，因而是普遍自由形式与普遍自由的内容相结合的一种新的美的形态，“艺术美高于自然”，黑格尔的论断是正确的。

二、艺术美与艺术的“化丑为美”

丑是与美对立的范畴，在现实生活中，丑不能成为审美对象，它常引起人们的心理抗拒和情感排斥，从而被排除于审美视野之外，不为审美心理所容纳，它是审美活动中的负价值，是同人的本质力量所追求的目标背道而驰的。

但是，现实中的丑都可以成为艺术对象，而且一旦进入艺术之中，艺术表现又是出色的，现实丑就能转化为艺术的美，事物本身的“丑”的性质并没有变，作为艺术形象却具有了审美意义和审美价值，以其“丑得如此精美”而激发起强烈的美感。同时，它能使人认识到这种否定性的本质，便具有了审美认识的作用。

在历史上，许多美学家都对这个问题做了有益的探讨，亚里士多德从审美认识的作用来阐释艺术丑，他说：“经验证明了这样一点：事物本身看上去尽管引起痛感，但惟妙惟肖的图像看上去却能引起我们的快感，例如，尸体或最可鄙的动物形象……我们看见那些图像所以感到快感。就因为我们一面在看，一面在求知。”雨果认为艺术应将美与丑结合起来，“正是从滑稽丑怪的典型崇高优美的典型这两者的圆满结合中，才产生出近代的天才。”罗丹更是强调丑在艺术中的意义，“在自然中一般人所谓‘丑’，在艺术中能变成非常的美。”

生活丑能转化为艺术美，是被艺术创作的特性所决定的。艺术家认识到生活丑的本质及其背后所隐藏的社会意义，将丑真实地展示出来，就体现了符合规律的“真”；同时，进入到艺术殿堂中的丑渗透着艺术家否定性的评价，便从反面肯定了美，又体现了合目的性的“善”；并且，由于优美的艺术表现形式，生活丑在艺术上就会构成具有审美价值的艺术形象。

因此，当生活丑进入艺术意境，就蕴涵了生活丑自身所无法包含的审美意义，这是一种以其艺术性的存在否定其自身现实存在的美，能够使人们的心灵震颤，产生强烈的美感，即所谓化腐朽为神奇，于丑怪中见光华，例如罗丹的雕塑《老技》，莎士比亚的戏剧人物麦克佩斯，雨果的小说《巴黎圣母院》中的加西莫多等，都是通过艺术的审美性，使“丑”的人物形象获得了不朽的艺术魅力。

三、现实生活丑向艺术美转化的原则

从艺术实践来看，要实现生活丑向艺术美的转化，必须遵循三条基本原则。

1. 征服性原则

征服性即艺术创作主体对生活丑的客体要构成征服关系，这是生活丑转为艺术美的先决条件，克罗齐指出：“丑先要被征服，才能收容于艺术。”所谓征服，是指在精神上压倒丑，情感上否定丑，道德上审判丑，从而体现出主体精神对客体对象的优越与自主性。

2. 对照性原则

对照性原则是就进入艺术作品中的构成因素的朴素关系而言的，即丑的对象作为构成因素进入艺术。与其他构成因素要形成对照关系或对比关系，它既是艺术家驾驭丑、支配丑从而体现出征服性原则的一种表现，同时也是艺术家创造美的一种手段，即“反对”。对照性原则体现了事物间有比较才有鉴别、有鉴别才有选择、有选择才有所谓普遍的原理。

在美丑对照中，艺术会产生美的增值效应，同时能使人们将肯定性和否定性快感综合起来，不至于单一化，这也符合对立因素相生相克、相反相成的辩证规律。

在具体的艺术作品中，美丑对照的表现形式是多种多样的，概括起来主要有三种，一是就形象与形象各自作为独立自主的整体而形成美丑的对照，二是形象自身中美质成分与缺陷成分形成矛盾统一体式的对照，三是整个艺术作品的意境与现实人们公认的正义原则和理想境界形成对照，这种情形主要指那些没有正面形象出现的作品。

3. 形式美的原则

这是对化丑为美的艺术技巧的要求，丑进入艺术，要成为优美的艺术形象，就必须按照规律，按照形式美的规范，用高超的艺术技巧将其表现出来，才能获得艺术美的性质，这时的“丑”已不同于一般的生活丑，从功能与效果方面看已成为美了。

莱辛说：“正因为丑在诗人的描绘里，常由形体丑陋所引起反感被冲淡，就效果说，丑仿佛已失其为丑了，丑上可以成为诗人所利用的题材。”“丑”当然还存在，但是由于“诗人的描绘”，即富于艺术技巧的描绘，丑的对象就具有了艺术形式美，这就是罗丹所称的“点金术”“仙法”。

艺术应该遵循的“化丑为美”的原则在具体表现上是多种多样的，没有固定格式，三条基本原则中，征服性原则属于主导地位，其余两项从属于它，由它派生出来。

第三节 艺术类型赏析

一、建筑美

建筑物具有满足社会物质需要与精神需要的两种功能，实用与审美的统一是建筑最根本的特征。

作为一种静态的表现艺术，它也是体现人类生产活动美的产物。建筑美的特点是通过建筑物的体积、布局、比例、空间安排和形体结构，以及各种装饰，如色彩、壁画、浮雕等，造成一种韵律和音调，侧重于情感和意境的表现。比如，古希腊建筑精心推敲各部分的和谐比例，罗马建筑则致力于表现巨大和豪华，哥特式建筑追求飞腾和模糊感，而文艺复兴建筑又转而寻求肯定与节奏感，表现美体现得十分突出。

中国建筑美同样是追求表现的，北京的故宫充分表现出封建统治阶级皇权至上的意识，颐和园作为皇家离宫，建筑规模宏大，布局严谨，体现了皇家的气派。

建筑本身虽然是静止的，但由于形体变化却呈现出流动感，像音乐中的节奏、旋律一样，有序曲，有高潮，有尾声，形体高低错落，空间大小纵横，就像歌德所说的："建筑是一种冻结的音乐"，"建筑所引起的心情很接近音乐的效果。"贝多芬作《英雄交响乐》时，曾从建筑中吸取音乐形象养料，他说："建筑艺术像我们的音乐一样，如果说音乐是流动的建筑，那么可以说建筑是凝固了的音乐了。"因为建筑和音乐艺术一样，有内在的有机联系，需要节奏、变化与和谐。

1. 建筑艺术是一种实用艺术

建筑首先是一种与人的生活密切相关的物质生产活动。建筑的最初目的是为了建造一个能与自然力对抗的，遮风避雨、防寒祛暑、庇护安全的居住和活动的封闭空间，它完全出于生存的本能需要，具有直接的功利性和实用目的，但由于建造的房屋无论如何粗陋，它都不可避免地具有一定的结构形式和外观，就在古人探索何种结构更加稳固和实用的过程中，也逐渐发展起对于形式的美感。这样，原始人类就从只注意内部空间的实用性，发展到开始注意外部形式的对称、比例、均衡。于是建筑就在实用的基础上逐步具有了审美的属性。建筑艺术，是运用一定的物质材料和技术手段，根据物质材料的性能和规律，并按照一定的美学原则去造型，创造出一个既适宜于居住和活动，又具有一定观赏性的空间环境的实用艺术，它一方面具有居住和休息的功能，体现出其现实的实用作用；另一方面具有审美功能，是一种艺术创造活动，建筑在按照美的规律造型的过程中，积淀着人类的审美感受，物化着人类的精神体验过程。如我国古代建筑中的飞檐，使巍然矗立的建筑"如翼斯飞"，让沉重庞大的建筑形体充满了灵动之美，但飞檐的发明创造本不是为了美观，据一些建筑史家的考证，它最初的目的是为了解决采光和防止溅雨的技术问题。故宫的红门金钉，今天看来是具有极强的装饰性的艺术形象，但它最初也只不过是连接木板和横串，在钉上加上帽以防止雨水腐蚀罢了。

在不同功能类别的建筑中，实用与审美的成分也并不相同，如宗教性建筑、纪念性建筑有较明显的审美属性。总的说来，建筑艺术的造型美、装饰美都很难完成独立于它的实用性，实用性是建筑艺术一个十分明显的功能，建筑艺术也因此具有鲜明而直接的功利性。因此，早在2000多年前，古罗马的建筑家维特鲁威提出的建筑三要素：实用、坚固、美观，至今还在总体范围内发挥着效用。

2. 建筑艺术是空间造型艺术

建筑艺术通过综合运用空间、形体、比例、尺度、质地、色彩和装饰等建筑语言，根据对比、同一、均衡、节律等造型规律，创造出可视的三维空间形象，属于空间造型艺术，它的审美特征常常直接表现在自身的造型或称空间形式上，以及与周围环境的和谐关系上。

建筑的形式问题一直是建筑设计考虑的重要问题。在欧洲历史上，那些取得辉煌成就的建筑主要是宫殿、陵墓、教堂、庙宇等非实用性的民用建筑，它们在建筑形式上都非常讲究，而对建筑的实用功能和技术问题相对轻视。现代主义建筑大师格罗庇斯设计的“包豪斯”校舍，根据各组成部分的具体功能要求及环境地段的特点，决定各部分的形状、大小和布局位置，并按使用特点选择合适的建筑材料和结构形式，在设计上吸取抽象美术的构图手法，突破对称的格局，注重自由活泼的体积组合，讲究动态和对比效果，结果落成的“包豪斯”校舍具有高低错落、多向伸展、优美灵活的建筑形体，给人以极强的形式美的愉悦。它的建筑形式并没有去隐喻和象征多少深刻的精神内容，仅在于形式及其形式美的愉悦，使人获得轻松愉快的审美感受。

与此不同，古典建筑和后现代建筑中一些具有鲜明的象征意义的建筑，在建筑的形式上刻意去负载或表现形式之外的精神内容，如歌特式教堂高耸云天的线条，寓意着将世人不安的灵魂引向天堂；北京天坛的白色圜丘，除了布局构图给人形式美的触动，还隐喻着“天圆地方”的观念，渲染着上天至尊、皇权神圣的象征内涵。这类建筑给人的就不再是纯粹形式美的愉悦，因为这里的形式已不仅仅是形式，它作为一种“象征符号”，具有极强的精神功能和表现，它除了以其巨大的形体给人以触目的美感之外，还表达出了超出形式的“言外之意”。后现代建筑语言尤其重视隐喻和象征，虽然在总体成就上无法和古典建筑相提并论，但西方的有些新潮建筑，的确因为造型的怪诞，刻意追求精神功能，具有“触目惊心”的美感效果，如美国的有些商店竟然建成“废墟”式的门面，法国建筑家勒·哥布西埃设计的朗香教堂，以其怪诞的形式与独特的魅力为世人所惊叹。

建筑作为一种空间造型艺术，它的审美特性除了与它自身的空间形式有关外，还体现在与周围环境的和谐关系中。

建筑是一种艺术，更是一种固定的工程形态，它一旦建成，就不可避免地成为整个城市机体的一个部件，成为周围建筑物和当地居民生活环境的一部分。我国园林建筑作为建筑与环境融为一体的典范，还特别强调“对景”“借景”，如北京的颐和园，就把它背后的玉泉山以及远处隐约可见的西山“借过来”作为自己的环境，纳入到它的空间造型的整体结构之中。这样，建筑与环境相得益彰，就会拓展建筑的意境，增加它的审美特性，使得艺术境界更为广阔和深远。

西方建筑界也不断地加强着建筑与环境之间的有机关系，美国现代建筑家莱特就力倡“绿色建筑”。他设计的“草原式”建筑和“流水别墅”都是这方面的典范之作：“草原式”住宅，以其安谧的水平展开的形象，静悄悄地融入美国西部一望无际、天地相接的大草原，使得建筑就像天然生长的植物一样在大地之上攀附和蔓延；“流水别墅”地处美国宾夕法尼亚州匹茨堡附近一个小瀑布上方，利用钢混结构悬伸出去，整个建筑与当地的地形林木、山石流水自然交错，相互渗透，加上不同时间的光影变化，不同颜色、质感、线条的对比，使得这个富有自然神韵的流水别墅更是充满动人的生机。

处理好建筑与周围环境的关系，不仅指和自然环境融为一体，还要与周围的建筑群协调一致，甚至要把路灯、街区、车站、人流等社会人文景象都要纳入建筑的整体空间构型之中。贝聿铭于1968年设计了一座64层的办公大楼，它的斜方形平面、四个立面全部使用玻璃幕墙，能把整个城市街景全方位、广角度、动态地反映出来，审美效果十分美妙惊人。从此，玻璃幕墙被广为应用，人们又逐渐地把玻璃幕墙设计成全透明的，使得室内室外的人可以相互观望，相互“既为主体又属风景”，这种建筑既“归蔽又敞开”，从而打破了由于沉重的封闭实体在人与人之间造成的障碍，有利于人与社会融为一体。

因此，建筑与自然环境和人文环境的有机融合，不仅可以突显建筑的造型美，而且还具有建立人与人、人与社会和谐关系的精神功能，从而在一个更深的层次上加强着它的审美特性。

3. 建筑艺术是“凝固的音乐”

歌德、雨果、贝多芬都曾把建筑称作“凝固的音乐”，这不仅是因为古希腊有关音乐与建筑关系的美妙传说，也是因为二者的确有着类似与关联。首先，建筑物质材料合乎规律的组合，能给人类似于音乐的节奏和韵律的美感，建筑是一种空间造型艺术，但它也有时间艺术的某些特点，因为建筑空间往往是一个空间序列，是一个需要在运动中逐步铺陈开来、置于时间推移序列才能领略其全部魅力的一系列空间。

空间序列的展开既通过空间的连续和重复体现出单纯而明确的节奏，也通过高低、起伏、浓淡、疏密、虚实、进退和间隔有规律的变化体现出抑扬顿挫的律动，这就颇似音乐中的序曲、扩张、渐强、高潮、重复和休止，能给人一种激动人心的旋律感。

例如，北京的故宫，从正阳门、端门、午门、太和门到太和殿、保和殿、中和殿直到景山，沿长达3.5千米的中轴线展开，十几个院落纵横交错，有前奏，有烘托，雄伟壮观的空间序列俨然一组“巨大的石头交响乐”。建筑艺术与音乐的关联还表现在二者都运用数律，建筑与音乐的和谐都来源于一定的数量比例关系。古希腊数学家毕达哥拉斯及其学派研究发现，各种不同音阶的高低、长短、强弱都是按照一定的数量比例关系构成的，后来他就把这种发现推广到建筑上，认为建筑的和谐也与数比有关。毕达哥拉斯以及后来的一些著名的美学家、建筑家都认为，如果建筑物的长度、宽度、体积符合一定的比例关系，就能在视觉上产生类似于音乐的节奏感。

黑格尔曾以古希腊建筑三种格式的石柱美为例，具体说明了由于台基、柱身和桅部的体积、长短以及间距的比例不同，便会形成庄重、秀美、富丽等风格区别，这就仿佛乐曲中的歌颂、抒情曲和多声部的合唱一样，这正说明了建筑与音乐都具有一种数比美，建筑具有音乐的某些审美特征。

4. 建筑是用石头写成的史书

建筑艺术选用的物质材料、结构方式、建筑造型和艺术风格，不仅直接体现着一定社会、时代的物质技术水平和政治经济状况，而且也物化着一定的阶级、民族、时代的心理情绪、精神风貌和审美理想，积淀着社会历史文化的记忆，因此，人们把建筑称作“石头写成的历史”。欣赏建筑艺术，就像是阅读用石头写成的史书。

古埃及创造的金字塔，以其超人的规模、宏伟的体积、巨大的立面压迫人的心理，把法老的专制威严神圣化，具有古埃及那个“敬畏时代”的印记，而古希腊神庙则以水平方向展开的单体立面表现优美的主题，建筑规模既不太大也不太小，完全符合人的尺度，体现出古希腊城邦政治民主、自由、美的气息。

我国古代的各类建筑从城池宫殿到一般的住房，都有严格的等级秩序，各类建筑的体积和形式、规模和布局，两千多年来，大都整齐划一，轴线贯串，主从分明，层次井然，给人稳定和谐的美感，突出体现了封建主义的审美理想和伦理秩序观念。

因此，鲍列夫在他的《美学》中写道：“人们惯于把建筑称作世界的编年史：当歌曲和传说都已沉寂，已无任何东西能使人们回想起一去不返的古代民族时，只有建筑还在说话，在石书的篇页上记载着人类历史的时代。”

5. 建筑艺术具有反映生活的抽象性和象征性

建筑艺术和其他艺术形式一样，也是一种特殊的社会意识形式，是对一定的政治、经济、文化状况的反映，但它不是通过具体的描摹直接再现客观生活，而是运用大量抽象的线、面、体及组合创造出符合美学规律的几何形体，符合力学规律的“力的式样”或“力的逻辑关系”，去抽象地象征、隐喻某种宽泛、朦胧的精神观念和社会生活的某些本质真实。

一座建筑物并不能具体地表达它造成什么样的观点，反映怎样的生活内容，它只是以其空间形式、体量规模、色彩装饰等方面的处理，创造出一种整体氛围，激起人们或庄严肃穆，或爽朗明丽，或神秘恐怖的情感反应，引起人们的联想与共鸣，因此，有人把建筑称作抽象艺术、象征性艺术的代表，如古希腊建筑用轮廓刚劲挺拔的陶立克术式象征男性的雄健，用外形修长轻盈的爱奥尼亚柱式象征女性的温柔。欧洲天主教学用十字形平面象征基督耶稣的受难。

在现代建筑中，罗马奈尔维设计的罗马奥林匹克体育馆，用了许多丫形支座，就像许多运动健儿伸展的手臂一样，也具有优美的象征性。象征与隐喻在后现代建筑中的运用更为普遍，如澳大利亚的悉尼歌剧院、勒·柯布西埃设计的朗香教堂，都是运用象征、隐喻的杰作。

6. 建筑艺术的鉴赏

建筑艺术的鉴赏，是欣赏主体通过对建筑形象的直观把握与悉心体验，感受其形式美与表现力，体味其社会历史文化内涵与象征意义，获取审美愉悦与精神激荡的审美活动，它是心理的，精神的众多因素共同参与的复杂过程。

（1）中国传统建筑鉴赏——故宫。

在中国现存的宫殿建筑中，曾经是明、清两代皇宫的北京故宫是最完整、最宏伟的，而且是至今保存得最完好的宫殿建筑，它的设计者之一是人称“蒯鲁班”的蒯祥。故宫是中国传统建筑中最有代表性的艺术形式：木结构体系、建筑组群的艺术处理装饰的综合效果，强烈色彩的大胆运用，和世界其他建筑体系相比，具有孕育、延续时间长，分布地域广的特点，在世界建筑上独具一格。

虽然明、清两代曾对故宫不断修建和扩建，现存的大部分建筑为清代所建，但在总体布局上仍然保持着原来的面貌，整个故宫是个庞大的建筑群，纵深961米，宽753米，拥有9900多间房屋，分成中、东、西三路和几十个院落。目的是为了表现封建的等级观念和皇权至上的威严气势。

故宫的中路也是旧北京城纵穿南北的中轴线，故宫的主要建筑，如皇帝举行大典、发号施令的主要地方，即被称为“前朝三大殿”的太和殿、中和殿、保和殿，以及皇帝处理日常政务和供帝后、妃子、皇太子等生活游乐的被称为“后朝三大殿”的乾清宫、交泰殿、坤宁宫以及御花园等，都布置在这条中轴线上，从而形成了以南北纵向排列的中路建筑群。

这些建筑体量雄伟，外形壮丽，主次分明，建筑形象统一而又有变化，如前朝三大殿，体量不同，且分别采用不同的屋顶形式，太和殿是重檐庑殿顶，中和殿为四面坡檐攒尖顶，保和殿是重檐歇山顶。

这些不仅仅是受到封建等级观念的影响，如重檐庑殿顶只能在最高等级的宫殿建筑上，而且是为了使这三座紧密相联的宫殿在建筑形象上有明显的区别，使它们在相互对比中显得更鲜明，所以，丰富多姿的屋顶形式是中国古代建筑外观上极显著的特征之一。

我国古代封建社会，自宋亡以后，金、元各朝均建都北京，明、清两朝又大力发展都城建筑，使一个以帝王宫殿、帝王权力至高无上、气势非凡的城市——紫禁城——出现了。

故宫是明、清两朝皇帝的宫殿，也是北京城中最宏伟的建筑群，它位于皇城的正中，前有社稷坛、太庙、午门、天安门、正阳门，后有景山，左有皇史城，右有西苑的北海、中海，故宫是北京城的核心，又称紫禁城，那是取紫微星象征帝居之意，建于明永乐五年（即公元 1407 年）。明成祖朱棣为完成这一宏伟工程，调集了国内所有著名的匠师，征集了二三十万民夫，连续干了十四年。明朝灭亡后，清朝皇帝对局部区域和建筑做了修建和重建，形成了我们现在所见的模样。

故宫的建筑一共有 9900 余间，主要由两部分组成，一是前外朝，二是后内廷，总占地 72 万平方米，南北长 961 米，东西宽 753 米，四面建有高大的城门，城的四角还耸立着四座高大的城门，城的四周还耸立着四座平面呈现十字形、形状复杂而美丽的角楼，城墙外面是一条很深的护城河。外朝包括三殿：太和殿、中和殿、保和殿，三殿都依照南京奉天殿、华盖殿、谨身殿建造，其中最雄伟的要算太和殿（俗称金銮殿），重檐庑殿的屋顶，黄瓦，红柱，青绿的额枋，殿前还有一个占地 3.6 万平方米的方形广场，两侧以高低错落、大小不同的建筑群衬托着北侧汉白玉台基上的大殿，整个大殿看起来十分宽阔壮丽。

太和殿是皇帝发号施令的地方，皇朝中任何重大的典礼仪式都在这里举行，如皇帝即位、颁发诏书等。

中和殿位于太和殿之后，四角攒尖的屋顶，纵横各三间，周围有廊，它是皇帝举行大朝前的准备殿。

保和殿小于太和殿，面阔（横向）九间，进深（纵向）五间，是皇帝举行宴会及亲自举行朝考的地方。

太和殿的方形广场两侧还有文华、武英两个小殿，广场前有一座太和门，共占地6万平方米。

内廷也有三殿：即乾清宫、交泰殿、坤宁宫，它们是皇帝及其皇后的居所，三殿两侧是东西六宫，那是妃嫔的居所，东西六宫后还有更小的乾东五所和乾西四宫，人的尊卑从建筑上得以显现。

外朝和内廷后面则是帝皇妃嫔们散心娱乐的御花园。

与我国封建社会的历代皇宫一样，明清故宫绝对体现帝王权威，无论是总体规划还是建筑形状都围绕“崇高”的主题，因此，这类宫殿建筑主次分明，整齐严肃，有很强的感染力。

故宫建筑群是中国古代建筑的代表作，也是古代建筑最伟大、最完整的精品，从这个建筑群中，可以看到中国古代建筑许多表现手法和特点。

① 等级森严。故宫这种等级见于开间的多少，屋顶的形式，台基的高度、层次及装修繁简和室外建筑小品的陈设上。以最尊的太和殿为例，它面阔11间，室内净高达14米，层顶为最高级的重檐庑殿顶，屋顶上的各类走兽的数目和屋顶下斗拱挑出的数目也最多，台基分三层，无论是台基、御路还是大殿本身，装修、雕刻都非常精细，并绘制了大量龙凤图案。室外还陈设了日晷、铜龟、铜鹤等。

② 色彩突出。故宫建筑的色彩是宫殿建筑专用色彩。黄色琉璃瓦只有帝王居所才能使用，大殿内正中一开间的主要柱子还要“盘龙贴金”，如太和殿。墙柱则用较深的朱红色，基座是晶莹雪白的汉白玉，屋檐下则用青绿的冷色，这不仅在色调上与屋面的暖色形成对比，而且在视觉上也增加了出檐的深度，使整个建筑群的色彩非常鲜艳。

③ 台梁式木结构。这种结构的特点是：墙体不承重，建筑物内部空间布置灵活；结构受力平均合理，取材施工方便。

④ 台基的应用。各大殿下一般设台基，台基除本身的结构功能外，又与柱的侧脚、墙的收分相配合，增加了房屋的稳定感。

⑤ 建筑附件多。各殿的家具、装修、隔断、藻井、天花板等名目繁多。

故宫的建筑和重修经历了明、清两个朝代，有 24 位皇帝使用了它，延续达 500 年之久，故宫是中国古典建筑中的一颗明珠，至今，它仍以其特有的风姿展现在世人面前。

（2）中国现代建筑鉴赏——国家大剧院。

国家大剧院位于北京人民大会堂西侧，是中国政府面向 21 世纪投资兴建的大型现代化文化设施和国家标志性建筑。由于其地点的重要性和巨大的象征意义，究竟应该把它建成什么样，是全世界的华人都瞩目的。它必须满足以下四个要求：地点决定了它的象征意义——旁边的人民大会堂象征国家的最高权力，而大剧院则应该成为文化的代表；它是一个新的、庞大的重要建筑，一个可代表新世纪的建筑，一个倾注了人们强烈愿望的建筑；它应有完备的社会功能，而且人们爱用；外观要吸引人，有文化感、历史感。

经过长达一年半国际招标的竞争，法国设计师保罗·安德鲁的设计脱颖而出。法兰西建筑科学院院士保罗·安德鲁生于 1938 年，先后毕业于巴黎国立综合工科学校道路桥梁学院和巴黎国立美术学院，这都是法国乃至欧洲首屈一指的专业学院。他 30 岁时获得国家建筑师文凭，以后一直在巴黎机场公司工作。

多年来，安德鲁的作品遍布世界各国：与人合作的法国巴黎“新凯旋门”德方斯的大拱门、日本大阪海洋博物馆、英法海底隧道法方终点站、中国广州新体育馆……其中的杰作是巴黎戴高乐机场及上海浦东新机场。他曾荣获多项国际建筑大奖。

在人民大会堂西侧，一大片草地围绕一个方形湖泊，湖上是一座由玻璃等材料组成的半透明、椭圆形、外壳呈银白色、曲线构图如含苞欲放的花朵的建筑物，这个建筑物和地面不相连接，它就像是横空出世、浮出蓝色水面的一颗珍珠，来剧院的人由长 60 米的透明水下长廊进入大剧院，通道上方则是湖水，在冬季，北京人可在上面滑冰。

天安门广场上，不仅有天安门城楼、紫禁城等古建筑，也有人民英雄纪念碑等现代建筑，原来的风格已经变了，政治性很强。21 世纪里再在这里建一座有强烈文化象征的建筑，是需要勇气的。专家委员会以其独有的勇气和开放的眼光，看到了这一点。

国家大剧院的设计为天安门广场添了一些水，可以起到改变人们生活环境和景色的作用。大剧院的水下入口是建筑师的得意之作，也是作品设计中的重要部分。

建筑师要让人们有这样的感觉：首先，要让人们有进入到这个“壳”里去发现什么的愿望；而当你从水下进入这一艺术殿堂的时候，你马上就明白了，这与你去购物中心不一样，与你去参观历史古迹也不同，这里完全改变了，你的精神要有所变化，你要有一些新鲜的感觉。这是一个有梦幻色彩的地方，你应该为此有所改变。而通过这样一个抽象的、简单的、梦一样的入口，进入到大剧院里面之后，又应该让人感到生命、活力、丰富和魅力无穷。还有，大剧院应该是人们常来常往的地方，不一定每次都是为了来看戏或听音乐会，也应该是一个值得参观的地方。

风格浪漫、美轮美奂的中国国家大剧院总建筑面积约 18 万平方米，其中主体建筑约 13 万平方米，地下附属设施约 5 万平方米，由歌剧院、音乐厅、戏剧院和实验小剧场及相应的配套设施组成，共有 6000 多个座位。4 个剧院各有特色，不千篇一律，更不是都像会议大厅。4 个剧院之外的空间、走廊等，应称作是“第五剧院”，也具有特色和魅力。

歌剧院主要演出歌剧、舞剧、芭蕾舞，有观众席 2000 个。戏剧场主要演出京剧、地方戏曲、话剧、民族歌舞，有观众席 1200 个。小剧场主要演出实验话剧、小型戏剧，有观众席 500 个。

在中国建起一座代表文化价值的建筑可以标明 21 世纪非常不同，这就像人民大会堂和天安门城楼的对比。如果人们能接受那样的对比，那么也能接受这个对比。所以也有人说对新的大剧院要有一个接受调整的过程，因为它太超前了。卢浮宫前的金字塔，由贝聿铭的现代设计在一开始也曾被当作法国文化的尴尬。

（3）西方古典建筑鉴赏——金字塔。

西方建筑形式的演变常常随着政治状况的更改而大起大落，因而，建筑风格较精确地记录了历史的脚步。“变革”是西方建筑文化的主调。由于自然科学的较多发现，反映在建筑形式上则是人与自然的抗衡及向上与向四周扩张的性格。在形象上，西方建筑物强调单体，注重渲染宏伟壮丽的气势。

对西方建筑的欣赏，在第一个层次上反映在比例、色彩、窨、肌理等感官上的赏心悦目。第二个层次更多地体现在欣赏者与对象在情感上的交流，更深地进入精神领域，曲折地领略建筑所蕴涵的社会意识及时代特征。

金字塔是古埃及法老巨大的陵墓建筑物，其起源毫无疑问地可追溯到马斯塔巴式坟墓。

马斯塔巴是一种低矮的长方形坟丘，它四壁倾斜，设有祭台，在它状似斜井的底部为墓室。最早的金字塔就是由马斯塔巴逐渐扩大演变而成的，萨卡拉的金字塔足以表现出这一点。这一金字塔是于公元前 2800 年为狄戎赛法老修建的，也是迄今为止我们发现的最古老的金字塔。这种墓地的工程建筑逐步变化、改进，最终采用金字塔形状，像吉萨金字塔那样，其规模和技术都达到了完美的程度。

狄戎赛（公元前第三王朝二世法老）是享有金字塔的第一人。他派人在萨卡拉汉（古代孟菲斯最大的坟场）一个马斯塔巴的基础上建起来第一座金字塔。它高达 61 米，有六级台阶。在宽阔的长方形围墙中央有一系列的院落和大厅。这一建筑是建筑师因海特普的杰作。是他发明了修凿墓石的艺术，他是个令人吃惊的人物，因为他不仅是建筑师，还集帝国大臣、医生及赫利俄普斯大教堂的主教等职于一身。

在距吉萨城 8 千米的一片高原上，从东北向西南一列排开，耸立着世界上最著名的 3 座金字塔，各个塔壁都十分光滑。它们是：凯欧普斯（最高，137 米，世界七大奇迹之一）、凯佛兰（136 米）、马凯内努斯（66 米）。和谐的比例、雕凿的科学及巨大石块砌筑都充分表达出对墓葬建筑的深入研究。

国王凯欧普斯的宏伟金字塔，建于公元前 2650 年，稳固地屹立在一片大平原上，它高 137 米，底座长 230 米。这一人类历史上最壮观的建筑，总共使用了 600 万吨原材料；每块巨石体积约 2 立方米，重 3 ~ 4 吨。为了搬运如此巨大的石料，埃及人在金字塔工程周围用土堆起斜坡，在上面铺以圆木栈道。随着工程不断加高，土坡也越堆越高，直到金字塔工程竣工，再把土坡栈道清理干净。

凯佛兰和马凯内努斯金字塔内部都有两个墓室。与之不同的是凯欧普斯金字塔内有3个墓室：一个在地底下，另一个在金字塔基部，最后一个在金字塔重心坐标的位置上，尽管设计师们为了保证陵墓的神圣不可侵犯性而发挥了极其丰富的想象力：用巨石制的狼牙山门堵住狭窄的过道；为掩人耳目，把金字塔的入口用白灰砌抹得天衣无缝。但是，各石棺中的木乃伊已是所剩无几。

埃及的金字塔已经成了世界七大谜之一了。为什么它当中充满了如此浓厚的神秘气氛呢？

在埃及首都开罗西南10千米的吉萨郊外、尼罗河西岩的沙漠上，这3座金字塔直插蓝天。它们体现出永恒、稳定、简洁、雄伟、庄严之美，被列为西方古代七大奇迹之首。

金字塔是帝王的陵墓，四边呈三角锥形，如汉文的“金”字，故称金字塔。远古埃及法老（国工的称号）一登基，便开始建造自己的陵墓。吉萨三塔即公元前2600—前2500年间，古代埃及第四王朝法老胡夫（齐阿普斯）祖孙三代的陵墓。吉萨三金字塔以胡夫金字塔最大，塔基占地5.29万平方米，正四边形，每边各长230.6米，因长期风蚀，今仅剩227米。金字塔斜面正对东西南北的庞然大物。塔表面原有一层磨光的石灰岩贴面，今已剥落。塔原高146.6米，今沉陷剥蚀余137米，相当于40层摩天大楼的高度。

胡夫金字塔用平均质量2.5吨的石块230万块垒成，总重600万吨。石块之间合缝严密，不用任何黏合物。塔内建墓室，以一块400吨重的石块覆顶。墓室出入口开在北坡离地17米处，并有几个通气孔打穿塔身直通野外。塔外配有祭庙和同时代埋葬的王室、贵族、将相的小金字塔，现多已坍颓。根据计算，此金字塔必须由10万名劳力连续工作30年，才能完成如此浩大的工程。

塔侧祭庙前耸立一尊狮身人面像——“斯芬克斯”，利用露出的岩石就地凿成。它原长73.3米，高32米，脸部直径4.1米，耳长2米，鼻长1.7米，胡须长75厘米。

胡夫的孙子齐夫林的金字塔，一称哈夫拉金字塔，比胡夫金字塔略小，塔基边长216米，原高143.5米，今蚀余129米。胡夫的曾孙迈塞里努斯的金字塔更小，一称孟卡拉金字塔，塔基边长109米，高66.5米。

人们在开罗遥望，三大金字塔耸立于晴空之下，好像是群山的高峰，令人叹为观止。站在塔下，那巨大的形体和重量，给人一种精神上的压力，感到挺不起腰来，顿时被帝王的绝对权威所折服。

早在公元前2890年，埃及国王就开始大规模营建陵墓。最初是平顶长方形的大坟堆，公元前2686年发展为6级、70余米高的梯形高坛，公元前2600年前后已臻于完美，出现锥形的金字塔。

公元前2181年埃及各地方贵族崛起，中央集权制瓦解，法老再也无力建造大陵墓，只好半就栖息于低矮的弯形、四方立锥形的小塔内。公元前1991年，埃及政治中心转到尼罗河中游山区的底比斯，为防盗掘，王陵逐渐改建于深山岩穴中，金字塔终被淘汰。

在世界其他地方，如苏丹、埃塞俄比亚、希腊、意大利、印度、泰国、中国、西亚和拉丁美洲也有似金字塔的建筑，有的是陵墓，有的是宗教建筑，但规模较小，多为阶梯形，只有墨西哥的金字塔可与胡夫金字塔媲美。

四五千年前，进入早期奴隶社会青铜时代的埃及，全国人口不过二三百万，劳动工具十分简陋，一点点可怜的农业收成，哪有力量建造如此规模的巨塔？后人多方探究，迄今尚未作出令人满意、信服的答案。

（4）西方现代建筑鉴赏——悉尼歌剧院。

位于澳大利亚悉尼本纳隆角的悉尼歌剧院，是丹麦建筑师约姆·乌策恩在1957年设计的。设计独具匠心，别具一格，与周围环境融为一体，看上去像海湾里的船帆、海洋的波浪、大海的贝壳。悉尼歌剧院屋顶的线条就像五个侧面，与悉尼周围的其他建筑相比，更像一座独立的雕塑。在参选的222个悉尼歌剧院设计方案中，乌策恩的设计以其经济性、创意性和革命性胜出。基于这些原因，悉尼歌剧院被认为是世界上最独具创意的建筑设计之一。乌策恩最初的设计方案在结构上无法建造出来，所以1959年首期工程开始后，对屋顶的贝壳形线条又作了修改。1962年开始第二期工程，包括重新设计过的贝壳图案，直至1967年才完工。最后一期工程主要是内部装修。为了降低成本，没有选用乌策恩原来指定的材料。

经过14年的时间，悉尼歌剧终于在1973年10月23日由英国女王伊利莎白二世剪彩落成，并在1998年10月庆祝落成25周年。悉尼歌剧院是世界上最繁忙的艺术中心之一，里面分四大部分：歌剧院、音乐厅、戏剧院和游乐场。前院是多项目的露天表演和舞蹈表演的场所。这部分就在音乐厅的下面。悉尼歌剧院还有4个公众餐厅和许多其他功能的场所，每个地方都别具特色。

音乐厅最大，观众席上有2679个座位，整个音乐厅的空间有26400立方米。音乐厅最令人激动的是音响效果，回响时间长达2秒钟。在舞台的上方，有18个可以调整的聚合环状物，这些环状物是用来把声音反射回台上演奏的演员们听的。音乐厅的大风琴是由一位澳大利亚音乐家设计的，是目前世界上最大的机械木连杆风琴，共有10500支风管，花了10年的时间做成。

二、雕塑美

雕塑属于静态的视觉造型艺术，是占有三度空间的立体艺术。

1. 雕塑艺术的审美特征

雕塑是雕刻和塑造的总称，是以可塑的如汞品土、油泥、面泥等，可雕刻的金属、竹、木、石等材料，制造出各种具有实在体积的形象。由于雕塑占有长、宽、高的三维空间，又称空间艺术。

雕塑是一个主体，占有一定的空间，这是雕塑最简单的基本概念。通过体积表现思想情感，再现出一定的生活内容，具有生命力，其特点是真实感。雕塑形象对于观赏者来说，由于所处的位置、角度和远近不同而有不同的感受。它最能直接感染、陶冶和激发观赏者的心灵。米开朗基罗的雕塑《挣扎的奴隶》，体现了文艺复兴时期市民阶级反封建的代表的形象。他的雕塑充分反映了奴隶的反抗和愤怒，充分体现了“巨人的悲剧”，具有强烈的真实感。雕塑虽然有一切再现艺术的功能，但有它自己独特的词汇和语言，以及特殊的表现方法，它的特长不是记述，而是把丰富性的内容缩为一个形象鲜明的塑像。在富于概括的雕像中，能够借有限的动作、姿态、脸型、服饰和整个风度、风貌的描写，使观者感觉、联想更多的生活内容。阿芙洛狄特雕像代表着古典希腊女性的典型特征，整座雕像稳定而不略显倾斜，具有多维的欣赏效果。女神亭亭玉立，楚楚动人，含蓄娴静，典雅圣洁，令人流连忘返，回味无穷。法国雕塑家罗丹赞其为“古代的神品”，德国美学家黑格尔称其为“纯美的女神”。

2. 雕塑使用的材料具有审美价值

雕塑作品要恒久地陈列于人们观赏的地方，一般选材讲究，加工精细，使其材料本身具有美感。

一般来说，青铜等金属材料适宜于表现男性的阳刚美，大理石等较细腻的材料宜于表现女性等优美的对象。古希腊的名作《米洛的维纳斯》所使用的材料是洁如白玉的大理石。法国著名雕塑家罗丹就曾说过："抚摸这座像的时候，几乎会觉得是温暖的。"这种来自维纳斯雕像的感受，虽然有赖于观赏者的视觉而引起的心理联想，但是，这种联想产生的原因主要还是因为这一雕像造型的完美以及它使用的大理石洁白如玉这一特点。

假如换一种材料，如青铜来制作维纳斯雕像，那就完全是另外一种感觉。因此，罗丹塑造《老妓欧米埃尔》使用青铜，塑造妙龄少女《思》以及青年男女的《吻》使用大理石，这些材料本身就显出与作品内蕴相一致的审美价值，提高了作品的感染效果。所以，优秀的雕塑家很注重材料的选择，以最大限度地满足观众的审美要求。

3. 雕塑是形象与环境的有机统一

由于雕塑是与观众共处同一空间的形体较大的造型艺术，考虑到观赏的远近、角度，雕塑艺术便特别强调艺术形象自身局部与整体之间、形象与形象之间以及艺术形象与其所处环境之间的有机统一。

米开朗基罗的《哀悼基督》，高 174 厘米，是根据《圣经》中耶稣被处死后圣母抚尸哀悼的故事构思的。作品中的圣母玛利亚是位年轻而端庄的少妇，身材修长的耶稣赤裸身体、安详地躺在她的膝头。有人说如果让圣母站起来，她大概是两米多高的巨人。因为作品中圣母是坐着的，为了使她与身体修长的儿子和谐统一于一体，必须塑一个更为高大的圣母。为此，米开朗基罗曾解释说雕塑是雕给人看的，它最终要服从于观众的欣赏效果。

同样，米开朗基罗的《大卫》身高 5.5 米，四川乐山大佛高 71 米，北京雍和宫万福阁内的檀木大佛地面上以部分高度为 18 米。这几个形象的头都较大，如果按常人的比例雕刻，给人的感觉必然是头小身子大，成为滑稽可笑的"小头人"，没有如此伟岸、崇高的审美效果。

4. **雕塑艺术经典作品欣赏**

古希腊修辞学家卢奇安说过："一件艺术品需要一位有智慧的观赏者，他应该超出视觉的愉快而从所见的形象中作出有道理的论辩和评判。"

雕塑作为人类最古老的艺术形式之一，积淀着时代的节奏和雕塑家的情感，在漫长的历史长河中，以其独特的魅力渗透于社会生活的方方面面，激荡着无数观赏者的心灵，影响着人们的道德情操，强化着人们的审美判断力，成为人类文明发展中不可或缺的重要组成部分。

（1）悲壮的战歌——吕德的《马赛曲》。

1820年左右，法国浪温主义美术在大革命的影响和启蒙运动的启示下，一反官方学院派古典主义的纯理性而成为造型艺术的主流。建筑中的"哥特复兴"，绘画中德拉克洛瓦的《自由引导人民》，雕塑中吕德的《马赛曲》等，共同反映了浪漫主义美术的创作特色。

弗朗索瓦·吕德（1784—1855）是法国19世纪浪漫主义雕刻艺术的杰出代表。1812年获罗马大奖，但因政治局势不稳和资金短缺未能赴意大利深造。波旁王朝复辟后被迫流亡达12年之久的生活使他在政治上渐趋成熟。回国后在法国大革命精神的鼓舞下，他的创作思想发生了深刻变化，于1836年完成了浪漫主义名作《马赛曲》。

该作品是为巴黎星形广场凯旋门的大理石高浮雕，雕刻家最初曾围绕凯旋门前后左右四壁构思了四个草图，即《出发》《归还》《防卫》《和平》，但仅被采用了其中的《出发》，装饰于正面右侧的墙上，厅侧及北面两侧浮雕分别改由另外两个雕刻的制作品，因而凯旋门上四块浮雕的风格极不统一，吕德也不得不重新构思，并将《出发》易名为《马赛曲》。

《马赛曲》是1792年法国人民奋起抵抗奥国侵略者的热情战歌。当奥普联军逼近法国时，马赛人民组成义勇军唱着《马赛进行曲》开赴巴黎参加战斗。法兰西共和国成立后，这首战歌遂被定为法国国歌。

吕德在浮雕作品中借用这一曲名，旨在宣扬法国人民的爱国主义思想，让这座浮雕成为象征人民民主思想的纪念碑。作者特意选取上下两部分，以因沸腾的、奋起保卫祖国的人们正在向前推进为主题，共分 4 个阶段来加以渲染。

第一阶段表现身披铜甲、展开双翼急速飞驰的自由女神，她右手持剑、左手高举，体现出有力的运动和奔放的热情，象征着自由、正义和胜利。

第二阶段是蓄髯的高卢人正高举着钢盔召唤着后面的人群，紧跟他的是他年轻强壮紧握剑柄的儿子，好像在发出“我要去打仗”的呐喊。

第三阶段是一个老兵在全部装备的重量下弯着腰，尽最大努力紧紧跟随，另一位年长者做着手势，似乎在申述他从经历中得来的教训。

第四阶段是肌肉强壮的弓手正在弯腰系着兵器，一个号兵向队伍吹出响亮的号音，旗帜在风里飘扬，枪矛一齐簇列在前面，激烈的战斗即将开始。

雕刻家充分运用浪漫主义的戏剧性手法，通过几个人物的细节处理展现了汹涌澎湃的千军万马之势，而且上下两层的人物形象完全统一在喊叫的动势和感情中，共同汇成一股战头的洪流和一曲悲壮的战歌，给人以巨大而深刻的感染力。这座浮雕使吕德荣获万国博览会的雕刻金牌奖，并享受了终身的荣誉。它以其结构的严谨统一、情绪的激动奔放、运动感的强烈有力、人物的生动雄伟而受到世人的热烈赞美与称颂。

(2) 秦始皇兵马俑。

公元前 221 年，秦始皇统一六国，结束了群雄割据的时代。书同文，车同轨，营阿房，垒长城，始皇之心，日益骄固。秦兵马俑，是秦始皇陵中的陪葬品，其数量之多、规模之大、气势之盛，正是秦帝国“包举宙内、并吞八荒”的雄伟气象的写照。

据《中国美术全集》称，秦始皇陵 1 号、2 号、3 号坑所藏的兵马俑总数，有 7000 余件之多。在雕塑技法之上，兵马俑强调形象的真实性与完整性，从人物冠带、盔甲到兵器、车马，从比例大小的排列局势，无一不是精心设计、细致刻画的。浩大与精微、现实与艺术有机地结合，既突出了兵马俑雕塑群的主旨——尽可能长久地守卫皇帝的亡灵与帝国的威严，同时也真实而形象地昭示了大一统帝国的文治武载。

兵马俑以方阵排列，队形整肃有序。“在这里，‘真实’能否被有效地‘整合’是关键，而往往想象与夸张的因素都会给‘整合’带来危机。所以，艺匠们在塑秦俑头部的过程中使用了大量模特儿，这使得秦俑面部的骨骼五官具有典型的关中人、陇东人及西北部族特点。”兵俑面部庄严肃目，气宇轩昂，甚至胡须形式也是千变万化，平添神气。

西方有研究者认为，与这种对面部表情的严格模拟相比，兵马俑的躯体塑造“显得含混而松弛”，这种观点实际上是由不了解中国的审美观念而导致的。兵马俑的铠甲、环扣、绦带乃至衣裳纹褶，都塑造得逼真形象，对它们的刻画就如同对剑、矛、钩、殳、弓弩与箭镞的刻画一样，形态的“逼似”是服务于“神”的。

我们没有必要苛求古人塑造出逼真的“内含筋骨”或“张力感”的躯体，因为透过精良的车驾、兵器，透过人物威风凛凛的表情，我们已经能够感受到千军万马动地而来的宏大气势了。秦王朝以其强大的军功武力开创了中央帝国大一统的，而兵马俑也以其罕见的威武雄壮的气势、严谨逼真的造型被列为“世界第八大奇迹”。

有学者评曰：“从写实技术的角度看，秦陵兵马俑离完美的典范艺术仅差一步之遥，看一看公元前6世纪前期的希腊‘库洛斯’雕像的演进过程，便会深切地感受到这一点。当时的希腊匠师们在克服库洛斯的生硬粗糙方面并未显示出他们比秦代工匠更近于天生的写实天才，相反，倒是后者在兵马俑上‘一举’显示得近似逼真的自然主义手法更令人惊叹。”但由于文化上更深层的原因，兵马俑的精神指向归属决定了其自身的命运，成为中国雕塑史上的绝响。

三、绘画美

绘画同雕塑一样都属于静态的视觉造型艺术，但雕塑是占有三度空间的立体艺术，而绘画是平面上的造型艺术。

1. 绘画的基本词汇

绘画是通过线条、色彩、构图在二维空间范围内以动人的造型，来再现现实，反映生活，表述作者的审美情感和审美理想的。绘画的审美性是由绘画词汇形成的，绘画的基本词汇是线条、色彩和构图。特别是线条，它构成绘画最主要的手段词汇。我们所说的线条不存在自然界中，而是指形体与形体、色块与色块之间，是我们的想象力在它们之间创造出来的造型词汇和可视语言，用来表达作者的感觉和情感。

（1）线条的品格。线条的品格体现作者的情趣和性格，如元代大画家倪云林的线条，“枯色中见丰润，疏荡中见遒劲”，表现了作者的飘逸空灵。晋代顾恺之的线条，简约娴静，反映了作者内向、深思的性格。唐朝吴道子的线条，豪放飘洒，用力不一，徐速不一，反映了作者的奔放、雄浑的气质。

（2）绘画的色彩。绘画的色彩是来自客观世界的光与物体，也是表现艺术家的思想情感的。如耀眼的红色意味着危险，绿色包含着平静和新鲜，黄色展现平静与安宁，暗示温暖与喜悦，黑色常给人以恐怖感。不同的人对色彩有不同的联想，因此，色彩的情调不仅因人而异，在不同时代、地区也是不同的。如中国画家笔下的红色，往往不是危险的感觉，而是吉祥、富贵、喜庆、欢乐的情感。

（3）绘画的构图。绘画的构图是物体的空间组织与安排，以及物体的加工、取舍等错综复杂形式方面的因素。它也体现着作者的感情。如横向线式构图常常暗示着安闲、和平、宁静，斜线式构图包含着运动和力量，金字塔式构图暗示着稳固和持久等。如果在进行构思时再进行交错、对比的处理，就更能唤起人的崇高、扩张、升腾、逼近、悲壮、庄严、坚实、挺拔、温柔、舒展、优美等情绪。绘画所要描绘的对象十分广阔，从自然的山川、虫鱼、鸟兽到社会生活、人物都是绘画的内容。它长于捕捉生活中的一刹那、撷取运动中的一瞬间来塑造生活的典型形象，具有巨大的感人的力量，可以陶冶情操，提高人的思想境界。

2. 绘画艺术的审美特征

（1）平面直观的造型。这是作为空间艺术绘画的主要审美特征。在平面上伏物抒情，并将外界物象存留下来，成为直观的形象，这是人类的一大进步。也许正是因为在平面上画画便于操作，又可以十分快捷地描摹对象，绘画作为一门古老的艺术才得以生存和发展，并由此决定了它主要的特质和审美特点。最能说明这一点的当属《韩非子·外储说》中的一则故事：“客为齐王画者，齐王问曰：

‘画孰最难者？’曰：‘犬马最难。’‘孰最易者？’曰：‘鬼魅最易。’夫犬马人所知也，旦暮罄可前，不可类也，故难；鬼魅无形者，不罄于前，故易之也。”

借助于色彩、形、光、色、面、线、点等造型手段的运用，明暗、透视、散点、聚点的探索形成了绘画艺术平面直观造型的独特审美观。

（2）形神兼备的意蕴。作为再现性空间艺术，形神兼备的意蕴美是绘画艺术的又一审美特征。晋朝陆机曾说：“宣物莫大于言，存形莫善于画。”西方的达·芬奇也把绘画看作“模仿一切自然造物的形状的科学”。

中国绘画艺术在强调“形似”与“再现”特点的同时，一贯提倡“以形写神”“形神兼备”，强调通过“形”而达“传神”。较之西洋画，中国更早地注意到了绘画艺术的表现特点，将“形神兼备”作为绘画艺术审美的最高追求。北宋的刘道醇在他的《宋朝名画评》中提出，“善观画马者，必求其精神筋力，精神完则意出，筋力劲则势在。”清朝的谢纭在《书画所见录》中谈八大山人时说：“八大山人写生花鸟，点染数笔，神情毕具，超出我境，堪称神品。”

（3）视觉凝聚的静态美。这是绘画艺术的又一审美特征。作为空间的静态艺术，绘画把自己的选择凝固在一个有限的空间中，使之处于无变化的静止状态，用自己的“沉默”来表现自己的审美追求。和戏剧、影视艺术相比，绘画不以再现事物的变化与运动过程为己任，这使绘画在视觉展示上受到“局限”，这“局限”生发出了它的审美特质，这种特质表现在绘画的全过程中。

为避免这一瞬间形象在表现力上的局限，绘画创作要求造型（包括物体和环境）的高度凝练和运动感的浓缩，要选择运动物体运行过程中某一最具动感、最具启发性的瞬间，浓缩运动过程的时间以加强其力度，再通过调动、激发观赏者的联想和想象，以达到通过画面静态的瞬间形象概括地表达题材内容和一定动态过程的艺术效果。吉林省博物馆馆藏金人创作的《文姬归汉图》是一幅历史画，要把蔡文姬抛去一双儿女、只身归汉这一故事表现在画面上，作者既不表现与儿女离别的悲痛场面，也不描绘归汉后与故人相会的悲喜场面，却择取了文姬归国途中顶风前行的瞬间场景，构图上将蔡文姬安排在中间偏左的部位，骑在马上的蔡文姬在寒风凛冽中既未流露出抛儿弃女之苦痛，也未表现出重返故国的喜悦心情，她严肃端庄，直腰挺身，抬头平视前方，却是一副坚定的神情，这与随行者躬腰耸肩躲避风沙的神态形成鲜明的对比。作者把文姬的过去以及将要发生的事情，浓缩在这一典型的瞬间，从而巧妙体现出蔡文姬故事的全过程，传导给欣赏者无限的遐思，达到了视觉凝聚的静态审美效果。

3. 绘画艺术鉴赏要求

所谓绘画艺术的鉴赏，是指对绘画艺术形象感受、理解和评价的过程。绘画艺术的鉴赏一般可以从以下几个方面着手。

（1）从形式美与形式感入手。绘画是视觉艺术，它是通过直观形象来反映生活、唤起观众的美感的。绘画之区别于其他艺术门类的主要特征在于：绘画的美是通过绘画的形式来体现的。我们把绘画具有直观性的视觉形式的美称为形式美，由形式美引起的美感称作形式感。

（2）注重技巧与物质的媒介性。画家通过对生活的长期体验与探索产生了自己的审美认识，然后根据自己的创作意图进行艺术构思，这只是绘画创作的第一步。而画家要把自己的审美艺术构思表现出来，必须通过特殊的绘画语言、技巧与物质媒介。既然画家的认识是审美认识，画家的作品是审美表现，那么画家创作技巧与使用的物质媒介材料同样也具有审美属性。

中国画注重笔墨，西方画注重色彩、颜料，这些材料均有自己的物质性能和审美属性，画家如想通过这些材料去完成创作意图，必须找到与笔墨、色彩、颜料性能相适应的手段与技巧，这样才能得心应手地表现出画家的审美观念。而上述的物质媒介同样也借助绘画创作显示出各自的天然审美属性，因而技巧与物质媒介性成为鉴赏绘画艺术的另一个重要途径。

（3）把握时代特征。任何一种艺术形式既然形成了自己特殊的艺术语言和表手段，它就是一定历史文化和人类时代审美意识的积淀物。这一点在绘画艺术鉴赏中体现得更为突出，比如中国山水画中的皴法，人物画中的衣纹，花鸟写意中的泼墨，既是技巧也是形式，同时也是几千年民族文化和审美意识的历史积淀。

中国绘画中的一条墨线，西洋绘画中的一个圆，不比几何图形更准确、更规范，几何图形是任何人都可以用直尺和圆规画出来的，而前者具有现实和历史的审美意蕴，其技法和形式是长期的历史积淀，只有画家甚至是有成就的画家方能完成。

这其中既有着普遍的规律与技法，也有着画家个人的审美取向。绘画艺术的历史文化积淀性既关系到它的审美本质，又关系到它的时代特征。鉴赏中只有将具体的绘画作品放在一定的历史与文化的背景中，才能真正把握时代特征，得出正确的评价。

(4) 寻找独创性与个性。严格地讲，画家的绘画创作，应属于个体劳动，可以作为商品进入市场，但它不同于社会上的物质生产，有统一的规格，可以成批生产。就绘画的审美本质而言，任何一个作品都应是单独的个体，每完成 幅画都是一次独特的审美创造，每件作品都应具有独特性与首创性，既不应雷同于他人，也不可重复自己。

既然每一作品所表现的都是创作者审美意识和独特的审美个性，那么作品的风格样式应该说也是画在审美实践中独特的发现和创造。而这种意识与实践是不停向前发展的，可以说创作主体的每一次实践都应该是一次首创，而绝不是对前一次创造的仿造和模拟，因而应正确地理解绘画独创性，在绘画鉴赏中寻找每一位艺术家的个性风格。把握每一幅作品的独创特点，便成为了绘画鉴赏中的要义。

(5) 重视自我的感受。绘画鉴赏的另一特点是欣赏者并不是机械被动地接受艺术品，而是在欣赏的同时进行着艺术的再创造，因为作品欣赏通常是从外部形象的形式美的感受开始的，然后由表及里，从现象到本质，直觉体验与欣赏者的联想、想象、幻想等形象思维结合起来逐步体察到形象的深层。

由于鉴赏者的主体年龄、修养、情趣的不同，欣赏的目的与角度的不同，同一幅作品会出现“见仁见智”的不同结果。一幅成功的绘画作品一经从艺术家笔下诞生，它就成为一种独立的存在，欣赏者在审美中进入了一个再创造的过程，优秀的作品给欣赏者留下了广泛的再创造空间，从而使欣赏者敞开视野，展开想象与情感的翅膀，达到最佳的审美境界。

所以，在绘画艺术鉴赏中要重视自己对作品的直觉感受。当然，只有具有深厚修养的人，才会在这种直沉感受中使自己达到最佳的艺术审美境界。

四、工艺美

1. 工艺美术漫议

工艺美术是人类对自己的生活用品和生活环境的美化，它渗透在人类社会生产和生活的各个领域，直接和人们的衣、食、住、行、用有着密切的联系。大到一套家具、一把坐椅、一件衣服，小到一只饭碗、一支笔、一枚纽扣……工艺美术是以设计意识为主导，伴以形象思维的审美意识，通过工艺材料、工艺手段和各种专业技巧进行制作的一种造型艺术。它不同于纯美术，它具有物质产品和精神产品的双重属性，是实用价值和审美价值的统一体。

按照传统，工艺美术分为传统工艺、民间工艺、装潢美术和现代工业工艺四大类。现在，我们所称的工艺美术主要分为两大类：一类工艺美术作品主要为了欣赏，如象牙雕刻、苏州刺绣、贝雕等，这些美术品也称陈设工艺品或特种工艺品，它们只具有赏心悦目的欣赏意义，没有实用功能，如同绘画、书法等纯艺术作品一样。另一类则主要为了实用，如服装设计、家具设计、陶瓷用品设计、工业产品设计等与我们的日常生活息息相关的经过美化的日用品，它们以实用为主，兼具观赏的艺术功能。

2. 民间工艺

就地取材、以手工方式为主制作产品的一种工艺美术称作民间工艺。民间工艺范围极广，涉及我们生活的方方面，如日用器皿、织染、绣品、年画、纸扎、风筝、剪纸、泥塑、香包、绣球、彩灯、盆景、各类手工小作品等。

（1）陶艺。即制陶工艺，它是人类最早通过化学变化，将一种物质改变成另一种物质的创造性活动。陶器是用黏土加少量细颗粒沙土为原料，用水调匀，利用其可塑性成型为坯体，干燥后，经600～1200℃的高温焙烧后，改变了黏土的性质，产生了另一种具有哑音、不透明、吸水等特点的物质，称为陶质。其坯体可盛物，称为“陶器”。

中国是世界著名的陶瓷古国，早在8000年前的新石器时代早期，原始人已学会了制陶技术，制陶术不仅成为人类社会发展史上划时代的标志和人类跨入文明史的第一个里程碑，且为我国留下了一笔丰厚的物质文化遗产。在公元前16世纪的商代中期，古人又烧制出原始瓷器。自此，陶与瓷齐头并进，共同发展，成为人类文明史上的瑰宝，也是我国劳动人民对世界物质文明的伟大贡献。

早期的制陶方法是取质地细腻的黏土经淘洗糅和后搓成泥条，再自下而上盘旋叠筑成型，同时用缠有细线的拍子拍打，再用手沾水将里外抹平，陶坯未干时用圆器将表里两层磨光即成，称为泥条盘筑法。之后发明的轮制法及拉坯成型，不仅大大提高了工效，且所制器皿厚薄均匀，造型规整，器表光润，是制陶工艺的一大进步。制陶有镂空、刻花、贴花、印花、剔花、描金等工艺装饰技法。

古代名陶主要有彩陶、黑陶、白陶、灰陶、唐三彩等。彩陶是最古老的工艺品，是仰韶文化的象征。唐三彩是唐代多彩铅釉陶产品的总称，主要产地在陕西西安、河南洛阳。江苏宜兴的紫砂陶，其产品以茶具见长。广东石湾陶器有欣赏品和日用品两大类，产品形式更是丰富多彩。陶器，尤其是彩陶，其装饰图案讲究统一、变化、均衡、对称、节奏、韵律等造型艺术规律。现代陶器更追求浑厚凝重、古雅朴素、豪放洒脱及美观实用等特点。

（2）剪纸。又称“刻花”“窗花”“剪画”，是用剪子或刻刀在纸上进行镂空和剪刻成各种纹样的造型艺术。按制作方法，有单色剪纸、染色剪纸、阳纹剪纸、阴纹剪纸、折叠剪纸、套色剪纸等。

剪纸的内容和题材多样，有吉祥图案、神话故事、戏曲人物、花鸟鱼虫等。剪纸作品有的精雕细镂，注重写实而栩栩如生；有的注重写意，形象夸张而浪漫。线条流转婉约、造型生动别致是剪纸作品的基本要素。

（3）风筝。是用细竹扎成骨架，再糊上薄棉纸或塑料薄膜等，由人用线牵引，借助于风力飞行的具有观赏、娱乐、运动等功能的民间工艺玩具。风筝的品种和造型多姿多彩，有龙、蛇、蝶等动物造型，有多种神话传说中的形象，还有具有艺术美感的现代装饰造型。除了造型、色彩、体积外，升腾的亢奋力、飞翔的平衡力、下降时游刃有余的滑翔力是评价风筝制作水平的基本标准。

中国风筝的历史悠久，且闻名于世。美国华盛顿国家航空和空间博物馆中介绍道“世界上最早的飞行器是中国的风筝和火箭”。英国科学史家李约瑟在《中国科学技术史》一书中把风筝列为中华民族对人类有重要贡献的科学发明之一。山东潍坊国际风筝节、上海奉贤风筝节已成为中外文化交流的重要项目之一。

五、音乐美

1. 音乐是表情艺术

音乐是一种动态的表现艺术，也叫表情艺术。它的美是通过音乐所组成的形象，来表达作者的思想感情。音乐表现手段，如节奏、旋律、和声与复合声等，都是按一定规律组织起来的，发出美的音响和所构成的音乐形象体现出来的。

音乐和作者与欣赏之间，必须有表演者进行第二次创作，才能把音乐形象展现出来，欣赏者才能欣赏，获得赏心愉悦的美感。因之，音乐的表演艺术家必须根据作者的创作意图和蓝本，充分发挥自己的主观能动性及表演才能，有感情、有思想、全神贯注地进行表演，把对作品的感情体验深入地表达出来。不同的表演者由于自己的生活、经历、情感不同，对同一作品的表演效果和风格也大为不同。

音乐形象是最活跃的、流动的。它可以适用最富有特色的声音来模拟现实的真实感情。还可以运用象征、比拟手法将平静的湖水、蔚蓝的天空等现象，化为带有情感的声音表达出来。音乐对现实音响有模拟作用，但不是模拟艺术，不是再现艺术，它虽有模拟作用，但在音乐的旋律中只占很小一部分，而且是为了表现人的情感。

音乐中大多数旋律、音响所代表的含义是不明确的、含蓄的，有时只可意会。它不像绘画艺术那样具有明确清楚的形象，反映或再现生活中的图景；也不像文学那样用语言文字明确表现一定现实的观点和生活图景，而是通过生活中的音响、节奏加以提炼履行，使之与人的思想感情相一致。

音乐美最大的特点，是表现宽泛的含蓄的感情、起伏激荡的情绪，如欢庆时的热烈、悲哀时的低沉，这种情绪和感情，可以说不代表什么，又代表很多东西，只能意会不能言传。表现人的一种思想和追求。如我们欣赏《二泉映月》时，它表现很悲怆，调子很高昂，有苦难，有斗争，有理想，有追求，表现了许多，但一时又说不清楚，一时只能感受到我们的感情在起伏、激荡之中，我们的心灵受到很大的震动。从这个意义上说，音乐是最概括性的艺术，是最能激励人心、振奋精神的艺术，也是表现力最强的艺术。

2. 音乐艺术的审美特征

（1）强烈的抒情性与表现性。抒情与叙情、表现与再现，是艺术的两大功能。各类艺术由于再现与表现各有侧重而形成再现性艺术和表现性艺术。音乐属于表现性艺术。音乐主要不是用来模仿对象、再现生活，而是用于表现内在情感体验的。而在表现内在情感体验上，又往往以抒情为主要方式。音乐长于抒情与表现，而拙于叙事与再现。抒情与表现是音乐的特长，也是其自觉的审美追求。

当然，情感性是文学艺术的共同特征，但绘画、戏剧、叙事类文学作品中的情感是融入叙述的事件、描摹的对象之中，是叙事中的情感渗入、遵循再现的逻辑。而音乐所传达的则是情感本身。音乐之声作为情感的载体，不必遵循再现的逻辑，可以直接披露人的心灵、意绪，其表现手段和表现目的是高度统一的。音乐强烈的抒情性和表现性，源于其物质媒介。音乐的媒介是声音，声音的非造型、非语义性，决定了音乐不能像绘画、戏剧等再现性艺术那样再现生活，却能够通过特有的力的强弱和节奏的张弛等运动变化形式，传达人的情绪状态，激发人的情感体验。音乐的抒情与表现本质，并不否认音乐艺术的叙事和再现成分。但必须做到，音乐在本质上不以模仿、再现为目的。音乐在表现生活时更注意以主观体验的方式加以间接表现，更加注意心灵化、意绪化。

（2）鲜明的节奏感和韵律感。节奏是客观事物运动的属性，是符合规律的周期性变化的运动形式。音乐没有形状和体积，纯粹在时间中绵延，必须通过节奏强化其运动的生命属性，这构成了音乐艺术鲜明的节奏感。

音乐中的节奏主要由长短音交替和强弱音的反复而构成，有了节奏，声音才会产生鲜活的生命力。因此，节奏被认为是“音乐的生命”。韵律是在节奏基础上变化的，给节奏以一定的情调贯穿则形成韵律。韵律在音乐中表现为起伏变化的旋律线条，旋律使音乐节奏具有鲜明的个性。

（3）过程性和流动性。这是由音乐艺术的时间特征所决定的。音乐是纯粹的时间艺术，时间上的流协性或不可逆转性，就成了音乐艺术的基本特征。

音乐是在一定的时间过程中流动展开的艺术，流动是依时间过程的流动，过程是流动发展的过程。一定是过程性和流动性，带来了音乐艺术在表现时间上的序列性。音乐艺术的境界，是随时间的演进而逐一展开的，而欣赏者也正是在时间的序列结构中，获得逐层深入的情感体验。

3. 音乐艺术的鉴赏要求

欣赏一部音乐作品，需要主、客观两方面的统一的条件。这是因为从客观对象（音乐作品）来说，任何音乐必须具备一个欣赏者所能接受的条件，如接受的形式、一定幅度之内展开情感表现、可理解的音乐语言等，才能被欣赏者所接受。反之则超出了一般人的审美能力，在表现手法和形式上过于复杂、怪诞、新颖的作品，在艺术风格和音响上使人感到陌生的作品，不易进入人的审美之中。音乐史上包括我们现阶段许多作曲家创作的较为“先锋”的音乐作品，其不被大多数欣赏者所接受的原因就在这里。然而这只是问题的一个方面。许多音乐作品不被人所欣赏，但并不等于这些作品没有或不存在价值。德国古典主义作曲家贝多芬的音乐在世界文化史上的不朽地位是人所共知的，但在我们目前的现实生活中，还有很多人不能领略和感受到贝多芬音乐艺术的美学价值，至今仍然不能进入贝多芬所说的“音乐要使人类的精神迸发出火花”的美好境界。

这说明，一个人要想真正成为一个审美主体或音乐鉴赏者，对于不是音乐的耳朵来说，最优美的音乐对他也没有意义，因为音乐对他来说不是一个对象。的确，音乐艺术对个体来说是否存在或成为个体的审美对象，实际上相应地取决于个体的本质力量中有没有这种审美能力。而这正是马克思所说的“我的对象只能是我的某一本质力量的确证”。这就需要通过对音乐艺术的不断学习，建立起我们对音乐的审美能力。

由此可见，在音乐审美活动中，美感必须通过主体化的对象（对某人而言存在的审美主体）和对象化的主体（有音乐审美能力的鉴赏者）、作品和听众、客观的东西和主观的东西双向建构起来。

音乐审美的这一主客观关系，对音乐艺术的创作和欣赏都提出了要求：一方面，音乐家要创作出更多的符合大众审美趣味、有深刻艺术价值的音乐作品；另一方面，音乐鉴赏者要跟上音乐艺术的审美要求和时代潮流，掌握音乐艺术的特殊规律，在对音乐艺术的欣赏中提高自己、丰富自己。

4. 音乐审美形态类型

与一般美学所拥有的审美形态一样，音乐艺术的审美形态也主要包括崇高、悲剧、喜剧、典雅等类型。但这些在音乐的表现中具有其特殊性，如音乐中的“崇高”美，主要以题材的严肃、情感的强烈、丰富的哲理内涵来体现。大家所熟悉的贝多芬第九交响乐，与一般美学所指的具体对象在“量的巨大”上给人以崇高的感觉无关。

又如音乐中的典雅主要是指音乐中的主题或乐句的对称、旋律进行悠缓、注重情感表现的分寸等。维也纳古典乐派特别是海顿、莫扎特的许多作品都属于这一审美类型。音乐中其他美的范畴也有其独特的艺术表现。人们对音乐的审美与把握，与了解音乐美学中这些独特的音乐范畴密切相关。

一般来说，人们对音乐的审美大致有以下三种基本类型：感性层面的审美，理性层面的审美，感性与理性统一的审美。对需要增长鉴赏力的人来说，选择第三种类型是比较合适的。

因为第一种类型容易把我们引向对音乐的感官愉悦，并未达到音乐对我们产生美育和教育的目的。而第二种类型又过于理性，对于一般欣赏者来说也不合适，因为我们不可能都成为专业的音乐批评家。理想的音乐鉴赏方式是第三种，在这种感性与理性相统一的审美观照中，我们既获得了对音乐初级的审美感受，又由表及里产生了精神的愉悦，同时也使我们在心灵和思想中得到教化。

（1）声乐。声乐是音乐表演的一个类型。以声带为发音工具，用人演唱，叫声乐。所演唱的作品称为声乐作品。人声以年龄、性别分为男声、女声和童声。由于音区和音色的差异，分为男高音、男中音和男低音，女高音、女中音和女低音。

由于演唱形式的不同，声乐演唱分为独唱：男声独唱、女声独唱、女高音独唱、男高音独唱、女中音独唱等；重唱：由2~5人的声部演唱不同的旋律称为重唱，如男声二重唱、女声三重唱、男女二重唱、男声五重唱等；齐唱：同一首歌曲，由两个人先后轮流独唱；合唱：在多声部音乐中，每一个声部上许多人演唱称为合唱，如《祖国颂》。根据人声的不同类别，合唱又分为男声合唱、女声合唱、童声合唱、混声合唱等。

在声乐作品中，从歌曲的风格内容看，有行进曲、抒情歌曲、爱情歌曲、浪漫歌曲、艺术歌曲等。从歌曲的形式体裁看，有合唱歌曲、表演歌曲、独唱歌曲、群众歌曲等。从歌曲的功能用途看，有赞颂歌曲、纪念歌曲、风俗歌曲、校园歌曲等。从历史角度看，有古代歌曲、当代歌曲、现代歌曲等。从年龄和职业区分，有少儿歌曲、幼儿歌曲、青年歌曲、军队歌曲、农民歌曲、工人歌曲等。

（2）器乐。由乐器进行演，表现出乐器性能和技术手法，具有器乐化特征的音乐，称为器乐。

中外古今、不同民族国家制作了丰富多彩的乐器，如我国古代的琴、瑟、管、笙、竽、二胡、三弦、琵琶……又如西方的钢琴、提琴、长号、大管、口琴、圆号……

器乐一般分为：独奏：由单个乐器进行演奏，如娄树华的古筝独奏曲《渔舟唱晚》、贺绿汀的钢琴独奏曲《牧单短笛》、西班牙萨拉萨蒂的小提琴独奏曲《吉卜赛之歌》；重奏：由两件以上乐器，各自演奏相对独立的声部，有二重奏、三重奏、四重奏、五重奏等，如莫扎特的《G小调弦乐五重奏》；齐奏：由多件乐器演奏同一个旋律，如聂耳的民族管弦乐曲《金蛇狂舞》、贝多芬的管弦乐曲《爱格蒙特序曲》；协奏：在合奏形式中，以一件乐器为主奏，其他许多乐器合奏，如刘文金的二胡协奏曲《长城随想》、何占豪和陈钢的小提琴协奏曲《梁山伯与祝英台》、舒曼的《A小调钢琴协奏曲》；合奏：由许多乐器按照一定的组合方式进行演多声性的音乐，如江南丝竹乐《欢乐歌》、柴可夫斯基的《悲怆交响曲》。

5. 音乐艺术欣赏

（1）中国音乐艺术欣赏——《梁山伯与祝英台》。何占豪是我国著名作曲家，浙江诸暨人。原是浙江省越剧团的乐队队员，1957年入上海音乐学院弦乐进修班学习小提琴，1960年毕业后转作曲系，后留校任教，曾任上海音乐学院教授。1959年，他和陈钢还是学生时，为了探索古为今用、洋为中用、交响音乐民族化的道路，选择了“梁山伯与祝英台”这一家喻户晓的民间故事，成功地创作了单乐章带标题的小提琴协奏曲。

这部通俗交响乐从梁祝故事中选择了“草桥结拜”“英台抗婚”、“坟前化蝶”这3个主要情节，分别作为乐曲的呈示部、展开部和再现部的内容，表现了这对青年男女的忠贞爱情对封建宗法礼教的控诉和反抗。

作者根据协奏曲的特点，对“梁祝”的戏剧内容与曲调进行综合提炼，以越剧中的曲调为素材，综合采用交响乐与我国戏曲音乐的表现手法，并加以发展和创造。在乐曲结构上，根据标题内容的需要，运用奏鸣曲式，充分表现了故事的戏剧冲突，发挥了交响效果。《梁祝》在小提琴的演奏上，借用了我国民族乐器的某些演奏技法和效果，显示了鲜明的民族特色，被誉为“我们自己的交响乐”，国外则称之为“蝴蝶的爱情协奏曲”，自1959年初演至今，久演不衰，是一部深具民族文化神韵的艺术杰作。

在结构曲式上，《梁祝》采取了西洋协奏曲中的奏鸣曲式，作品的呈示部由一个简短的引子开始，在柔慢的弦乐颤音中，长笛奏出鸟鸣般的华彩旋律，接着双簧管吹出柔和的引子，描绘了春光明媚、鸟语花香的美丽景色。

然后作品便在竖琴清丽的琶音伴奏下由小提琴奏出优雅的爱情主题。接着大提琴以淳厚的音调在中段与小提琴柔美的乐声形成对答，表现了梁祝在草桥义结金兰的情景。在小提琴独奏之后，引出了全曲最欢快的回旋曲式主题，刻画了同窗三载的幸福时光，然后慢板奏出爱情主题变奏，表现英台被父召回，二人长亭惜别、十八相送、依依不舍的场面。展开部一开始，音乐突然转为低沉阴暗，一串不谐和音，预示了不祥的征兆，由铜管乐器奏出凶暴的代表封建势力的音乐主题，小提琴则奏出痛苦心情的音调表现出惊恐不安的情结。

此后，小提琴与乐队几次交锋，乐队用强烈的切分和弦奏出由副部主题变化而成的反抗主题，表现了英台抗婚的场面。旋即转入慢板，二重奏的对答，描述了楼台互诉衷肠的动人情景。

梁山伯病逝，音乐急转直下，英台灵前器祭。乐曲运用了戏曲中紧拉慢唱的手法，表达英台悲痛欲绝的情形，音乐推向高潮，发出最后的呼喊，金鼓齐鸣，英台纵身跳入坟中。

再现部。长笛以柔美的华彩旋律，结合竖琴的级进滑奏，把人们引向神话般的仙境。加上弱音器的独奏小提琴再次奏出爱情主题，伴奏音响朦胧而华丽。梁山伯与祝英台在封建势力压迫下悲愤地死去，其精诚所至，感天动地，终于双双化作彩蝶，在花丛中自由地飞舞，寄托了人们对悲剧的男女主人公的深切同情和祝愿，也表达了人们对美好生活的追求和向往。

（2）西方音乐艺术欣赏——《第三交响曲（英雄）》第一乐章。

贝多芬的《英雄交响曲》无论在音乐的内容还是形式上，都是音乐史乃至文化史上前所未有的突破。从内容上来说，歌颂为争取自由、平等、博爱的崇高理想而英勇斗争的、具有社会政治意义的时代英雄被首次反映在交响曲这一体裁形式中。它的出现，标志着西方音乐史上音乐内容的一次革命。不仅如此，它也标志着贝多芬音乐中新的创作阶段的开始。

此后，以革命英雄斗争为主题的音乐形象贯穿在贝多芬的创作中；从形式上看，新的表现内容促使贝多芬打破以往交响奏鸣套曲相对机械呈示的关系及表现手段。

首先，贝多芬加强了音乐的戏剧性，使主要音乐形象在戏剧性冲突中得到发展。

其次，他扩展了奏鸣曲式的各个部分，特别是它的展开部和尾声。展开部成为他表现英雄斗争的战场，尾声也不是简单地收束，已成为第二展开部和英雄走向胜利的高潮和结局。

再次，贝多芬将法国革命时期悼念英雄的《葬礼进行曲》替代传统的慢板乐章，用活泼、欢快、富有斗争精神的谐谑曲替代传统的宫廷小步舞曲，使交响奏鸣套曲的形式结构具有了崭新的面目。

贝多芬所作的上述革新，使交响奏鸣套曲这一体裁发展到前所未有的高度。在第三交响曲的第一乐章中，革命英雄主义的斗争形象得到了最为生动和精炼的概括。与以往交响曲不同的是，慢板的序奏让位给两个斩钉截铁的具有英雄性格的和弦。随后的主部主题，以势不可挡的气势逐渐汇集成一股强大激流滚滚向前，势不可挡。再现部和尾声，以英雄斗争的最后胜利和凯旋而告终。

六、舞蹈美

1. 舞蹈艺术的构成要素

舞蹈和音乐一样，也是动态的表现艺术。舞蹈美是用规范化了的有组织、有节奏的人体动作，来表现人的感情。它把人体作为手段，通过有组织、有变化的节奏、功能和姿态来构成舞蹈美的形象。

舞蹈虽也模仿动物、植物，但是这一切都是为了表述人物的生活和感情而设置的。它长于抒情而拙于叙事，是与表现特点分不开的。它最根本的特点，一个是虚拟性，一个是抒情性。它不用语言，完全在不断运动中的人体做出种种舞蹈动作和优美的姿态来抒发人的内心情感。

关于舞蹈的抒情本质，中国古代已有很好的说明，《毛诗大序》中说："言之不足，故嗟叹之；嗟之不足，故咏歌之；咏歌之不足，不如手之舞之，足之蹈之也。"说明古人也懂得舞蹈发之于内而形于外，一方面要饱满地发之于内的激情，另一方面又要找到形于外的充满形式的深刻道理。

舞蹈也是最古老的艺术形式之一。在原始社会里，舞蹈是模仿动物，再现狩猎、战争等过程，是与人在生活中密切联系的。

随着社会和舞蹈的发展，模拟逐渐减少，表情部分逐渐增加，由单纯的模仿具体事物，逐渐过渡到抒情感为主。

概括抽象的虚拟动作程序，通过各种动作的节奏、夸张、变形等表现人的精神状态，抒发人内心丰富的情感，表现一定时代的内容，引起欣赏者的广泛联想和审美享受。

如民间集体舞蹈《安塞腰鼓》，以龙腾虎跃的形式，把人们内心一派欢快的情绪、火一样炽热的感情充分地、淋漓尽致地表现出来。现代三人舞蹈《担鲜藕》，也充分表现了轻盈、欢快、拟人的鲜藕与赶集姑娘的欢喜、雀跃，映衬出对美好生活的情趣，给人以感染、启迪和审美享受。

再如芭蕾舞是虚拟和抒情的集中表现，你什么时候和在什么地方，见过少女用脚尖在马路上走路，小伙子用托举抒发对恋人倾心爱慕之情？这在生活里是见不到的，在芭蕾舞中却比比皆是，应用得好，可以产生强烈的效果，引起观众的美感。

舞蹈与音乐是密不可分的。虽然舞蹈是视觉形象，如果有音乐的配合，视觉形象与听觉形象不能融为一体，就难以取得动人的效果；另一方面，舞蹈动作高低起伏，动静缓急，也带有音乐的节奏、旋律的效果，表现出某些音乐的特点。

舞蹈与雕塑有相似之处，雕塑贵在抓住人物刹那间留下的印象，表现一个感情的顶点；舞蹈则是流动的雕塑，它表现的情感也是高度集中的，所不同的是雕塑是静止的，舞蹈是流动的，雕塑是舞蹈暂停的一瞬间。舞蹈通过虚拟的动作，使观众联想起生活中的情感内容，是对雕塑形象的补充、充实、丰富和再创造。

总之，表现艺术源于生活和社会实践，整个创作过程中侧重于表现，通过创作的加工与提炼，表现主体的情感、心灵和精神境界。

再现艺术的特点和长处在于再现生活。再现生活并不是对生活机械的模仿或幼稚的反应，而是通过对生活加工、改造、提炼，甚至通过想象和幻想，将生活改造为虚构、夸张、变形的形式，主观渗透于客观来反映生活的本质。

舞蹈是通过有节奏、有组织和经过美化的流动性的人体动作来表达的艺术。舞蹈表情、舞蹈动作、舞蹈构图是舞蹈艺术的三要素。舞蹈表情是运用舞蹈手段表现出人的各自情感，既是构成舞蹈形象的重要因素，又是观众进行欣赏、获得共鸣的桥梁。

舞蹈动作是经过艺术提炼、组织和美化了的，富于鲜明的节奏感和韵律感的人体动作，它来自对人的各种生活或情感动作以及大自然各种运动形态的提炼、凝聚和升华，在长期的运用中，逐步脱离了与生活的联系而具有了独立的形式美价值。程式化和虚拟化是舞蹈动作的基本规定。

程式化是舞蹈艺术发展到较为成熟阶段的产物，是遵循形式美法则而在实践中完成的。程式化使舞蹈较为稳定地传达出一定的情感意蕴，也有助于舞蹈风格的形成与稳定。虚拟化以艺术的假定为前提，它使舞蹈动作克服了再同的成分而成为表现性动作。

舞蹈构图是舞蹈表演在一定时间与空间内对色、形、线等各个方面关系的合理布局。舞蹈三要素在舞蹈艺术中不是孤立的，而是以人物的内在情绪和心灵来贯穿，从而构成有机的整体，以实现“舞以宣情”的目的。虚拟化和程式化带来了舞蹈表情的含蓄性和写意性。因此，舞蹈艺术的境界带有某种空灵感和不确定性，有利于人们在观赏舞蹈艺术时拓展想象空间，获得较大的审美愉悦。

2. 舞蹈艺术的审美特征

舞蹈是人类表现性艺术产生较早的门类，我国古代艺术理论认为，诗、乐、舞本是同源的，它们都根源于人心，适应人类表达情感需要而诞生，甚至有“舞者，乐之容”的说法。舞蹈艺术的审美特征包括如下几个方面。

（1）抒情性与表现性。这是舞蹈本质的审美特征。抒情与叙事、表现与再现，是艺术的两大功能。舞蹈艺术在再现性艺术和表现性艺术的划分中，属于表现性艺术。

舞蹈主要不是用来模仿对象再现生活，而是用于表现内在情感体验的。在表现内在情感体验上，又往往以抒情来表现，这是舞蹈艺术的特长，也是其自觉的审美追求。

关于舞蹈艺术的抒情与表现的本质，中外舞蹈艺术家是认识的。美国现代舞的先驱邓肯认为：“真正具有创造性的舞蹈家，自然不是模仿，而是用自己创造的，比其他任何东西都更伟大的动作来表达情感。”我国魏晋时期的阮籍则用“舞以宣情”这样高度概括的概念来揭示舞蹈艺术的审美本质。和其他艺术比较，舞蹈艺术的抒情表现为直观性与过程的统一。

成功的舞蹈作品总是抓住表现情感最浓烈、最冲动的瞬间，情动于中而形于外，将无形的情化为可视的“形”，从而拨响观众情感的琴弦。情感构成了舞蹈艺术的生命。闻一多认为，舞“是生命情调最直接、最强烈、最尖锐、最单纯而最充足的表现”，这也是就舞蹈的表现性与情感性而言的。

当然，情感性是文学艺术的共同特征，但绘画、戏剧、叙事类文学作品中的情感是融入在叙述的事件、描摹的对象之中的，是叙事中的情感渗入，遵循再现的逻辑。而舞蹈所传达的则是情感本身。舞蹈之形，作为情感的载体，不必遵循再现的逻辑，可以直接披露人的心灵、意绪，其表现手段和目的是高度统一的。

舞蹈强烈的抒情性和表现性，根源于其独特的物质媒介。舞蹈的物质媒介是人体动作，舞蹈中的人体动作既是对日常生活动作的凝聚和提炼，又是由情感孕育而成，是富于行动性、目的性和表情性的情感模式。而正是充满情感的舞蹈动作，使运动的人体摆脱了机械性的操练而成为诗意的载体。舞蹈艺术的抒情与表现本质，并不否认舞蹈艺术的叙事和再现成分。但必须看到，舞蹈在本质上是不以模仿、再现为目的的。舞蹈在表现生活时更注意以主观体验的方式加以间接表现，更加注意心灵化、意绪化。

（2）节奏感和韵律感是生命情调的表征。节奏是客观事物运动的属性，是符合规律的周期性变化的运动形式。舞蹈虽然占据一定空间，可以插入一些静态的空间造型，但其基本的手段却是人体的动作流，其表情离不开运动，而节奏则是运动的表征，舞蹈就是通过有节奏的运动来表现情感的，这构成了舞蹈艺术的鲜明节奏感。

作为在本质上是一种“动的艺术”，舞蹈的节奏不单指演员按照一定的音乐节拍所表演的动作，还指根据舞蹈对动作力度（强弱）、速度（快慢）、能量（增减）、幅度（大小）、高度（沉浮）、方向（正背）等方面进行处理。

舞蹈的过程就是表情与上述诸要素的密切结合、相互制约、臻于完善的过程，在严格的节奏规范中依据形象而舞蹈，是舞蹈艺术追求的最高境界。韵律是在节奏基础上的变化，节奏以一定的情调贯穿则形成韵律。舞蹈的韵律是节奏与情感的统一，表现为身体各部分之间动作与动作连绵起伏的流动线条。韵律被看作舞蹈动态美的核心并成为舞蹈感染力的源泉，有了韵律，舞蹈的动作就摆脱了机械的操练而成为诗意的载体。

过程性和流动性是呈现方式上的特点，这是由舞蹈艺术的时间特征所决定的。舞蹈虽然占据空间，但其动作的展开及情感的表现则是在时间中完成的。时间上的流动性或不可逆转性，就成为舞蹈艺术的基本特征。

舞蹈是在一定的时间过程中流动展开的艺术，流动是依时间过程而流动，过程是流动发展的过程。一定的过程性和流动性，带来了舞蹈艺术在表现时间上的序列性。舞蹈艺术的境界，都是随时间的延进而逐一展开的，而欣赏者也正是在时间的序列结构中，获得逐层深入的怀感体验。

3. 舞蹈艺术的美育功能

作为最古老的艺术种类，舞蹈同音乐一样，有着广泛的群众基础，在对人的审美塑造中发挥着重要作用，其美育功能可以概括为以下几个方面。

（1）具有强烈的情绪感染和情感陶冶功能。舞蹈通过有节奏的人体动作来表情，所造成的临场情绪气氛和所抒发的情感意蕴，能直接感染观众，引发情感感应，产生共鸣效应，从而净化情绪，纯化情感。

由于舞蹈最擅“状心灵之块垒，形思绪之无端”，因此极易为观众直接接受并引起情感上的巨大波动。置于舞的海洋，那蓄积的情绪会得到痛快淋漓的表达，在身心的律动中激发起创造的欲望。“感人心者，莫先乎情”，强烈的抒情性是舞蹈艺术的长处，也是其美育上的优势。对此，中外美学家都有共识。

（2）具有娱乐身心、促进身心和谐的作用。舞蹈对人的美育功能不仅仅表现在情感陶冶上，还表现在有利于人的身心和谐的健康发展上。

人美的根基是人的身心和谐，舞蹈之容，包含了人类高度的灵巧和智慧，可以使人在悦耳爽目之中身心得到放松、平衡，达到和谐、安适，在育心的同时也促进和谐和健康。从生理上讲，舞蹈能增强肌肉的弹性和肢体的灵活，改善肺部和心脏的功能，加速新陈代谢。舞蹈对人的形体美的塑也具有重要意义，能锻炼出匀称而健美的线条，防止和矫正人的形体缺陷。

舞蹈可以防止和矫正人的形体缺陷。舞蹈的形体训练是一种身心合一、灵肉一致的训练，故能培育人的文化修养，被许多国家列为幼儿园到大学的必修课程。舞蹈所特有的节奏感和韵律感，融入的生理需要和心理需要于一体，是人获得健康与健美的最佳手段。

在工业高度发达、人口高度密集的现代社会里，舞蹈成了调剂现代生活紧张节奏、消除身心疲劳、获得身心满足和心灵解释的极佳方式。正因为这样，许多国家已将“艺术疗法”作为治疗现代人身心疾病的辅助手段，并取得了良好的效果。

（3）具有培养群体意识的功能。首先，从产生之初的功能看，舞蹈就具有协调动作、增强群体活力、提高工作效率的功能。其次，从现实生活看，集体性的舞蹈促进人际交流、增强群体意识的功能最为明显。音乐中的大合唱、器乐演奏，没有高度的群体协调是难以完成的。各种形式的群众舞蹈特别是民间舞，如我国丰富多彩的各少数民族的舞蹈，墨西哥的草帽舞，奥地利的华尔兹舞，捷克的波尔卡舞，古巴的伦巴舞，英国的乡村舞，美国的爵士舞、四方舞等，不仅有助于人的身体健康，而且有助于人与人之间良好关系的形成。

目前各城市流行的交谊舞，不仅有益于身心的健康，而且也美化了周围环境，形成了美的情调和扭转。它以天然的优势，为现代社会人们封闭的心灵提供了通畅的渠道。

此外，舞蹈是最充分体现了节奏和韵律的表情艺术，因此，它在培育人们对节奏的敏感方面也具有特殊的意义。

4. 中国舞蹈艺术

中国古代舞蹈源远流长。据记载，古代先人慑于自然的威力，他们将自己的命运发托于神，产生了以舞祭天的“巫舞”。春秋战国时代，祭坛上陈列供品，奏响音乐，女巫扮成各种神仙，载歌载舞。为求天雨，以保五谷丰登，“雩舞”应运而生。《春秋繁露·求雨篇》描述了“小童八人，皆斋三日，服青衣而舞之”的雩舞场面。周代出现的“傩舞”就更具神秘色彩了，《伦语·乡党》说“乡人傩，朝服而立于阼阶”，足见当时傩舞之隆重。周代宫中有“天子食，举以乐”的制度，“燕舞”成为当时宫廷宴饮游乐场合表演的室内舞蹈。这种舞蹈已具有较强的娱乐性和艺术性。

我国地域辽阔，民族众多，除了汉民族的龙舞、狮舞、灯舞，民间的扇舞、红绸舞、手鼓舞、高跷、秧歌舞外，还有维吾尔族、藏族、蒙古族、朝鲜族、傣族等各民族的舞蹈，它们共同组成了具有中国艺术特色的舞蹈大家族。

在中国舞蹈史上，产生了如宫廷乐舞《霓裳羽衣舞》，民族舞剧《宝莲灯》《鱼美人》《丝路花语》《小刀会》及芭蕾舞剧《白毛女》《红色娘子军》等经典作品。

5. 西方舞蹈艺术

（1）芭蕾。芭蕾是西方舞蹈的主要形式之一。芭蕾，是法语译音，特指有一定动作规范、技巧和审美要求的欧洲古典舞蹈形式。芭蕾作为舞台艺术形式始见于文艺复兴时期意大利宫廷盛大的宴饮娱乐活动中，后来由佛罗伦萨公主凯瑟琳将这一舞蹈形式带入了法国宫廷。

1581 年，法国宫廷舞蹈家表演的第一部芭蕾《王后的喜剧芭蕾》在欧洲引起了极大的反响，各国宫廷纷纷效仿，并把芭蕾视为宫廷娱乐的典范形式。

1661 年，法国国王路易十四在巴黎创办了皇家舞蹈学院后，又于 1669 年授权在巴黎成立歌剧院，从此结束了“宫廷芭蕾”的黄金时代。芭蕾进入剧场后，先后经历了“喜剧芭蕾”和“歌唱芭蕾”两个阶段。

19 世纪初，芭蕾在内容与题材、技巧与表演等方面均有重大突破，女演员开始了踮起脚尖跳舞。芭蕾的规范进一步程式化，屈、伸、托举、滑动、跳跃、急冲、旋转，组成了一整套完备的芭蕾舞词汇。20 世纪以来，俄罗斯取代意大利和法国，成为传统芭蕾的发展中心。法国舞蹈演员马里乌斯·彼委帕来到俄国演出，他编导的由柴可夫斯基作曲的《天鹅湖》《睡美人》等作品享誉世界舞坛。

（2）现代舞。除了芭蕾，20 世纪初在欧洲和美国形成了与古典芭蕾相对的舞蹈学派——现代舞。现代舞主张摆脱传统艺术形式的束缚，崇尚自然与创新，典型代表是邓肯及其《自由舞蹈》。

邓肯让自己的双脚摆脱了芭蕾舞鞋的桎梏，告别了紧束着身躯的芭蕾舞衣，在舞台上，对“灵魂的自然语言”进行了大胆实践并以悠长的乐曲为背景，再现了古代雕塑人体艺术的神韵。维格曼的《表现主义现代舞》率先对音乐在舞蹈中的地位提出了挑战，主张使舞蹈摆脱音乐而独立存在，创立了没有音乐的“自由自在的舞蹈”。圣丹尼斯则从东方民间舞蹈中寻找创意灵感，开创了用充满异国情调的舞蹈形式传递宗教精神的先河。

（3）社交舞。又称舞会舞，原是流行于宫廷舞会及各种社会场所的舞蹈，包括小步舞、玛祖卡、华尔兹等舞种。后指舞步简单易学，形式自由，便于即兴发挥和宣汇情感的平民阶层的舞蹈。除了芭蕾、现代舞、社交舞等重要形式，还有舞蹈队列在圆形基础上变化为弧形链而得名的“轮舞”、挪威的民间舞蹈“哈灵”、巴西民间的“桑巴”、古巴民间的“伦巴”、阿根廷社交舞“探戈”、美国黑人社区自娱自乐的“迪斯科”……

6. 舞蹈作品欣赏

（1）中国舞蹈作品欣赏——《宝莲灯》。

根据古代神话传说和同名戏曲改编。该剧描写三圣母下凡与书生刘彦昌相爱，由于触犯仙规，受到二郎神的阻拦。三圣母凭借宝莲灯的神力击败二郎神后来到人间与刘彦昌完婚并生下一子沉香。

在沉香百日庆典上，二郎神不仅盗走宝莲灯并抢走三圣母，还把她压在华山脚下。霹雳大仙救出沉香，传授十一载武艺，让沉香劈山救母。沉香最终战胜诸神，奇回宝莲灯并击溃二郎神，一家三口终于团圆。该剧将我国民族传统舞蹈的表现手法与芭蕾舞剧的结构方式较好地结合起来，采用大量民族民间舞蹈形式，如长绸舞、剑舞、扇舞、大头娃娃舞等。全剧结构简练、剧情生动、形象感人、是中国第一部民族舞剧。

群舞的编排以及音乐、舞美等方面都有独特的风格，具有较高的艺术审美力。

（2）西方舞蹈作品欣赏——《天鹅湖》。

《天鹅湖》，古典芭蕾舞剧。该剧描写王子齐格弗里德与被魔王掠去变成白天鹅的公主奥杰塔相爱，魔王为破坏王子与奥杰塔的誓言，带着自己的女儿奥吉丽雅闯进宫廷舞会。王子误将奥吉丽雅当作奥杰塔而中了妖计，看到窗外凄凉飞去的白天鹅，方知受骗。王子追赶至森林湖畔，与魔王展开殊死搏斗，爱情终于战胜邪恶。

该剧是浪漫主义时代最伟大的作品，它的成功使古典芭蕾达到了顶峰，使舞蹈编排真正达到“交响化”的高度。一百多年来，该剧以优美的音乐、动人的故事和具有经典意义的舞蹈段落成为芭蕾舞坛上最为夺目的珍品，深受各国人民的喜爱。

七、文学美

1. 文学美漫议

文学是语言的艺术。它的美是借助语言塑造典型艺术形象的意境，深刻反映生活或丰富情感。文学大体上分为两类：一类是诗歌、散文等，主要偏重于抒情性的表现艺术；另一类是小说，主要偏重于叙事性的再现艺术。

高尔基说：“文学的根本材料是语言——是给我们的一切印象、

感情、思想等以形态语言。文学是借助语言来造型描写的艺术。”文学语言与生活中的语言不同，文学语言是从生活语言提炼、加工、纯化出来的，并着重语言塑造形象与表现情感的功能。

文学具有描写现实、表达思想的广阔无尽的可能性，在内容上较之仅仅局限于视觉或听觉形象的艺术有较大的优越性。它连其他艺术都难以表达的嗅觉和味觉，通过语言的描写都可以表达出来。同时它用来具体概括时间、空间范围更广的事物，人的内心世界的变化；既可以运用象征、暗示、含蕴等手法，又可以运用情节，在情节的发展中流露出思想倾向。文学在所有艺术中既是自由的，又是富于思想性的。

2. 散 文

广义的散文包括杂文、随笔、小品文、散文诗、通讯、特写、游记、传记等。作为一种确定的文章体裁，狭义的散文是指那些以“我”的自在之趣的艺术文体。因此，具有艺术性的优美的文章就是我们要谈的散文。

不同于小说、诗歌和剧本，散文有它自身的特点。

“我”是文章的中心。写人或记事，“我”是参与者或目击者，人与事均经过“我”的体验、过滤和评判，用自由之笔抒写“我”的情智和鲜明个性。这种特性使散文有别于新闻通讯或报告文学文体。例如，阿城的散文《父亲》：父亲的另一个可爱之处，在于他极虔诚地要求入党。40 年中，他写的入党申请书有两部长篇小说那么多……

散文的题材海阔天空。在作者眼里，凡社会生活和自然界中的一切有意义、有感触的事物，无论是政治事件、经济建议、社会变革，还是世态人情、日常感受、身边琐事、读书偶得、花鸟虫鱼、风花雪月，统统可以列入题材。

丰富多彩的社会生活和绚丽多姿的自然界为散文写作提供了取之不尽的题材。例如，秦牧的散文集《世海拾贝》就包括琴棋书画、花鸟虫鱼、山川胜景、天上人间，从宏观世界到微观世界，从自然科学到人文科学……计 65 篇文章，被誉为知识的“花城”。又如邓拓的《燕山夜话》更是谈天说地、论古道今，所涉题材之广、内容之博，简直就是一部小百科全书。

散文的内容真实自然、笔墨自由。散文以真挚的感情和心灵的坦诚打动读者。真实是散文的生命所在、力量所在和价值所在，读者欣赏散文时是从不怀疑其真实性的。真实的东西势必自然，因而，散文从不装腔作势，也不矫揉造作。它只是家常絮语，娓娓道来。

写景状物或记事写人，随心舒卷，抒情或议论，提腕运笔，行止自如。例如，陈冲的《把回想留给未来》：一个瘦瘦的月亮孤零零地悬挂在半空，月亮下面是野山乌黑的剪影。我想起多年前读到的一首诗《月亮拽着我的风筝走了……》，诗里讲些什么记不太清了，但诗的结尾我能背出来，“把回想留给未来吗，就像把梦留给夜，泪留给大海，风留给帆……”

散文平易质朴、富有趣味。它不刻意雕琢，无力斧之痕，文采朴实，真实自然。例如，叶君健的《桃子熟了》：下了几场雨，接着出了几天太阳。院子里那棵树上结的果实很快就都熟了，罩在果实上的纸袋有的已经破了，果子露在外边的那一部分果皮，有的变得深红，有的甚至作紫褐色……而我们的这棵桃树又相当卖力，它一口气就结了一百多个……优秀的散文无不包容一定的情趣和理趣、语趣和境趣，使散文的审美魅力别具一格而贴近读者。

例如，秦牧的《惠能和尚偈语》：惠能在某些事情上的见识却有很卓越的、显出真知灼见的地方。他做和尚却不想升西天，说过“如人人皆升西天，则西天将人满为患”这样的话。诗翁郭老在咏《六榕寺》诗中就称赞过他，“惠能杰出处，不愿升西天”。而那句“下下人有上上智”的偈语，尤其精彩……

散文大致分为三大类：抒情散文、叙事散文和议论散文。一般来说，抒情总以“事”为缘由。叙事总少不了抒发自己的情感。议论更是边叙、边抒、边论三者兼而有之了。

3. 诗　歌

诗歌是最富想象力的语言艺术。

云中的神呵，雾中的仙，/神姿仙态桂林的山；/情一样深呵，梦一样美，/如情似梦漓江的水！……祖国的笑容这样美！

诗人贺敬之把桂林山水的风姿、神韵刻画得出神入化，在盛赞祖国自然风光美的同时又礼赞祖国。数十年过去了，这首抒情诗所蕴涵的艺术美仍然深深留在读者的心田。诗歌就具有如此巨大的感人魅力！

诗歌起源于人类的生产劳动，是产生时间最早的文学样式，是社会生活作者头脑中引起强烈情感反映的抒情之作。在我国古代，不合乐的称为诗，合乐的称为歌。现在一般统称为诗或诗歌。诗歌的种类很多，有古诗、近体诗、古体诗、叙事诗、抒情诗、格律诗、自由诗、朦胧诗、散文诗、街头诗、朗诵诗……

内容上高度凝炼、集中、概括，情感强烈，想象丰富，具有浓郁的抒情色彩是诗歌的基本特征之一。例如，在中国近代革命史上，红军长征自1934年10月始，至1936年10月红一、二、四方面军过雪山、过彝区、越草地……谱写了一曲震撼世界的宏伟诗篇。表现长征题材的小说、电影、剧本、传记可谓数不胜数。然而，毛泽东竟用56个字高度概括、集中表现了长征中最典型的事例，抒发了自己对长征的意义及业绩的深切感受。

《七律·长征》：红军不怕远征难，万水千山只等闲。五岭逶迤腾细浪，乌蒙磅礴走泥丸。金沙水拍云崖暖，大渡桥横铁索寒。更喜岷山千里雪，三军过后尽开颜。

又如李白的《望庐山瀑布》：日照香炉生紫烟，遥看瀑布挂前川。飞流直下三千尺，疑是银河落九天。全诗四句共28个字，有渲染、有描写、有想象，处处紧扣瀑布的特征。着笔轻重相间，富有跳跃感。字里行间透露出诗人赞美祖国壮丽河山的无比喜悦感情。诗歌最宜表现激动人心的现实生活，想象力则给感情加上了浓烈的色彩。黑格尔说“最杰出的艺术本领就是想象”，诗歌正是最富想象力的语言艺术。

诗歌最富有音乐性。诗歌讲究节奏与韵律的和谐，富有音乐性。它要求构思精巧，语言凝练，富有意境是诗歌的另一基本特征。在形式上，诗歌主要分为格律诗和自由诗两大类。

格律诗的形式有一定的规格，间韵有一定的规律，讲究押韵、对仗、平仄。

押韵指律诗末尾一定押同一个韵。例如王安石的《书湖阳先生壁》：茅檐常扫净无苔（tai）/花木成蹊手自栽（zai）/一水护田将绿绕/两山排闼送青来（lai）。这里的“苔”“栽”“来”均押上了“ai”的韵。

对仗也称对偶，是一种修辞手段，其作用是形成整齐的美。例如：金沙水拍云崖暖，大渡桥横铁索寒。又如：墙上芦苇，头重脚轻根底浅。山间竹笋，嘴尖皮厚腹中空。

平仄：指平声和仄声。普通话将汉字读音分为四声：ā á ǎ à，平就是平声，音调没有升降。仄就是不平的意思，例如《七律·长征》中的第五、六两句：金沙水拍云崖暖，大渡桥横铁索寒。这两句诗的平仄是：平平 | 仄仄 | 平平 | 仄；仄仄 | 平平 | 仄仄 | 平。诗中的对句，如“金沙”对“大渡”，是平平对仄仄。“水拍”对“桥横”，是仄仄对平平。“云崖”对“铁索”，是平平对仄仄。“暖”对“寒”，是仄对平。这就是对句中的平仄对立。

4. **小　说**

前苏联小说《钢铁是怎样炼成的》影响了我国好几代人。近年我国根据原剧改编成电视连续剧，再一次在观众中掀起一阵“钢铁”旋风。残酷的战争硝烟早已退去，数码通讯时代已光临新世纪，然而，小说中保尔、冬妮亚等人物形象、现实主义的人物安排、波谰壮阔的卫国战争画面仍然引起读者的浓厚兴趣。作品弘扬的人生观、价值观依然影响和激励着大家。这就是小说所具有的魅力。

小说通过完整的故事情节和具体的环境描写，来塑造多种多样的人物形象。小说能广泛地、多方面地反映社会生活，是语言艺术中表现方法最为多样的文学体裁。

小说的特点是运用描述、描写等多种表现手法，加以虚构和想象，细致而多方面地刻画多种多样的人物性格，表现错综复杂的矛盾冲突，从而充分展示社会生活。人物、情节、环境是小说三大要素。

小说的体裁很多，历史小说、通俗小说、推理小说、言情小说、纪实小说、童话小说、哲理小说、乡土小说、传记小说、章回小说（《红楼梦》）、神话小说（《西游记》）、现实主义小说《钢铁是怎样炼成的》）、浪漫主义小说、现代派小说等。

小说按篇幅长短、容量大小、情节繁简，可分为长篇小说（托尔斯泰的《复活》）、中篇小说（鲁迅的《祝福》）和短篇小说（莫泊桑的《项链》）。

八、书法美

1. 书法美漫议

书法艺术是伟大的中华文化所孕育的一种独特的艺术形式，最典型地体现了东方艺术之美。1899 年在河南安阳附近“殷墟”出土的甲骨文中，著名学者王国维不仅从甲骨的“文字”内容上窥出了商代的历史、宗教、地理等方面的情况，且对甲骨上的字体进行了研究。

甲骨上的文字结构有疏有密，线条有粗有细，转折有圆有方，行列有严整、有自由，这些都有意地做着提示、记录、传通等实用目的，但在书写过程中又流露出无意的艺术倾向，书法的雏形形成了。屈指数来，书法艺术的年龄该有3000 余岁了。

春秋战国时期，南方出现了“鸟虫书”，北方则出现了“蝌蚪文”，也叫“虫书”，文字的形体发生了变化。秦统一后的重要工作之一就是统一文字，由李斯主持整理出了小篆。“秦之小篆，篆法苛刻，书写不便，有碍传通”，于是古隶应运而生了。

古隶的出现，其实为了便于书写，“隶书，篆之捷也”。可见，早期的书法仍未摆脱“传通”的主要功能。汉代的书法特色是碑刻的大量出现，如《曹全碑》《张迁碑》等。

魏晋时期，书法的审美价值空前提高，学习书法技巧、钻研书法气韵可谓蔚然成风，由此推出了以王羲之为代表的众多书法家。书法由早期的实用而提高到“游心”、在“意”，所谓“点画之间皆有意，自有言所不尽，利其妙者，事事皆然”，从而在书法中寓进了一个有意味的人，表达了人的精神之美。

由于唐太宗李世民的提倡，王羲之书法盛极一时，且涌现了以欧阳询为首的唐初“四家”。怀素更将连笔字、一派飞动的“狂草”推上了书坛，并提出了“乘兴而行，尽心而返”，体现了一个真诚自我的书法理念。以苏轼为首的宋“四家”，明代的文徵明、唐寅、董其昌，清代的邓石如、赵之谦、吴昌硕，乃至现代的沈尹默，这些书法大家在我国书法艺术史上都占有一席之地。书法的形式更在不断变化和发展。

书法艺术离不开“写字”这个前提，写字又与文字的起源相联系，作为语言的符号，文字是人与人交往的书面媒介。从本质上说，写字的目的是为了记录与传播语言。书法则是一种有风格的写字方法，是以毛笔书写汉字的方法，表达作者思想感情和精神之美的艺术。当书写者的主观上展示所书的线条美、结构美，以求“天地与我共存，万物与我为一”的愉悦心理，他就不是一般意义上的写字，也非将写字作为“媒介”了。如今，面对汹涌而来的高科技手段和快节奏的生活方式，有人认为“书法已不具现实意义，电脑完全可取而代之”，此论是把写字与书法、实用与艺术等同起来了。电脑确实能“写”出各种字体，殊不知，作为一门艺术，电脑永远不能“表现作者的思想感情”。

2. 书法的内涵

怀素曾对颜真卿说：“吾观夏云多奇峰，辄常效之，其痛快处，如飞鸟出林，惊蛇入草。又遇壁坼之路……”张旭也曾对颜真卿说过：“孤蓬自振，惊沙坐飞，余自是得奇怪。”考察自然界的变动，只为艺术家提供了一个艺术创作的触点，而不是范本，说师法夏云奇峰，说“如飞鸟出林，惊蛇入草”，不是字迹像飞鸟出林、惊蛇入草，而是其自然的精神如之。

沃林格尔说过：“艺术作品同自己没有任何联系，自然之美绝不应该被视为艺术作品的一个条件，虽然在发展过程上确实相符，起过相似的作用。”书法与音乐都有这样一个共同点，没有现存的范本，没有使作品所凭依的素材。这一特点，同样存在于书法艺术之中。

书法的点画线条，之所以引起我们的美感，主要的因素应该是感觉本身，即内心活动，内心的自我活动，而不是对自然的模仿，审美享受是具体化的自我享受。书法点画线条的含义，存在于对我们展示的生活意义之中。

自然界不包含旋律与声音这种音乐艺术的两大主要因素，自然界也同样没有包含作为书法艺术的点画线条。但是自然界固有点画线和相似的事物，如有像“点”一样的“高峰坠石”，像“横”一样的“千里阵云”，像“竖”一样的“万岁枯藤”等。

暂且不说这些物象在古代书论中只是对点画线条的比拟，是以这样的物象去说点画线条相像，那也纯然是两个不同的领域。用汉斯拉克对音乐所作的分析，我们可以同样认为，书法由自然面向艺术，必须有一定的数学运用。

并非说人们故意凭借一些计算把书法安排好，实际上人们只是不自觉地使用一些原始的数量比例关系的观念，通过一种隐蔽的测量和计算得出来的，这个测量的规律性后来得到科学的证实。启功先生在《书法概论》一书中对“对体”所作的数学上的分析，可以看作是上述“科学的证实”。

音乐是一种描述性的符号形式，它特别适用于表达人们内心生活的特点和性质。书法亦属永生的符号形式。音乐与书法，都善于表现感情，但这并不意味着创作者的情绪状态是直接表现在音乐与书法中的，也不意味着直接在宣泄感情。

后人评颜真卿《祭祀文稿》表现出悲哀之情，甚至析出某段的情感状态来。其实这“悲哀”大抵更多地从“文稿”看出，而非从书法中看出。

又如现代有书“淡泊”二字者，以淡墨渲染，作似有似无状，以此表现“淡泊”之情。这是创作者追求的情绪的“直接表现”。其实我们看林散之、虞愚的书法作品，不书“淡泊”而自有淡泊之意，不刻意用淡墨而自有淡远之境。

王羲之言：“点画之间皆有意，自有言所不尽。得其妙者，事事皆然。”苏东坡亦曾言：“心存形声与点画，体暇复求字外意？”可见，心淡而书自淡，刻意在外在形式上弄些花样，大概并非书法所宜。

书法与音乐相同，书法的结构反映了情感生活的结构，是按照紧张与放松、运动与安静、完成与变化等方式构造起来的，这些巧妙而迅速的交替方式，精确地反映了我们所感觉到的波动。

把书法与绘画的对应研究改作将书法与音乐或建筑作对应研究，意在要摈除那种书法要“表现”或“直接表现”什么的观念。书法的观念是属于书法范畴的，而不属于概念范畴，不是先有概念，然后译成书法。前所论“现代派书法”的作品中就很有一些“译”的成分。比如把李白的《下江陵》诗用字与画的形式摆成山峰和一叶小舟；例如先有“黑白颠倒”的概念，而书“黑白”二字，将“黑”以白笔写在黑底上，将“白”以黑笔写在白底上；比如写

“龙”，因思龙乃行于水与云中，便在“龙”字背后涂以云与水的色彩，像龙之所由来。一般认为，创作者最初始的心态并非是先具某种较明确的情感，然后用点画线条将其“表现”出来。

创作之始，心内躁动，心痒手痒，他就写了，可能写上一两个字或一幅字，心即平静下来；可能十纸八纸，终有一幅得意。至于写什么，表达了什么事情，作者没有更多时间考虑的。而这些问题大概是作品出来之后，阅读与阐释者所不能回避的。“接受美学”论者认为，一部作品被作者写完，并不能产生独立的意义，这“意义”的实现要通过读者的阅读使之具体化，即以读者的感觉和知觉经验将作品中的空白填充起来。

“草圣”张旭醉后以头濡墨而书，大概连他自己也不知道要表现什么，醒后自视亦觉奇怪。醉后能使神全，亦等精神到了最自由的状态，这时写的就是他作为人、作为大自然的精灵的一颗最真诚、最本质、最自由的心灵。所以，这时的书法作品，即如玫瑰发出芳香，但这不是以“芳香的表现”为内容的；亦如森林散布阴凉，但它也不是“表现阴凉”。

书法是描述性的符号形式，它使“神”（即人的本质、个性、最自由之心灵）“现”而可“视”。它绝不是要有意识地、明确地“表现”某种情感，它也绝不以自然与现实为范本。这正是它之所以成为艺术，同时又区别于其他视觉艺术的地方。

从创作角度言，书法不以明确“表现”某种感情为目的，而充其量不过是描述。作者悲之极、乐之极、怒之极、喜之极，从生理学的意义上看，其心的律动并无很大差别。

例如“草圣”张旭“喜怒窘穷，忧悲、愉快、怨恨、思慕、酣醉、无聊、不平，有动于心，必于草收焉发之。观于物，见山水岸谷，鸟兽虫鱼，草林之花实，日月列星，风雨水火，雷霆霹雳，歌舞战斗，天地事物之变，可喜可恶，一寓于书”。我们在现存张草书帖中，很难说出他“表现”了什么思想感情，充其量只能说他的草书里可看出情绪激宕，倘硬说出此帖含怒，彼帖有忧，也是见仁见智之语。

从创作者的心态言，张旭在草书的创作中，无非得到一种解脱与超越，他由现实中的焦虑与苦痛里借笔墨而游乎艺术境界。“游”

乃是从现实的实用观念中得到解脱，也是从现实的困境与情感的革痛中得到解脱。

张旭借酒的力量，先从“人世”作一隔绝，因而“游”于书法。在“游”的过程当中，是不以实现利益为目的的，他并非是为了宣泄愤怒而书法。真正的书法家在书法中完全忘了现实中的一切，在世人眼里这自是一种“癫狂”状态，当其从“游”的状态“醒”来后，自高所书如鬼使神差，“常态”之中很难再写出相同的好字了。

这一点不只在张旭的书法实践中反映出来，怀素亦是这样。怀素不欲在尺牍素绢上写，因为这样会“局促儿童戏”，因而非要在十数间长廊的粉壁上写才能豁达胸襟之气。当“游”于书法时，像有神灵相助，“起来向壁不停手，一行数字大如斗”，“驰豪骤墨剧奔驷，满座失声看不及；忽然叫绝三五声，满座纵横千万字”。这完全是超越现实、超越自我的一种精神的自由解放状态。

然而，“有人若问此中妙，怀素自言初不知”。张旭的“自视为神，不可复得”，与怀素的“自言初不知”，都是说“游”于书法时所得，是在“常态”中很难体验到的。张、怀借酒而致“天地与我并生，万物与我为一”之境，因此而消解了以我为中心的欲望，而打开了生命的屏障，与天地万物融为一体。

此时天地万物为心所包含，在心灵里脱胎换骨，恢复其生命的本性。如徐复观《中国艺术精神》中所言：“自己的精神，即天地的精神；自己精神的自由活动，即是‘独与天地精神往来’，这当然是最充实的生命，最充实的精神。”书法家所描述的是这种“最充实的生命”“最充实的精神”，后人从书法作品中看出了恣纵、瑰玮、淑诡之类，那是从欣赏接受角度而言的，而并非创作者初始“表现”的对象。

3. 书法作品的审美

书法作品的审美，主要欣赏其构成的要素，如线条、结构、笔意。前两者侧重于书法技巧，属“形质”范畴；后者是“神采”，即做人，属气质与修养。

（1）线条。它是书法最基本的外在形态。欣赏书法作品，首先看到的是线条本身的美，它来自书法家创造性组合的秩序感，使人感觉到人生命的运动和自然。其次，在静态的线条中要窥出动状及内在之力，看出一处“势”，这势就有一种不可逆转的方向性。

有了“力”与“势”，线条就由静而动了起来，使欣赏者忘却了文字的字义，更多地关注线条的美感，从而感觉到书法真正摆脱了文字的干扰。

（2）结构。书法的结构分为字法和章法。字法即单个字的结构，也称结体，字的点画构成技法及美学倾向，要求点画位置的优化选择和点画关系的和谐，也即“永”字八法、“九宫”之说所要求的“映带左右，上下呼应，揖让向北，计白当黑”。

章法是指安排布置整幅作品中，字与字、行与行之间的承接、呼应、照顾等关系，也即作品中的“布白”，从而使人领略到“神完气畅，精妙和谐”的艺术之美。

（3）笔意。书法作品中所表现的是书者的气质、情趣、修养和人品。所谓“心正则笔正，人正则书正”，作字先作人，人奇字自古。因为书者应该是文化素养很高的人，是美的作品和健全人格的统一。

九、摄影美

1. 摄影漫谈

摄影是现代科学技术的产物，与雕塑、绘画、书法等造型艺术相比，摄影是一门年轻的艺术。它诞生于18世纪20年代，至今不过二百多年的历史。法国人尼普斯在1826年用白蜡板摄制出世界上第一张照片，这是全世界最早的摄影作品。

摄影以照相器材为造型工具。摄影艺术家根据自己的艺术构思，使用照相器材，运用摄影艺术的技巧，经暗室内的加工，制作出富于感染力的典型的艺术作品，它以形象逼真见长，并在再现中表现艺术家的思想情感和审美理想。

纪实性是摄影艺术的一个特点。摄影艺术所表现的对象，如新闻、人物、风景、动物、事件等都必须是真实的。摄影艺术通过画面构图、光线的明暗对比和影调等手段创造成艺术形象，还可以通过拍摄的距离、方向、角度、速度等来组织、安排画面以及各部分景物的位置关系，以取得满意的效果。作为存在方式，摄影是静态的，不受时间因素的影响；作为语言材料，摄影又是动态的，对具体作品来说，稍纵即逝，不可复得，因此，摄影艺术又被称为“瞬间艺术”。

2. 摄影艺术的类别

摄影艺术大致可分为两大类：纪实摄影和艺术摄影。前者在纪实的基础上，表现了作者的思想情感和一定的美学要求。例如新闻摄影，读者通过一定的画面形象，主要获取新闻纪实，其纪实的基础是不容更改或随意“创造”的。后者以形象美为号召，注重作者主观上的创造，以艺术表现为主要手段。

纪实摄影和艺术摄影均超越了“实录”或“照相”的层面，不同程度地融入了作者的思想情感和美学要求，因此，它们是创造性的精神生产劳动。

3. 摄影艺术的造型手段

（1）光与影。摄影又称“光画”。“光”是摄影的基本造型手段。事物的具体形象由于光的照射呈现姿态，光线本身受光源、强度、距离和环境的影响而产生无穷的变化。例如，趋向光的影纹线条有力、影调或色彩饱和。逆光下物体的轮廓明显，立体感强。

“影”是具体形象在光的照射下产生的从亮部到暗部极其丰富的层次变化，又称影调。光与影始终相随相伴。由于物体的形态、质感借助光与影的变化来表现，环境、气氛要依托光与影来营造，因此，光与影是摄影造型的“母体”，没有光也就没有摄影。

（2）线与形。线条是刻画对象的基本手段，它不仅刻画物体的外貌和轮廓，作为艺术“语言”，不同的线条给人不同的暗示和想象。例如，直线刚，曲线柔，上扬线舒展，下垂线低沉。

形即形状，它由线条构成，不同的形状给人不同的情绪感受。例如，圆形给人带来圆满和完美的情绪，塔形给人以稳固和永久的感觉。线与形是摄影构图的基本要素，它不仅呈现物体的外貌，更突出了物体本身的表现力。

（3）色彩与质感。色彩是光线照射的结果，不同的光线产生不同的色彩变化，不同的色彩又唤起人们不同的情绪感受。例如，红色使人想起太阳，给人以温暖；白色象征纯洁与朴素，示人以庄重。色彩的表现在摄影中具有重要的审美意义。

质感即物体表现的肌理，如光滑、粗糙、滋润、干枯。摄影艺术对质感要求不仅仅在物体外部的表现，而重在能唤起欣赏者“触摸欲望”的效果，能激发欣赏者的情感和丰富的想象。

4. 摄影艺术的审美特征

（1）内容。内容是摄影作品的灵魂，是作者在大量生活题材中提炼和概括出来的典型形象。内容由兴趣中心即视觉焦点来表现，欣赏者通过直观即能领悟作品所传达的意义及作者的思想情感和意志倾向。兴趣中心通常是明显突出的形象主体，它统领了画面中诸多陪体及环境因素，形成众星捧月的态势，因此，找到了作品的兴趣中心，也就抓住了灵魂，这是摄影欣赏的关键。

（2）形式。指对象的形状和结构。在摄影作品中表现为构图方式，也称经营位置，它使线条、形体等因素合理构成。完整、简洁、生动、稳定是摄影构图的基本原则。它通过大与小、虚与实、繁与简、明与暗、动与静等对比关系及色调、色彩来烘托主体形象，通过画面布局，从而在种种变化中达到和谐与统一。

（3）意境。即摄影作品中凝聚的浓厚意趣的情思，它是作者思想情感和艺术糅合成一定的诗情画意。在内容上，意境表现为能深刻地揭示事物的本质，具有凝固精华的诗的情致。在形式上，意境表现为绘画的艺术美，具有“韵外之致”的效果。意境不仅能引起视觉快感，更能激发人的激越情绪和丰富的想象。

十、电影美

1. 电影漫议

电影是以现代科技为手段，以画面与声音为媒介，在运动着的时间和空间里创造银幕形象，反映和表现社会生活和思想感情的一种艺术。

电影和戏剧一样，是动态的再现艺术。电影美也在于塑造活生生的典型艺术形象，在更广阔范围内反映和再现生活的本质。

电影艺术是在物理学、化学发展的基础上产生的。法国人卢米埃尔兄弟于 1895 年 3 月，在巴黎第一次放映了他们摄制的影片《墙》《火车到站》《婴儿的午餐》《园丁浇水》等。虽然这些影片的内容十分简单，但却使人们第一次在银幕上看到了活动的人物，使人们大为惊叹。电影的历史仅仅一百多年，是一门最年轻的艺术。它从黑白片（无声片）到有声片，至今已发展到彩色片和彩色立体片。

电影是最接近生活、反映生活的艺术。它把绘画、戏剧、音乐、建筑、舞蹈、风景、人物、视觉形象与语言联系结成一体。其中最重要的因素是视觉形象，它富有动作性、运动性。

摄影为电影的先导，摄影技术的不断改进，为电影的诞生打下了基础。1893 年，著名发明家爱迪生研制成功电影摄影机，于是，在 1895 年 3 月的法国巴黎科技大会上放映了全世界第一部影片《工人放工回去》，同年的 12 月 28 日，公映了《火车到站》等第一组影片。电影由此以它特有的魅力风靡了全球。许多国家纷纷研制和创造新的拍摄放映手段。为了促进艺术交流和文化流通，1925 年召开了国际电影与摄影大会，决定以爱迪生使用的 35 毫米宽的胶片为国际统一标准。

1928 年 7 月 6 日，美国公映了全球第一部有声影片《纽约之夜》，正式开创了声画并茂的有声电影时代。1938 年，美国摄制出世界上第一部色彩纯真的故事片《罗宾汉》……

说起中国电影的起源，可以追溯到公元前 1 世纪汉武帝时代的“皮影戏”，它酷似如今影片中的剪纸片。之后，又有了“走马灯”。成吉思汗率军远征，“走马灯”开始流传于波斯，渐至欧洲，被称为“中国影灯”。中华民族对电影的起源发明作出了开拓性的努力。

1896 年 8 月 11 日，上海“徐园”首次放映外国“西洋影戏”。1905 年，北京丰泰照相馆拍摄成京剧艺术家谭鑫培的《定军山》片段，第一部由中国人自己拍摄的影片诞生了。

20 世纪 20 年代后期，以张石川、郑正秋为先导的早期电影人开创了中国电影事业。以夏衍为代表的进步人士扭转了早期电影“唯兴趣”的商业化倾向，坚持“艺术应教化社会”，紧随生活节拍的现实主义艺术方向，涌现了《渔光曲》《风云儿女》《春蚕》等一大批思想性和艺术性相结合的电影作品。新中国成立后，尤其是改革开放以来，我国电影事业的发展可谓突飞猛进。

2. 电影是书法、绘画、舞蹈的综合体

人称电影是“第八艺术”。在人类文明的生活中，电影虽姗姗来迟，诞生在书法、绘画、舞蹈、雕塑、音乐、文学、戏剧之后，然而，它以崭新的面貌，集诸多艺术和技术于一身，先声夺人，后来居上。

从1894年卢米埃尔兄弟研制的间歇式拉片机到如今好莱坞巨大的摄影城，从早期的无声黑白片到今天的立体电影、全景电影、环幕电影、激光电影、数码电影，从简单的“记录性”形式到今天的故事片、历史片、灾难片、战争片、艺术片、动画片等数十种片式，从葛丽泰·嘉宝、阿兰·德龙、凯瑟琳·赫本、赵丹、巩俐、成龙等明星光彩照人的艺术形象到威尼斯、戛纳、上海等40余个国际电影节，电影已成为最容易被人接受、最受人欢迎、最普遍、最广泛的艺术传播渠道，更成为大家接受思想、艺术、文学、音乐、美术等多种信息的寓教于乐的重要手段。

电影是综合艺术。一部影片包括文学、音乐、表演、摄影、美术等多种艺术形式。电影艺术最特殊的表现手段是蒙太奇。前苏联电影大师普罗夫金说，“电影艺术的基础是蒙太奇”。

蒙太奇原是法语建筑学上的一个词的音译，是装配和构成的意思。在电影制作中，导演需要把整部电影的内容分成许多不同的镜头，分别拍摄以后，再依照原来的制作构思，将分散的镜头有顺序地剪辑组合起来，形成一部完整的影片，这种技巧就叫电影蒙太奇。例如，第一个镜头是一头羊，第二个镜头是一个人在磨刀。当这两个原本没有本质联系的镜头组合在一起，就无声地告诉观众——“要宰羊了”。

前苏联导演库里肖夫作过一次实验，他拍了一个毫无表情的脸，然后分别放到其他三个镜头之前：一碗汤，一个做游戏的孩子，一个死去的老妇人。第一组镜头表现出演员饥饿的情绪，面对一碗汤是那样的“欲望难抑”；第二组镜头表现出温情，做游戏的孩子仿佛是演员的孩子，他关注孩子的举动；第三组镜头表现出悲哀，仿佛死去的老妇就是演员的母亲。把一个个没有生命的镜头巧妙地组合成一部活的电影，表达人物的喜怒哀乐、悲欢离合，是蒙太奇的特殊表现手段。

十一、戏剧美

1. 戏剧美漫议

广义的戏剧包括西方的悲剧、喜剧，中国的戏曲，日本的歌舞伎，印度的古典剧等。在中国，戏剧一般指“话剧”。

戏剧是动态的再现艺术。它是由文学、音乐、舞蹈、美术、工艺等多种艺术形式结合而成的，所以又称综合艺术。戏剧美的实质在演员的表演之中。演员通过扮演角色，运用形体功能、语言、演唱等手段来塑造舞台形象，表演戏剧情节和典型的人物性格，能动地再现和反映社会生活。演员的表演，实际上是演员审美感受的“外化”，是“感性的显现”。所谓演员进入角色，就是指演员创造性地与角色融为一体，取得和谐一致。这样的表演就是美的。戏剧美除了演员表演之外，还要受社会历史命运、社会经济和政治的制约。戏剧的形象性与过程性的完美结合，是其他艺术所不能代替的。

作为人类文化的一个组成部分，戏剧的起源可以追溯到古代的祭祀性歌舞。戏剧的本质，按古希腊哲学家和文艺理论家亚里士多德在《诗学》中所说的，“一切艺术都是模仿，戏剧也是模仿，是对人的行动的模仿”。戏剧包含文学、音乐、绘画、雕塑、建筑、舞蹈等多种艺术成分。戏剧以演员的表演为主导，表演动作是戏剧艺术的基本手段。由于戏剧演出受时间、舞台空间的限制，因此戏剧是一门高度集中的舞台集体艺术。

戏剧虽然是多种艺术的结合，但主要包括两个组成部分，即演出形象和物质形象。演出形象包括演员的表演、导演的艺术处理、舞台美术的总和等；物质形象指布置、灯光、服装、道具、音响效果等。物质形象要服从演出形象，使与演出形象有机结合为一个和谐的整体。

作为舞台演出的剧本，是戏剧的文学部分，是戏剧表演的根据。剧本要求把生活矛盾斗争集中化，变为戏剧冲突。因此，剧中的人物、事件、时间、场景等都要经过剧作家精心的选择安排，使之围绕戏剧冲突的发生、发展直至高潮。所以说没有戏剧冲突就等于没有戏剧。

演员的舞台表演是在导演的艺术构思指导下进行的。演员的表演是通过导演的意图、角色的性格、在舞台塑造形象等各种艺术手段而实现的。演员的表演和对人物的刻画是对剧本角色的再创造。

2. **戏剧的形式**

戏剧的形式有很多，如话剧、歌剧、戏曲等。在戏曲艺术中，中国戏曲占有独特的位置。它追求虚拟，不重写实。这种虚拟性通过夸张的唱、念、做、打表现出来。演员通过这样的形式充分调动观众的想象，产生亲临其境的意境。

戏剧兼容了各类艺术形式，观众走进剧院以欣赏演员的表演为主要目的。由于受舞台空间的限制，戏剧演员的表演较之影视演员更为严格，具有更高的要求。演员演出中的任何失误都不能弥补，高难度的动作也不可寻求替身，可谓“硬碰硬”。

话剧《茶馆》，有于是之、郑榕、蓝天野等艺术家的精湛表演，才成为经典之作；京剧《二堂舍子》，若没有梅兰芳和周信芳两位大师“先是内心的动，然后带动形体的动”的令人叫绝的默契，是不可想象的。演员在舞台上的主导地位、演员的感情与观众的感情在舞台上下的互动和默契是戏剧表演成功的标志之一。

电影剧作家柯灵在谈到他少年时欣赏乡下草台班演出的《伐子都》时记忆犹新：“我稚弱的心灵第一次被人性中黑暗的深渊所震慑，也第一次如此强劲而深刻地被艺术感染力所吸引，如受电击雷轰。扮演公孙瘀的是一位无名的艺人，他以绝妙的气概风度，矫健的腰腿身手，活灵活现地创造了一个胸襟十分褊狭而野心无限膨胀的人物……”演员的“主导地位”在戏剧中是确定不移的。诚如托尔斯泰说的：“艺术是这样一项人类的活动，一个人用某种外在的标志有意识地把自己体验过的感情传达给别人，而别人为这种感情所感染，也体验到这种感情。”

情节和人物非常精炼地集中在一起，是戏剧结构最基本的要求。例如话剧《雷雨》中，周、鲁两家 8 个人的活动，在内容、场景、情节、人物、事件上均以周公馆为主要场所展开矛盾冲突。在剧情的发展上，该剧一开始就交代了周萍与繁漪的特殊关系，然后引出全剧的内容。诚如曹禺所说：“《雷雨》发生在不到 24 小时之内，时间和地点的统一，可以写得集中，同时进行动作。动作在统一的结构里头。”

塑造典型环境中的典型人物形象是艺术表现的普遍要求。在戏剧中，这一要求是通过人物的神态和动作来展现人物的思想风貌，通过人物的语言来展现人物的性格。曹禺在《论戏剧》中说："在《雷雨》的氛围里，周繁漪最显得调和，她的生命燃烧到电火一样白热，也有它一样的短促。情感、境遇，激成一朵艳丽的火花，当这火星也消灭时，她的生机也顿时化为乌有。她是一个最'雷雨'的性格，她的生命交织着最残酷的爱和最不忍的恨，她拥有行为上许多矛盾，但没有一个矛盾不是极端的。'极端'和'矛盾'是《雷雨》蒸热的氛围里两种自然的基调，剧情的调整多半以它们为转移。"

除了人物的行为，人物的语言，尤其是充满个性的语言，在戏剧中具有塑造性格的重要作用。莎士比亚作品成功的原因之一就是用人物的内心独白，淋漓尽致地写出他的思想品质和行为动机。只有通过内心独白，才能把人物的本质入木三分地刻画出来。

戏剧的表现手段大致分为话剧、舞剧、诗剧、歌剧、歌舞剧和哑剧。在篇幅上可分为独幕剧和多幕剧。在风格流派上有现实主义戏剧、浪漫主义戏剧、古典主义戏剧、表现主义戏剧、先锋派戏剧等。此外，还有情节剧、历史剧、神话剧和儿童剧等。

参考文献

［1］叶郎．现代美学体系［M］．北京：北京大学出版社，1999.
［2］叶郎．中国美学史大纲［M］．上海：上海人民出版社，1985.
［3］朱光潜．朱光潜美学文集：1—4卷［M］．上海：上海人民出版社，1982.
［4］李泽厚．美的历程［M］．北京：文物出版社，1983.
［5］李泽厚．李泽厚哲学美学文选［M］．长沙：湖南人民出版社，1985.
［6］宗白华．艺境界［M］．北京：北京大学出版社，1987.
［7］宗白华．美学散步［M］．上海：上海人民出版社，1981.
［8］王朝闻．审美谈［M］．北京：人民出版社，1984.
［9］王朝闻．美学概论［M］．北京：人民出版社，1981.
［10］徐复观．中国艺术精神［M］．沈阳：春风文艺出版社，1987.
［11］王晓旭．美学原理［M］．上海：上海人民出版社，2001.
［12］杨辛，甘霖．美学原理［M］．北京：北京大学出版社，2003.
［13］于友先．美学漫谈［M］．郑州：河南人民出版社，2000.
［14］周宪．美学是什么［M］．北京：北京大学出版社，2002.
［15］彭锋．美学的意蕴［M］．北京：中国人民大学出版社，2000.
［16］朱志荣．中国审美理论［M］．北京：北京大学出版社，2005.
［17］凌继尧．美学十五讲［M］．北京：北京大学出版社，2003.
［18］彭光芒．美学基础与美的欣赏［M］．北京：中国农业科技出版社，1995.
［19］陈望衡．当代美学原理［M］．北京：人民出版社，2003.
［20］洪毅然．大众美学［M］．西安：陕西人民出版社，1981.

[21] 王文博．现代应用美学入门［M］．北京：中国纺织出版社，2001.
[22] 梅宝树．面向新世纪的美学与素质教育［M］．北京：人民出版社，2004.
[23] 陈超南．家庭审美［M］．上海：上海社会科学院出版社，1995.
[24] 胡家祥．审美学［M］．北京：北京大学出版社，2000.
[25] 肖国良，高连峻．美的追求［M］．长春：吉林人民出版社，1986.
[26] 李兴武．当代美学思潮评述［M］．沈阳：辽宁人民出版社，1989.
[27] 张德胜．身边的美学［M］．上海：上海科学技术文献出版社，2003.
[28] 周莉．身边的美学［M］．北京：中国林业出版社，2003.
[29] 柏宇．身边的建筑［M］．北京：中国林业出版社，2002.
[30] 张小依．实用导游美学［M］．北京：中国林业出版社，2002.
[31] 杨蔼琪．美是生命力［M］．北京：知识出版社，2000.
[32] 朱利安·弗里曼史然．速成读本：艺术［M］．北京：生活·读书·新知三联书店，2002.

后　记

送别春的浪漫和煦，走过夏的奔放热烈，迎来了秋的高远辽阔。这本书孕育于春的萌发，生长于夏的茁壮，成熟于秋的沉甸。

如果对于具有深厚美学造诣的大师来说，出版这样一本书或许是水到渠成；但对于我们这样理论基础平平、天资又很愚钝的人而言，确实相当艰难。所以当这本书呈现在大家面前的时候，忐忑多于欣喜，不安大于理得。我们只能以这样一种理由聊以自慰：审美研究需要有名家为之开先河，也需要默默无闻者为之做铺垫，我们就是最普通的践行者，我们在凭着一份热爱、一份责任兑现我们的承诺，履行我们的使命。

当我们确定写这本书的时候，给自己定的目标是：要切合实际，要有所创新，要有一个新的体系；要通过自己的文字著述，高扬“美化人的生活，提升人的境界，促进人类社会与自然界和谐发展”之审美理念。当然，心愿和目的是否达到，还有待于读者的评判。

借此机会向所有在本书写作和出版上给予我们鼓励、支持和帮助的编辑、同事、同学和亲友们，致以深深的谢意！

不当之处，祈望赐教。

作者于沈阳

2012 年 10 月